7天学会
家常主食

李 鹏 主编

上 卷

长江出版传媒 湖北科学技术出版社

图书在版编目（CIP）数据

7天学会家常主食 / 李鹏主编 . —武汉：湖北科学技术出版社，2014.10
ISBN 978-7-5352-6997-3

Ⅰ . ① 7…　Ⅱ . ①李…　Ⅲ . ①主食—食谱　Ⅳ . ① TS972.13

中国版本图书馆 CIP 数据核字（2014）第 213758 号

策划编辑 / 于海娣
责任编辑 / 刘焰红　吴瑞临
封面设计 / 凌　云
出版发行 / 湖北科学技术出版社
网　　址 / http: //www.hbstp.com.cn
地　　址 / 武汉市雄楚大街 268 号
　　　　　湖北出版文化城 B 座 13 ～ 14 层
电　　话 / 027-87679468
邮　　编 / 430077
印　　刷 / 三河市恒彩印务有限公司
邮　　编 / 518000
开　　本 / 889 × 1194　1/16
印　　张 / 20
字　　数 / 260 千字
2014 年 11 月第 1 版
2014 年 11 月第 1 次印刷
全套定价 / 498.00 元（全 2 册）

前言

主食是指餐桌上的主要食物，是人体所需能量的主要来源。由于主食是碳水化合物特别是淀粉的主要摄入源，因此以淀粉为主要成分的稻米、小麦、玉米等谷物，以及土豆、甘薯等块茎类食物被不同地域的人当作主食。千百年来，中国人用经验和智慧将稻谷转化为口味丰富的米食；从南到北，中国人以丰富的想象力和创造力让面食呈现出千姿百态的形貌……

一日三餐，主食当家。一道可口的主食，不仅可以保证家人营养均衡和膳食健康，还可以让家人在品味美食之余享受天伦之乐；一道色、香、味、形俱全的主食，不仅可以在朋友聚会中让你大显身手，还可以增进朋友之间的感情。

然而，如何才能制作出色、香、味俱佳的主食呢？《7天学会家常主食》精选了900余款最家常、最为人们喜欢的主食，包括馒头、花卷、包子、饼、饺子、面条、米饭、汤圆、点心等。全书分为烹饪方法介绍，面食，米饭、粥，中式小点，西式小点等五个部分。“烹饪方法介绍”详细介绍了中国式烹饪的常用方法，帮助初学者认识和掌握下厨的基本常识；“面食”介绍了面粉的选购和初加工的小知识，以及和面、揉面技巧和各类面食的制作方法；“米饭、粥”介绍了各类以米为主要原料的主食的制作方法；“中式小点”和“西式小点”系统介绍了各类点心的制作方法。材料、调料、做法面面俱到，烹饪步骤清晰，详略得当，同时配以彩色图片，读者可以一目了然地了解食物的制作要点，易于操作。即便你没有任何做饭经验，也能做得有模有样，有滋有味。另外，根据不同人群对膳食的不同需求，我们对于部分主食的营养功效、适合人群，以及制作过程中特别需要注意的问题给予直观的介绍，指导你为家人健康配膳，让你和家人吃得更合理、更健康。

对于初学者，需要多长时间才能学会家常主食是他们最关心的问题。其实，只要按照本书的编排，7天时间就可以基本掌握各类家常主食的制作方法。不用去餐厅，在家里即可轻松做出丰盛美食。如果你想在厨房小试牛刀，如果你想成为人们胃口的主人，成为一个做饭高手的话，不妨拿起本书。只要掌握了书中介绍的烹调基础、诀窍和步步详解的实例，不仅能烹调出一道道看似平凡、却大有味道的家常主食，还能够轻轻松松地享受烹饪带来的乐趣。

目录

上 卷

第一部分 烹饪方法介绍

第二部分 面食

下 卷

第三部分 米饭、粥

第四部分
中式小点

第五部分

西式小点

第一部分

烹饪方法介绍

烹饪过程中用到的方法有很多，如熘、炒、蒸、煮、炸等。在日常生活中，我们应根据食材的特性，选择适合食材的烹饪方法，这样既可以让营养更丰富，也可以让味道更鲜美。下面将教你各种烹饪方法的操作要领，让你运用自如。

拌

拌是一种冷菜的烹饪方法，操作时把生的原料或晾凉的熟料切成小型的丝、条、片、丁、块等形状，再加上各种调味料，拌匀即可。

将原材料洗净，根据其属性切成丝、条、片、丁或块，放入盘中。

原材料放入沸水中焯烫一下捞出，再放入凉开水中凉透，控净水，入盘。

将蒜、葱等治净，并添加盐、醋、香油等调味料，浇在盘内菜上，拌匀即成。

腌

腌是一种冷菜烹饪方法，它是将原材料放在调味卤汁中浸渍，或者用调味品涂抹、拌和原材料，使其部分水分排出，从而使味汁渗入其中。

将原材料洗净，控干水分，根据其属性切成丝、条、片、丁或块。

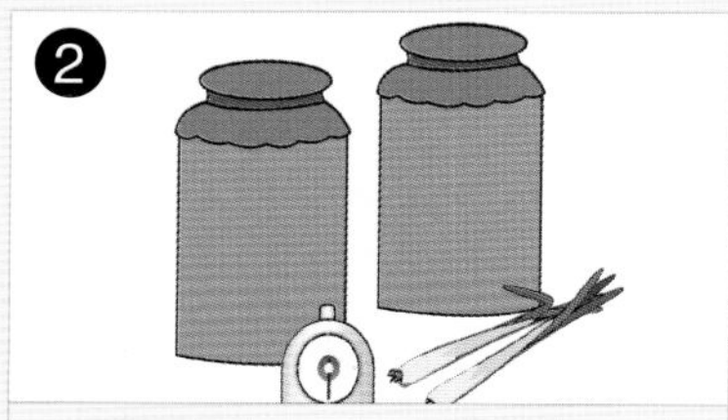

锅中加卤汁调味料煮开，凉后倒入容器中。将原料放容器中密封，腌7~10天即可。

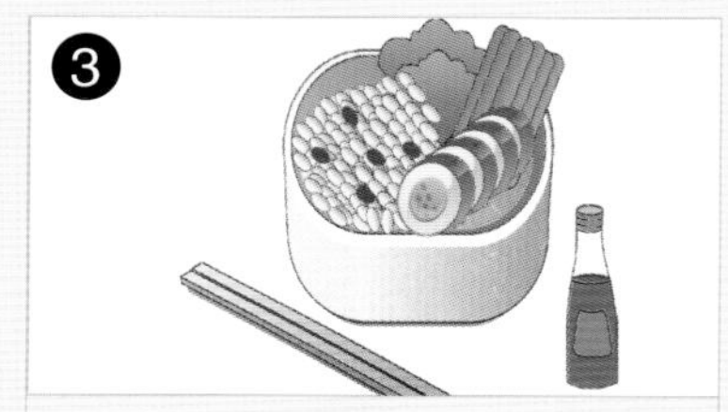

食用时可依个人口味加入辣椒油、白糖、味精等调味料。

卤

卤是一种冷菜烹饪方法，是指经加工处理的大块或完整原料，放入调好的卤汁中加热煮熟，使卤汁的香鲜滋味渗透进原材料的烹饪方法。调好的卤汁可长期使用，而且越用越香。

将原材料治净，入沸水中氽烫以排污除味，捞出后控干水分。

将原材料放入卤水中，小火慢卤，使其充分入味，卤好后取出，晾凉。

将卤好晾凉的原材料放入容器中，加入蒜蓉、味精、酱油等调味料拌匀，装盘即可。

炒是最广泛使用的一种烹调方法。它是以油为主要导热体，将小型原料用中旺火在较短时间内加热成熟，调味成菜的一种烹饪方法。

❶ 将原材料洗净，切好备用。

❷ 锅烧热，加底油，用葱、姜末炝锅。

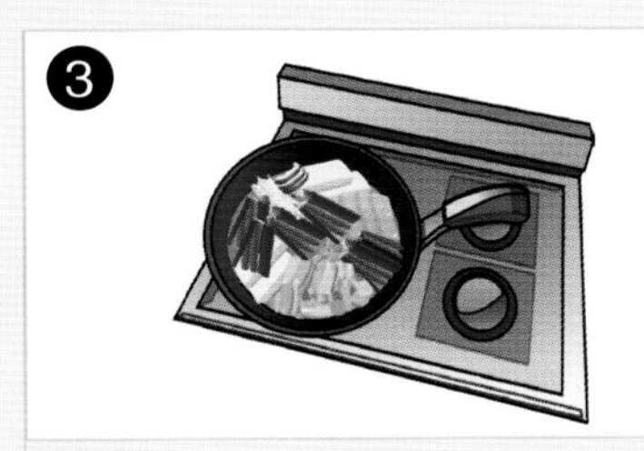

❸ 放入加工成丝、片、块状的原材料，直接用旺火翻炒至熟，调味装盘即可。

操作要点

1.炒的时候，油量的多少一定要视原料的多少而定。
2.操作时，一定要先将锅烧热，再下油，一般将油锅烧至六或七成热为佳。
3.火力的大小和油温的高低要根据原料的材质而定。

熘

熘是一种热菜烹饪方法，在烹调中应用较广。它是先把原料经油炸或蒸煮、滑油等预热加工使成熟，再把成熟的原料放入调制好的卤汁中搅拌，或把卤汁浇在成熟的原料上。

❶ 将原材料洗净，切好备用。

❷ 将原材料经油炸或滑油等预热加工使成熟。

❸ 将调制好的卤汁放入成熟的原材料中搅拌，装盘即可。

操作要点

1.熘汁一般都是用淀粉、调味品和高汤勾兑而成，烹制时可以将原料先用调味品拌腌入味后，再用蛋清、团粉挂糊。
2.熘汁的多少与主要原材料的份量多少有关，而且最后收汁时最好用小火。

烧

烧是烹调中国菜肴的一种常用技法，先将主料进行一次或两次以上的预热处理之后，放入汤中调味，大火烧开后小火烧至入味，再用大火收汁成菜的烹调方法。

❶ 将原料洗净，切好备用。

❷ 将原料放锅中加水烧开，加调味料，改用小火烧至入味。

❸ 用大火收汁，调味后，起锅装盘即可。

操作要点

1.所选用的主料多数是经过油炸煎炒或蒸煮等熟处理的半成品。
2.所用的火力以中小火为主，加热时间的长短根据原料的老嫩和大小而不同。
3.汤汁一般为原料的四分之一左右，烧制后期转旺火勾芡或不勾芡。

焖

焖是从烧演变而来的，是将加工处理后的原料放入锅中加适量的汤水和调料，盖紧锅盖烧开后改用小火进行较长时间的加热，待原料酥软入味后，留少量味汁成菜的烹饪方法。

❶ 将原材料洗净，切好备用。

❷ 将原材料与调味料一起炒出香味后，倒入汤汁。

❸ 盖紧锅盖，改中小火焖至熟软后改大火收汁，装盘即可。

操作要点

1.要先将洗好切好的原料放入沸水中焯熟或入油锅中炸熟。
2.焖时要加入调味料和足量的汤水，以没过原料为好，而且一定要盖紧锅盖。
3.一般用中小火较长时间加热焖制，以使原料酥烂入味。

蒸

蒸是一种重要的烹调方法，其原理是将原料放在容器中，以蒸汽加热，使调好味的原料成熟或酥烂入味。其特点是保留了菜肴的原形、原汁、原味。

❶

将原材料洗净，切好备用。

❷

将原材料用调味料调好味，摆于盘中。

❸
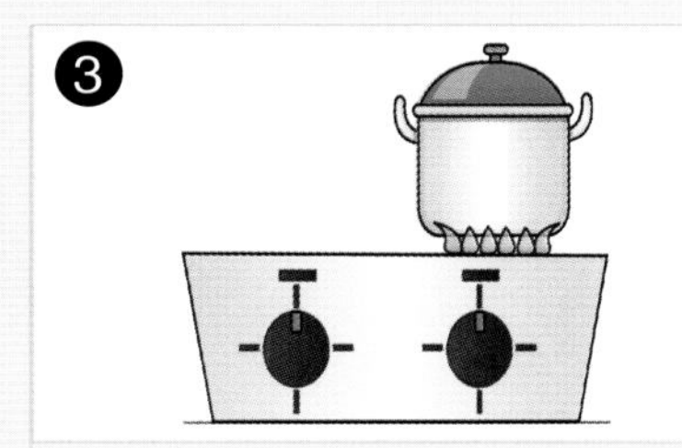
将其放入蒸锅，用旺火蒸熟后取出即可。

操作要点

1.蒸菜对原料的形态和质地要求严格，原料必须新鲜、气味纯正。
2.蒸时要用强火，但精细材料要使用中火或小火。
3.蒸时要让蒸笼盖稍留缝隙，可避免蒸汽在锅内凝结成水珠流入菜肴中。

烤

烤是将加工处理好或腌渍入味的原料置于烤具内部，用明火、暗火等产生的热辐射进行加热的技法总称。其菜肴特点是原料经烘烤后，表层水分散发，产生松脆的表面和焦香的滋味。

❶

将原材料洗净，切好备用。

❷
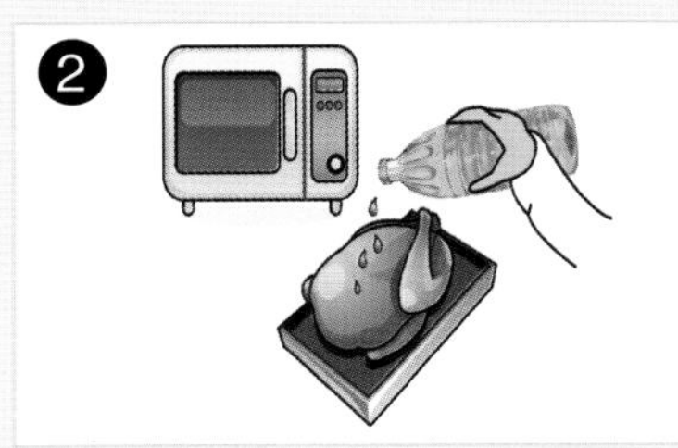
将原材料腌渍入味，放在烤盘上，淋上少许油。

❸

最后放入烤箱，待其烤熟，取出装盘即可。

操作要点

1.一定要将原材料加调味料腌渍入味，再放入烤箱烤，这样才能使烤出来的食物美味可口。
2.烤之前最好将原材料刷上一层香油或植物油。
3.要注意烤箱的温度，不宜太高，否则容易烤焦。而且要掌握好时间的长短。

煎

一般日常所说的煎，是指先把锅烧热，再以凉油涮锅，留少量底油，放入原料，先煎一面上色，再煎另一面。煎时要不停地晃动锅，以使原料受热均匀，色泽一致，使其熟透，食物表面会成金黄色乃至微糊。

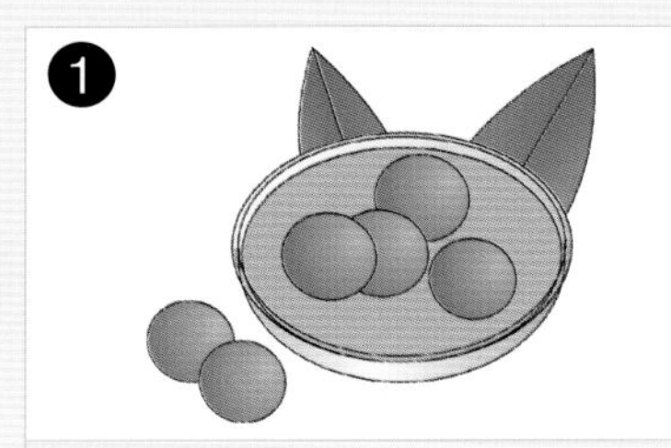

1. 将原材料治净。

2. 将原材料腌渍入味，备用。

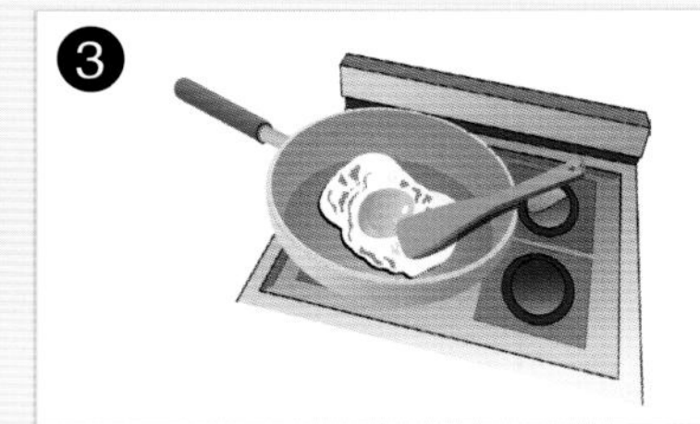

3. 锅烧热，倒入少许油，放入原材料煎至食材熟透，装盘即可。

操作要点

1.用油要纯净，煎制时要适量加油，以免油少将原料煎焦了。

2.要掌握好火候，不能用旺火煎；油温高时，煎食物的时间往往需时较短。

3.还要掌握好调味的方法，一定要将原料腌渍入味，否则煎出来的食物口感不佳。

炸

炸是油锅加热后，放入原料，以食油为介质，使其成熟的一种烹饪方法。采用这种方法烹饪的原料，一般要间隔炸两次才能酥脆。炸制菜肴的特点是香、酥、脆、嫩。

1. 将原材料洗净，切好备用。

2. 将原材料腌渍入味或用水淀粉搅拌均匀。

3. 锅下油烧热，放入原材料炸至焦黄，捞出控油，装盘即可。

操作要点

1.用于炸的原料在炸前一般需用调味品腌渍，炸后往往随带辅助调味品上席。

2.炸最主要的特点是要用旺火，而且用油量要多。

3.有些原料需经拍粉或挂糊再入油锅炸熟。

炖

炖是指将原材料加入汤水及调味品，先用旺火烧沸，然后转成中小火，长时间烧煮的烹调方法。炖出来的汤的特点是：滋味鲜浓，香气醇厚。

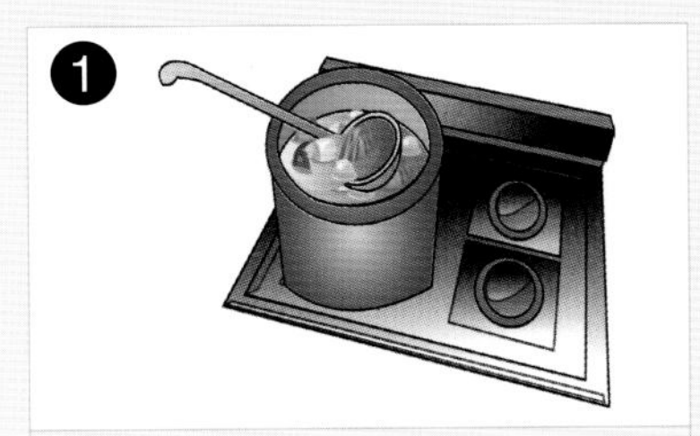

❶ 将原材料洗净，切好，入沸水锅中汆烫。

❷ 锅中加适量清水，放入原材料，大火烧开，再改用小火慢慢炖至酥烂。

❸ 最后加入调味料即可。

操作要点

1.大多原材料在炖时不能先放咸味调味品，特别不能放盐，因为盐的渗透作用会严重影响原料的酥烂，延长加热时间。

2.炖时，先用旺火煮沸，撇去泡沫，再用微火炖至酥烂。

3.炖时要一次加足水量，中途不宜加水掀盖。

煮

煮是将原材料放在多量的汤汁或清水中，先用大火煮沸，再用中火或小火慢慢煮熟。煮不同于炖，煮比炖的时间要短，一般适用于体小、质软类的原材料。

❶ 将原材料洗净，切好。

❷ 油烧热，放入原材料稍炒，注入适量的清水或汤汁，用大火煮沸，再用中火煮至熟。

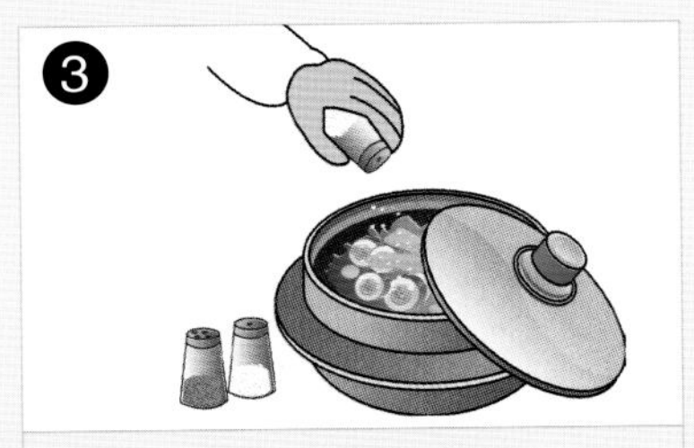

❸ 最后放入调味料即可。

操作要点

1.煮时不要过多地放入葱、姜、料酒等调味料，以免影响汤汁本身的原汁原味。

2.不要过早过多地放入酱油，以免汤味变酸，颜色变暗发黑。

3.忌让汤汁大滚大沸，以免肉中的蛋白质分子运动激烈使汤浑浊。

煲

煲就是将原材料用文火煮，慢慢地熬。煲汤往往选择富含蛋白质的动物原料，一般需要3个小时左右。

❶ 先将原材料洗净，切好备用。

❷ 将原材料放锅中，加足冷水，煮沸，改小火持续20分钟，加姜和料酒等调料。

❸ 待水再沸后用中火保持沸腾3~4小时，浓汤呈乳白色时即可。

操作要点

1.中途不要添加冷水，因为正加热的肉类遇冷收缩，蛋白质不易溶解，汤便失去了原有的鲜香味。

2.不要太早放盐，因为早放盐会使肉中的蛋白质凝固，从而使汤色发暗，浓度不够，外观不美。

烩

烩是指将原材料油炸或煮熟后改刀，放入锅内加辅料、调料、高汤烩制的烹饪方法，这种方法多用于烹制鱼虾、肉丝、肉片等。

❶ 将所有原材料洗净，切块或切丝。

❷ 炒锅加油烧热，将原材料略炒，或汆水之后加适量清水，再加调味料，用大火煮片刻。

❸ 然后加入芡汁勾芡，搅拌均匀即可。

操作要点

1.烩菜对原料的要求比较高，多以质地细嫩柔软的动物性原料为主，以脆鲜嫩爽的植物性原料为辅。

2.烩菜原料均不宜在汤内久煮，多经焯水或过油，有的原料还需上浆后再进行初步熟处理。一般以汤沸即勾芡为宜，以保证成菜的鲜嫩。

第二部分

面食

除了米饭之外，面食也是人们喜爱的主食之一。常见的面食主要有馒头、包子、花卷、饺子、馄饨、面条等。由于面食花样繁多，口味多样，制作方法也不尽相同，因此很多人担心制作过程会很麻烦。其实不必担心！本书将教您轻轻松松制作馒头、包子、花卷、饺子、馄饨、面条等多种面食。下面就让我们一起来看看如何制作面食吧，相信您一学就会哦！

面粉的选购与初加工小知识

◎面食的制作过程并不复杂，但是要做出好吃的面食却也不是那么简单。那么，要想做出美味可口的面食，应做好哪些准备工作呢？首先对面粉的选购是必不可少的，其次对面粉的初加工也不能忽略。下面就让我们一起来学习关于面粉的选购与初加工的一些小知识吧！

1 选购面粉三窍门

①用手抓一把面粉，使劲一捏，松手后，面粉随之散开，是水分正常的好粉；如不散，则为水分多的面粉。同时，还可用手捻搓面粉，质量好的，手感绵软；若过分光滑，则质量差。

②从颜色上看，精度高的面粉，色泽白净；标准面粉呈淡黄色；质量差的面粉色深。

③质量好的面粉气味正常，略带有甜味；质量差的多有异味。

2 面粉是否越白越好

面粉并不是越白越好，当我们购买的面粉白得过分时，很可能是因为添加了面粉增白剂——过氧化苯甲酰。过氧化苯甲酰会使皮肤、黏膜产生炎症，长期食用过氧化苯甲酰超标的面粉会对人体肝脏、脑神经产生严重损害。

3 夏季存放面粉须知

夏季雨水多，气温高，湿度大，面粉装在布口袋里很容易受潮结块，进而被微

生物污染发生霉变。所以，夏季是一年中保存面粉最困难的时期，尤其是用布口袋装面，更容易生虫。如果用塑料袋盛面，以“塑料隔绝氧气”的办法使面粉与空气隔绝，既不反潮发霉，也不易生虫。

4 呆面的种类与调制

呆面即“死面”，只将面粉与水拌和揉匀即成。因其调制所用冷热水的不同，又分冷水面与开水面。

①开水面。又称烫面，即用开水和成的面。性糯劲差，色泽较暗，有甜味，适宜制作烫馄饨、烧麦、锅贴等。掺水应分几次进行，面粉和水的比例，一般为500克面粉加开水约350毫升。须冷却后才能

制皮。

②冷水面。冷水面就是用自来水调制的面团，有的加入少许盐。颜色洁白，面皮有韧性和弹性，可做各种面条、水饺、馄饨皮、春卷皮等。冷水面掺水比例，一般为500克面粉加水200~250毫升。

5 冬季和面如何加水

由于气温、水温的关系，冬季水分子运动缓慢，如和面加水不恰当，或用水冷热不合适，会使和出的面不好用。因此，冬季和面，要掌握好加水的窍门。和烙饼面，每500克面粉加325~350毫升40℃温水；和馅饼或葱花饼的面时，每500克面粉加325毫升45℃的温水；和发酵面时，每500克面粉加250~275毫升35℃左右的温水。

6 快速发面法

忘记了事先发面，又想很快吃到馒头，可用以下方法：500克面粉，加入50毫升食醋、350毫升温水和均匀，揉好，大约10分钟后再加入5克小苏打，使劲揉面，直到醋味消失就可切块上屉蒸制。这样做出的馒头松软，而且同样省时间。

7 发面的最佳温度

发面最适宜的温度是27~30℃。面团在这个温度下，2~3小时便可发酵成功。为了达到这个温度，根据气候的变化，发面用水的温度可作适当调整：夏季用冷水；春秋季用40℃左右的温水；冬季可用60~70℃热水和面，盖上湿布，放置在比较暖和的地方。

8 发面秘招

发面内部气泡多，做成的面点即松软可口。这里，教你一条秘招：在发面时，在面团内加入少量食盐。虽然只有一句话那么简单，你试后一定会感到效果不凡。

9 发面碱放多了怎么办

发酵面团如兑碱多了，可加入白醋与碱中和。如上屉蒸到七八成熟时，发现碱兑多了，可在成品上撒些明矾水，或下屉后涂一些淡醋水。

10 面团为什么要醒一段时间

无论哪种面团，刚刚调和完后，面粉的颗粒都不能马上把水从外表吸进内部。通过醒的办法才能使面粉颗粒充分滋润吸水膨胀，使面团机构变得更加紧密，从而形成较细的面筋网，揉搓后表面光洁。没醒好的面团，使用起来易裂口、断条，揉不出光面，制出的成品粗糙。

11 嫩酵面的特点

所谓嫩酵面，就是没有发足的酵面，一般发至四五成。这种酵面的发酵时间短（一般约为大酵面发酵时间的2／3），且不用发酵粉，目的是使面团不过分疏松。由于发酵时间短，酵面尚未成熟，所以嫩酵面紧密、性韧，宜制作皮薄卤多的小笼汤包等。

制作馒头的小窍门

◎有些人在家里自己做馒头、蒸馒头，但蒸出来的馒头总是不尽如人意。要想蒸出来的馒头又白又软，应该在面粉里加一点盐水，这样可以促使面粉发酵；要想蒸出来的馒头松软可口，就应该先在锅中加冷水，放入馒头后再加热增加温度。

1 如何蒸馒头

①蒸馒头时，如果面似发非发，可在面团中间挖个小坑，倒进两小杯白酒，停10分钟后，面就发开了。

②发面时如果没有酵母，可用蜂蜜代替，每500克面粉加蜂蜜15~20克。面团揉软后，盖湿布4~6小时即可发起。蜂蜜发面蒸出的馒头松软清香，入口甘甜。

③在发酵的面团里，人们常要放入适量碱来除去酸味。检查施碱量是否适中，可将面团用刀切一块，上面如有芝麻粒大小均匀的孔，则说明用碱量适宜。

④蒸出的馒头，如因碱放多了变黄，且碱味难闻，可在蒸过馒头的水中加入食醋100~160毫升，把已蒸过的馒头再放入锅中蒸10~15分钟，馒头即可变白且无碱味。

2 如何做好开花馒头

做得好的开花馒头，形状美观，色泽雪白，质地松软，富有弹性，诱人食欲。要达到这样的效果，必须大体掌握下列六点。

①面团要和得软硬适度，过软会使发酵后吸收过多的干面粉，成品不开花。

②加碱量要准，碱多则成品色黄，表面裂纹多，不美观，又有碱味；碱少则成品呈灰白色，有酸味，而且粘牙。

③酵面加碱、糖（加糖量可稍大点儿）后，最好加入适量的猪油（以5%左右为宜），碱与猪油发生反应，可使蒸出的馒头更松软、雪白、可口。

④酵面加碱、糖、油之后，一定要揉匀，然后搓条、切寸段，竖着摆在笼屉内，之间要有一定空隙，以免蒸后粘连。

⑤制好的馒头坯入笼后，应该醒发一会儿，然后再上锅蒸。

⑥蒸制时，要加满水，用旺火。一般蒸15分钟即可出笼，欠火或过火均影响成品质量。

煮面条的小窍门

◎面条由于制作简单，营养丰富，因此成为人们喜爱的主食之一。但有时候大多数人煮出来的面条并不好吃，究竟要注意哪些方法呢？下面就介绍多种煮面条的小窍门，相信一定可以让你煮出美味可口的面条。

1 巧煮面条

煮水面时，若在水里面加一点油，面条就不会粘了，还能防止面汤起泡沫溢到锅外。煮挂面时，不要等水沸后才下面。当锅底有小气泡往上冒时就下面，搅动几下，盖锅煮沸，适量加冷水，再盖锅煮沸就熟了。这样煮面，面柔而汤清。

2 怎样使面条不粘连

平时我们在家里煮面条，煮完之后稍微放一会面条就会粘在一起。这里教给您一个面条不粘连的办法：煮面之前在锅里加一些油，由于油漂浮在水面上，就好像给水加了一层盖子，水里的热气散不出去，水开得就快了。

面条煮好以后漂在水面上的油就会挂在面条上，再怎么放也不会粘连了。另外，在煮挂面时，不要等水开了再下面条，可以在温水时就把面下了，这样面熟得就快了。

3 面条走碱的补救

市场上买来的生面条，如果遇上天气潮湿或闷热，极易走碱。走碱的面条煮熟后会有一股酸馊味，很难吃。我们如果发现面条已经走碱，烹煮的时候，在锅中放入少许食用碱，那么，煮熟后的面条就和未走碱时一样了。

4 如何制作烫酵面

烫酵面，就是在拌面时掺入沸水，先将面粉烫熟，拌成“雪花形”，随后再放入老酵，揉成面团，让其发酵（一般发至五六成左右）。烫酵面组织紧密，性糯软，但色泽较差,制成的点心、皮子劲韧性十足，能包牢卤汁，宜制作生煎馒头或油包等。

和面的方法

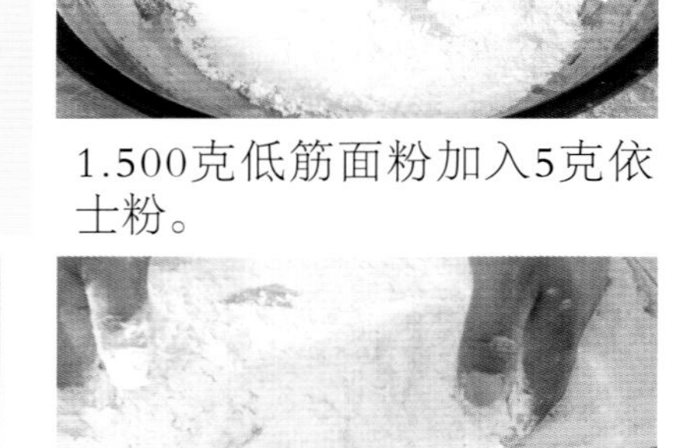

1.500克低筋面粉加入5克依士粉。

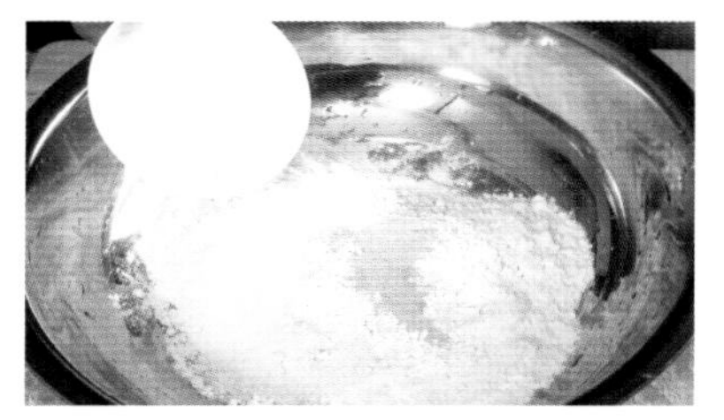

2.再加入5克泡打粉拌匀。

3.取50克白糖加冷水溶至饱和状态，倒入盆中。

4.用手从四周向中间抄拌均匀。

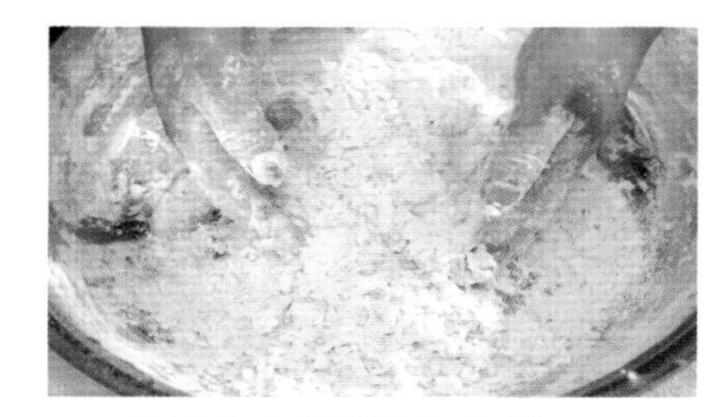

5.至面成麦穗形的条状。

6.继续揉至成光滑面团，盖上湿布，醒发15分钟。

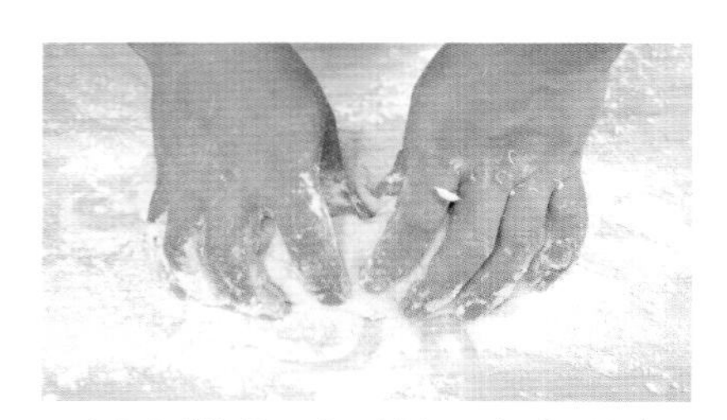

7.板上撒些干面粉，取出醒发好的面团再次推揉均匀即可。

包子的做法

1.面团揉匀，搓成长条。

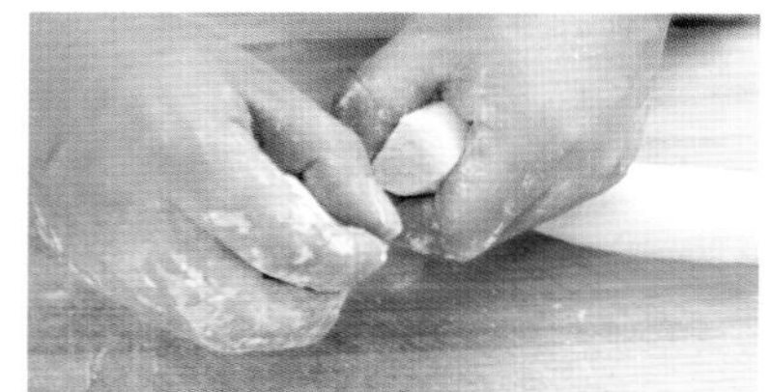

2.下成大小均匀的剂子。

3.均匀撒上一层面粉，按扁。

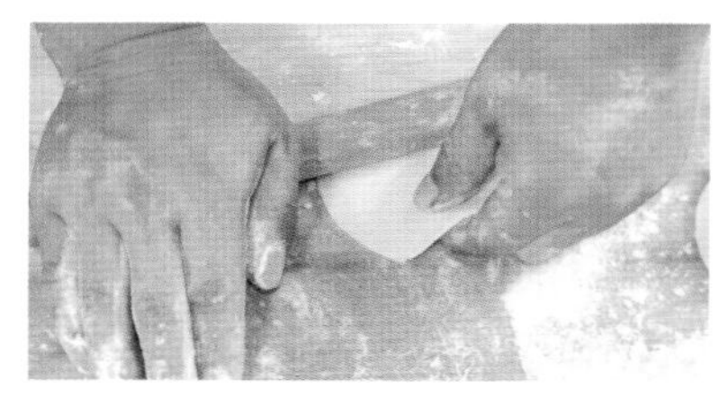

4.右手拿擀面杖，左手捏住皮边缘旋转，擀成面皮。

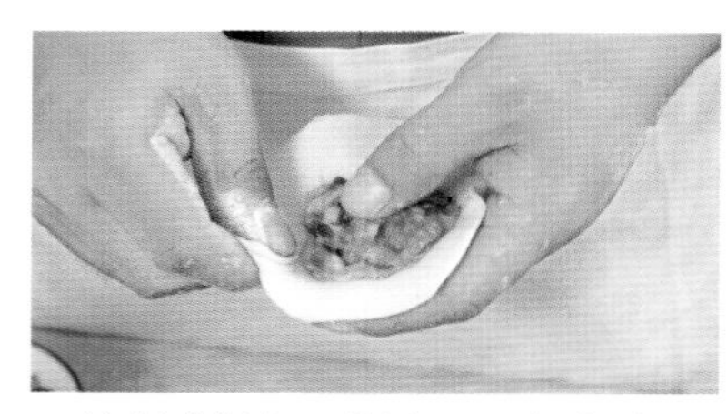

5.将馅料放入擀好的皮中央。

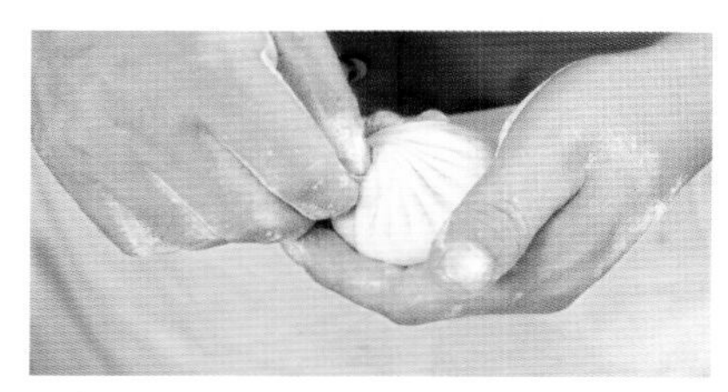

6.捏住面皮边缘，折成花边，旋转一周捏紧，即成生坯。

汤圆和面的做法

1.将250克糯米粉置于盆中。

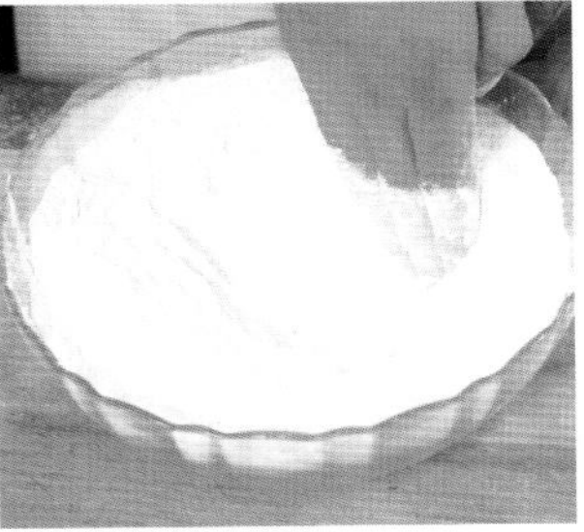
2.中间扒窝。

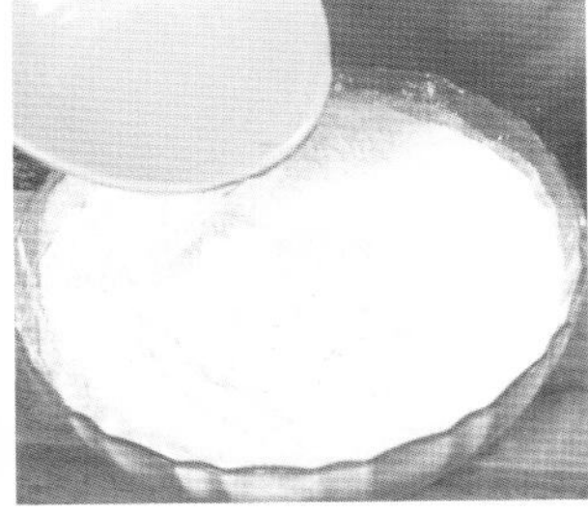
3.将115毫升温水掺入米粉中。

4.用手揉搓，对揉压匀。

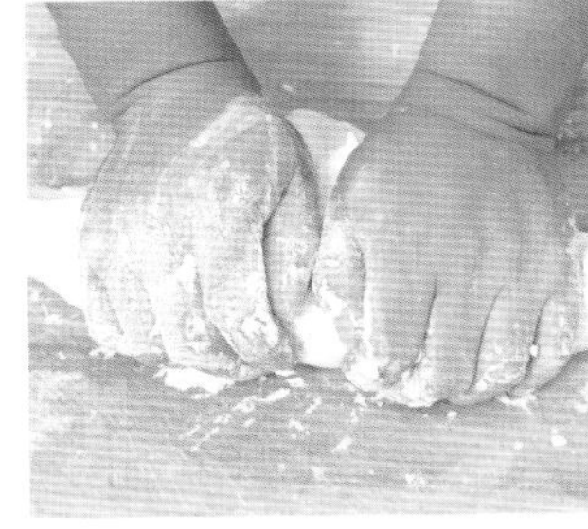
5.取出，在案板上揉至糯米粉光滑柔润。

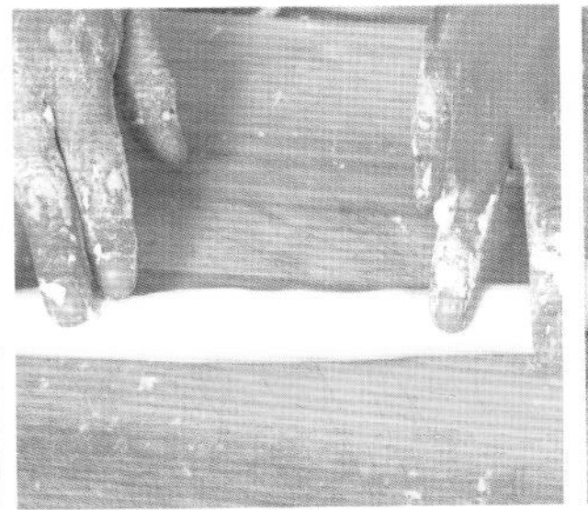
6.将糯米粉团搓成条。

7.用刀切断成小剂子。

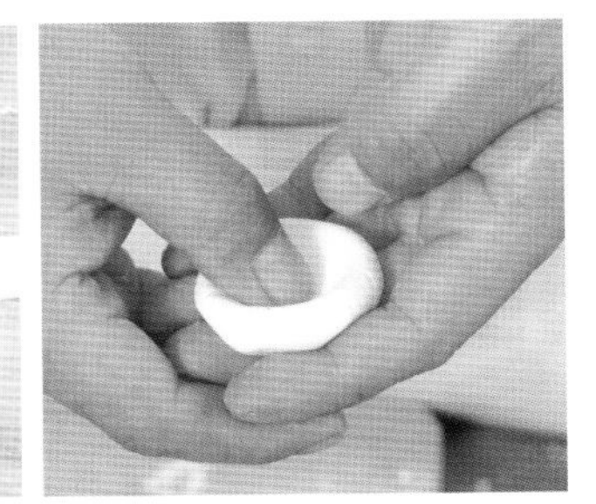
8.将小剂子揉成团，用手按扁，待包馅时用。

饺子皮的做法

1.面粉开窝。

2.在面窝中加入盐。

3.加入开水。

4.和匀。

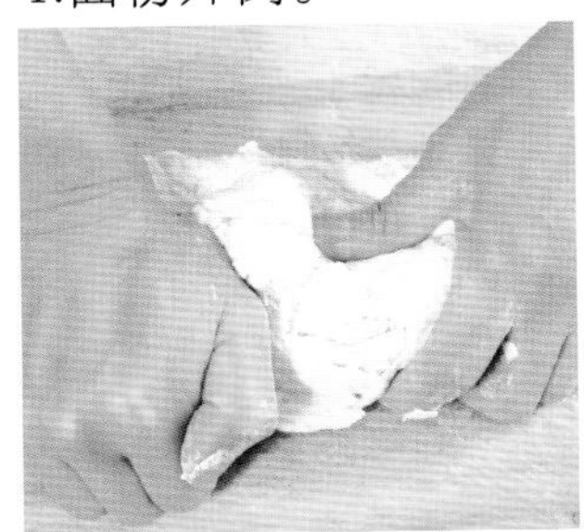
5.揉成面团。

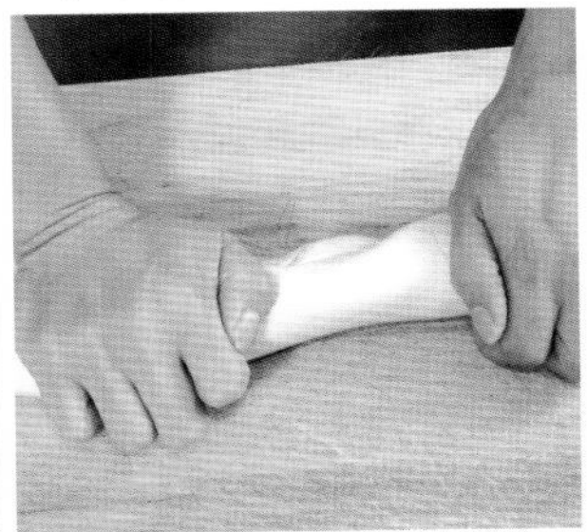
6.反复搓成光滑的面团。

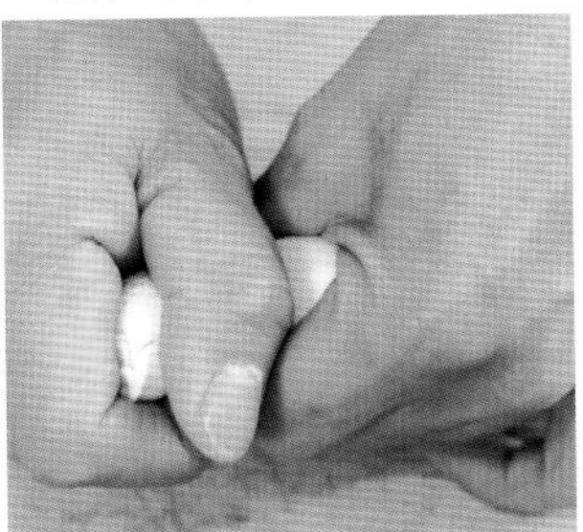
7.摘成20克一个的小剂子。

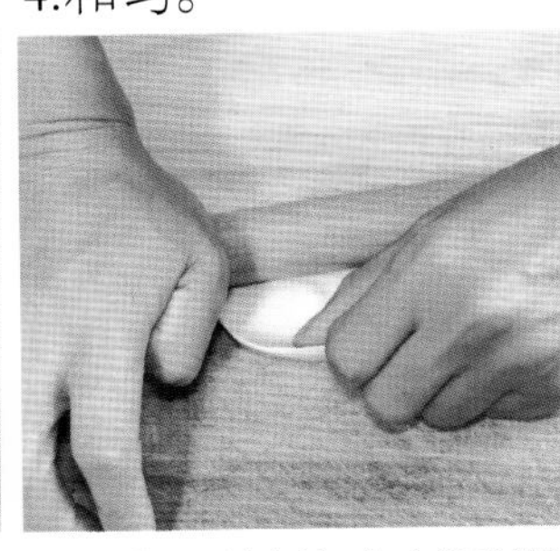
8.用擀面杖将小剂子擀成饺子皮。

吃饺子的蘸料

陈醋

葱花

剁辣椒

红油

胡椒粉

花椒油

姜末

酱油

蒜瓣

蒜泥

香菜末

香油

手擀面的做法

原材料：面粉500克，盐25克，鸡蛋1个

1.将面粉放在案板上，开窝。

2.将盐放在窝中间。

3.加入1个鸡蛋。

4.加入175毫升冷水。

5.先用手将蛋液、盐、水拌匀。

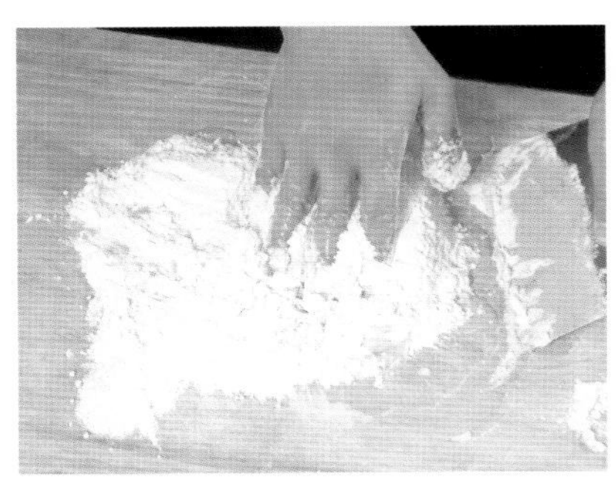

6.再将面粉拌匀。

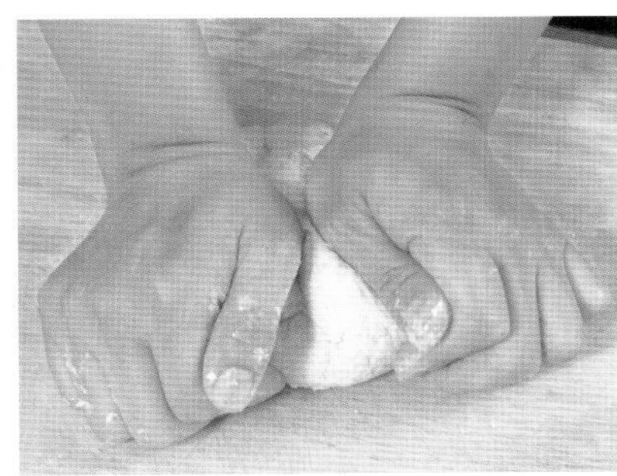

7.揉成光滑的面团。

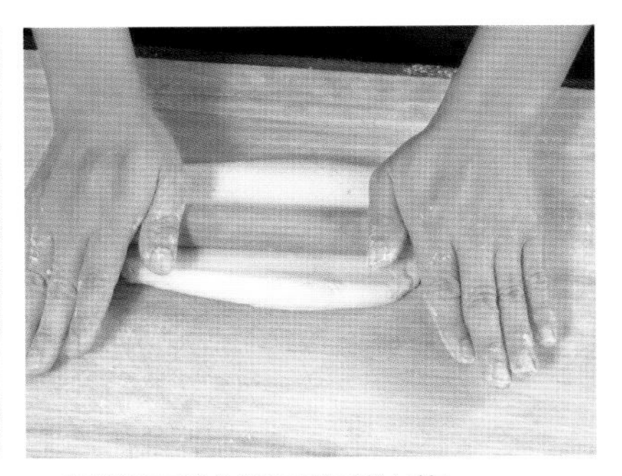

8.用擀面杖将面团擀薄。

9.将面皮卷在擀面杖上，擀成4毫米厚的面片后叠起。

10.切成0.5厘米宽的面条。

11.撒上少许面粉，用手将切好的面条扯散即可。

冷面的做法

原材料：面粉500克，盐25克，鸡蛋1个

1.将面粉放在案板上，开窝。

2.将盐放在窝中间。

3.加入1个鸡蛋。

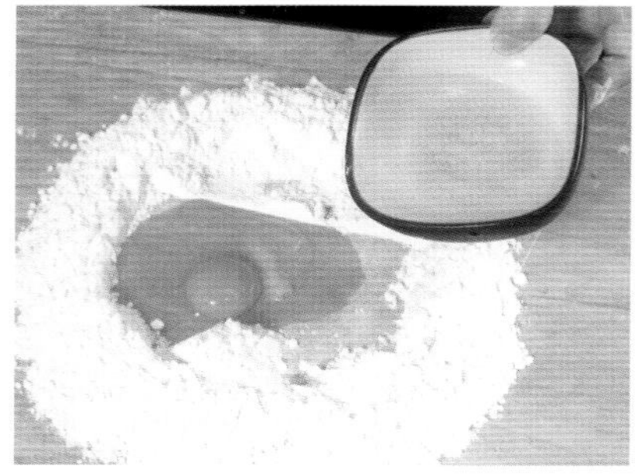

4.加入175毫升冷水。

5.先用手将蛋液、盐、水拌匀。

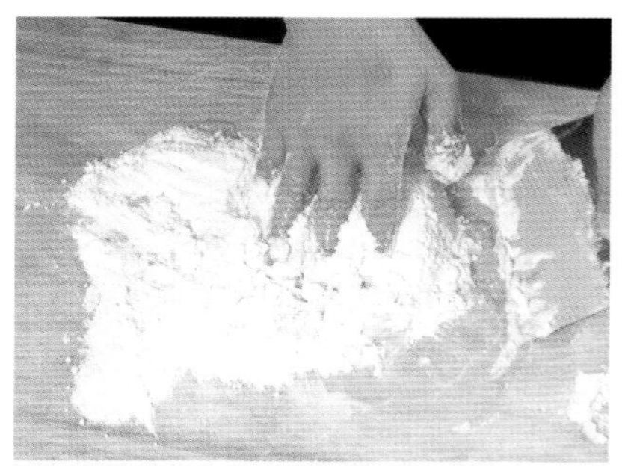

6.再将面粉拌匀。

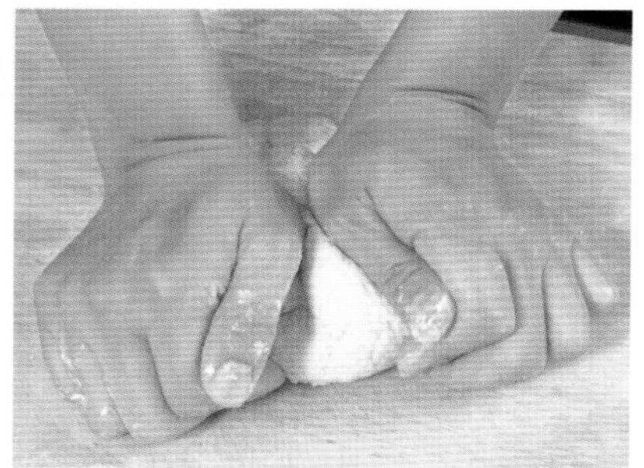

7.揉成光滑的面团。

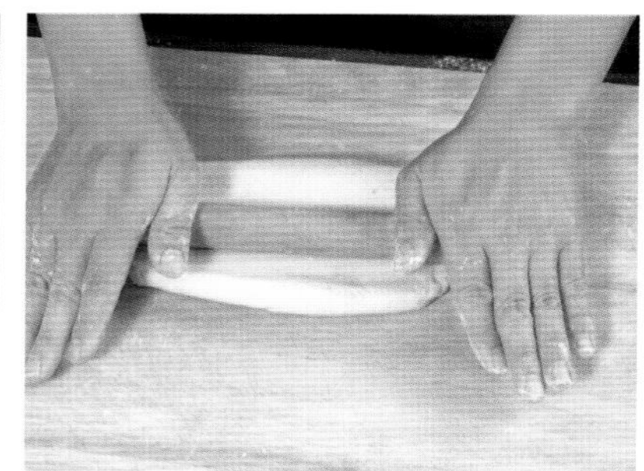

8.用擀面杖将面团擀薄。

9.擀成3毫米厚的面片。

10.叠起，切成牙签粗细的面条，撒上面粉，扯散即可。

馄饨皮的做法

1.将500克高筋面粉置盆中，中间扒个窝，将鸡蛋磕入窝中。

2.将2克盐溶于200毫升冷水内，倒入面粉中。

3.用手从外往里，由下而上，反复进行抄拌，使水与面掺和均匀。

4.继续揉搓。

5.再加少许水抄拌至面粉吃水呈均匀麦片状。

6.对揉压匀，使面粉均匀吃水呈结块状。

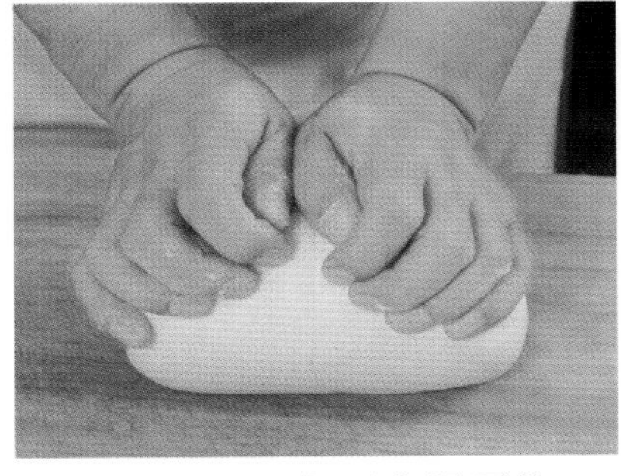

7.揉至面团的表面光滑柔润，再将面团揉捏成圆形。

8.用擀面杖压扁。

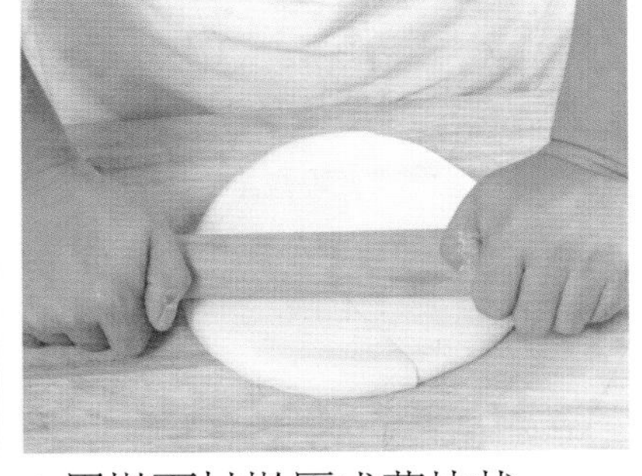

9.用擀面杖擀压成薄块状。

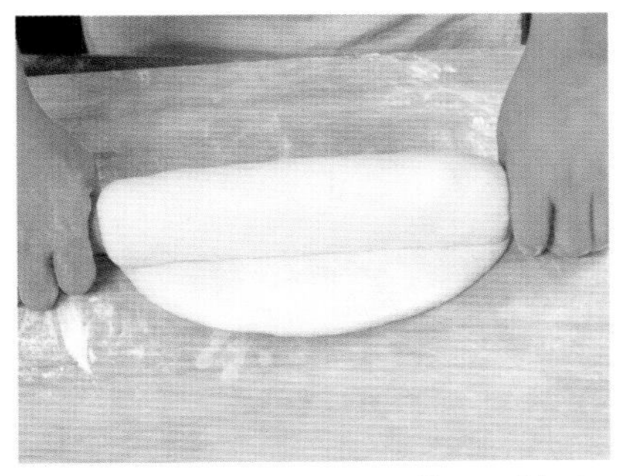

10.继续擀压，再用擀面杖卷起面团，反复擀至细薄状。

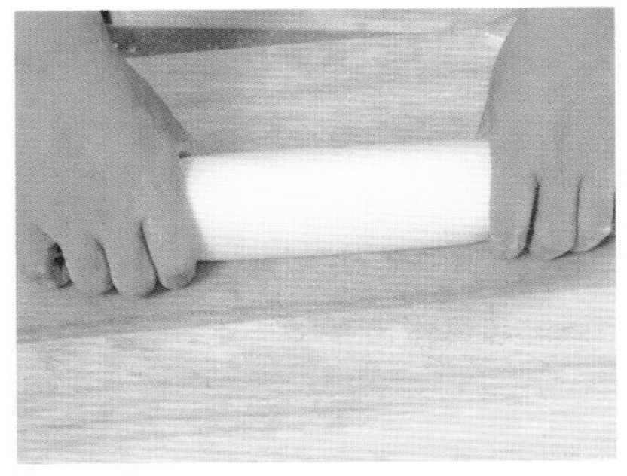

11.擀压至细薄达到馄饨皮的要求。

12.将薄皮叠起，用刀切出每块为6厘米×6厘米大小的馄饨皮。

燕麦馒头

材料 低筋面粉、泡打粉、干酵母、改良剂、燕麦粉各适量

调料 砂糖100克

做法 ①低筋面粉、泡打粉过筛与燕麦粉混合开窝。②加入砂糖、酵母、改良剂、清水拌至糖溶化。③将低筋面粉拌入，搓至面团纯滑。④用保鲜膜包起松弛约20分钟。⑤然后用擀面杖将面团压薄。⑥卷起成长条状。⑦分切成每件约30克的面团。⑧均匀排于蒸笼内，用猛火蒸约8分钟熟透即可。

适合人群 一般人都可食用，尤其适合老年人食用。

专家点评 降低血糖。

重点提示 面团一定要揉均匀。

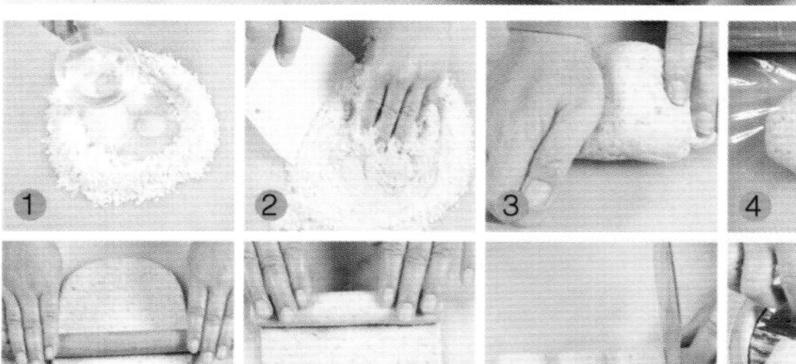

金银馒头

材料 低筋面粉500克，泡打粉、干酵母各4克，改良剂25克

调料 糖100克

做法 ①低筋面粉、泡打粉混合过筛，入糖、酵母、改良剂、清水拌至糖溶化。②将低筋面粉拌入搓匀。③搓至面团纯滑。④用保鲜膜包好，稍作松弛。⑤然后将面团擀薄。⑥卷起成长条状。⑦分切成每件约30克的馒头坯。⑧蒸熟，冷冻后将其中一半炸至金黄色即可。

适合人群 一般人都可食用，尤其适合儿童食用。

专家点评 开胃消食。

重点提示 炸馒头时最好选用干性油，如花生油，可防止产生酸辣味。

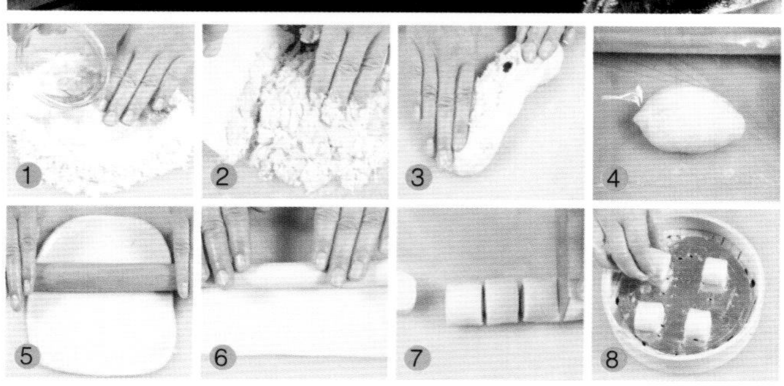

菠汁馒头

材料 面团500克，菠菜200克

调料 椰浆10克，白糖20克

做法 ①将菠菜叶洗净，放入搅拌机中打成菠菜汁。②将打好的菠菜汁倒入揉好的面团中。③用力揉成菠汁面团。④面团擀成薄面皮，将边缘切整齐。⑤将面皮从外向里卷起。⑥将卷起的长条搓至纯滑。⑦再切成大小相同的面团，即成生坯。⑧醒发1小时后，再上笼蒸熟即可。

适合人群 一般人都可食用，尤其适合女性食用。

专家点评 增强免疫。

重点提示 搅打菠菜汁时要加入适量水。

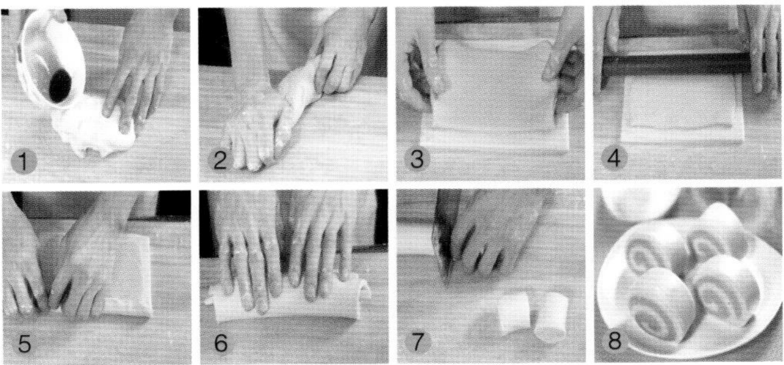

双色馒头

材料 面团500克，菠菜200克

调料 白糖20克

做法 ①将菠菜叶搅打成汁，再将菠汁入揉成的面团中。②用力揉成菠汁面团。③将菠汁面团擀成面皮，放于擀好的白面皮之上。④再用擀面杖将面皮擀匀。⑤将两块面皮从外向里卷起。⑥卷起的长条搓至纯滑。⑦再切成大小相同的面团，即成生坯。⑧醒发1小时后，再上笼蒸熟即可。

适合人群 一般人都可食用，尤其适合老年人食用。

专家点评 增强免疫力。

重点提示 为了美观，菠汁面团应放于白面团上。

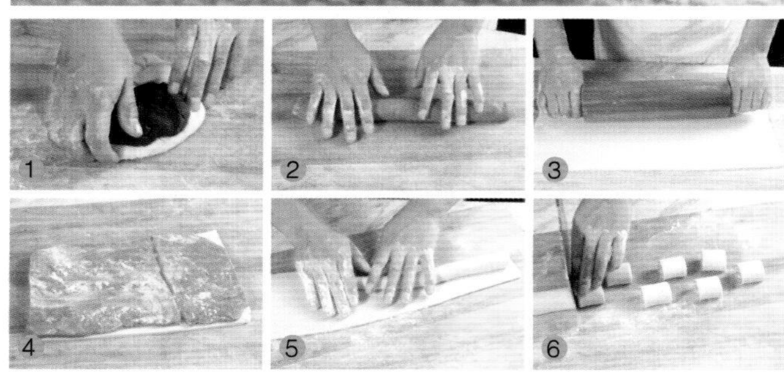

豆沙双色馒头

材料 面团300克

调料 豆沙馅150克

做法 ①面团分成两份，一份加入同等重量的豆沙和匀，另一份面团揉匀。②将掺有豆沙的面团和另一份面团分别搓成长条。③用通心槌擀成长薄片。④喷上少许水，叠放在一起。⑤从边缘开始卷成均匀的圆筒形。⑥切成50克大小的馒头生坯，醒发15分钟即可入锅蒸。

适合人群 一般人都可食用，尤其适合儿童食用。

专家点评 开胃消食

重点提示 卷时要卷紧，以免蒸时裂开，影响美观。

胡萝卜馒头

材料 面团500克，胡萝卜200克

调料 糖适量

做法 ①将胡萝卜洗净入搅拌机中打成胡萝卜汁。②将胡萝卜汁倒入面团中揉匀。③揉匀后的面团用擀面杖擀薄。④将面皮从外向里卷起。⑤卷成圆筒形后，再搓至纯滑。⑥切成馒头大小的形状即成，放置醒发后再上笼蒸熟即可。

适合人群 一般人都可食用，尤其适合老年人食用。

专家点评 防癌抗癌。

重点提示 打好的胡萝卜要滤渣取汁。

椰汁蒸馒头

材料 面团500克

调料 椰汁1罐

做法 ①将椰汁倒入面团中，揉匀。②用擀面杖将面团擀成薄面皮。③再将面皮从外向里卷起。④切成馒头大小的形状，放置醒发1小时后再上笼蒸熟即可。

适合人群 一般人都可食用，尤其适合女性食用。

专家点评 增强免疫力。

重点提示 搅打菠菜汁时要加入适量水。

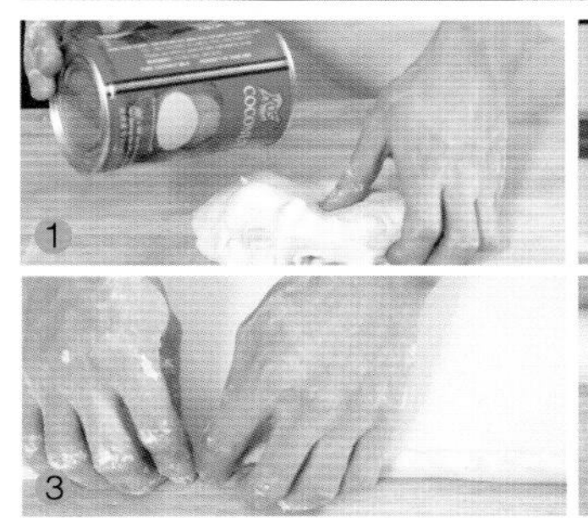

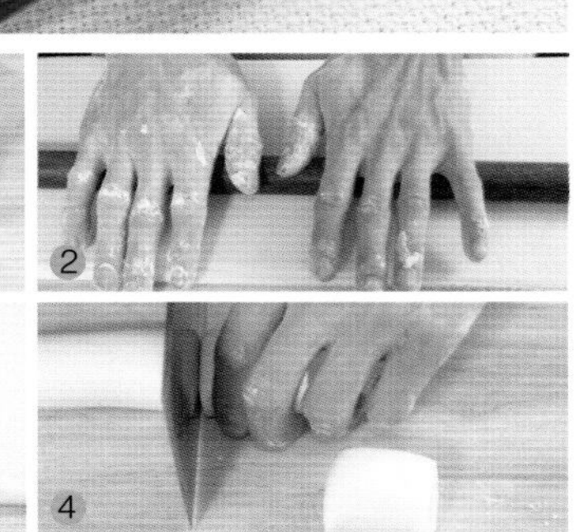

吉士馒头

材料 面团500克，吉士粉适量

调料 椰浆10克，白糖20克

做法 ①将吉士粉和所有调味料加入面团中，揉匀，再擀成薄面皮。②将面皮从外向里卷起，至成长圆形。③将长圆形面团切成大约50克一个的小面剂。④放置醒发后，上笼蒸熟即可。

适合人群 一般人都可食用，尤其适合儿童食用。

专家点评 提神健脑

重点提示 放点三花淡奶，味道更好。

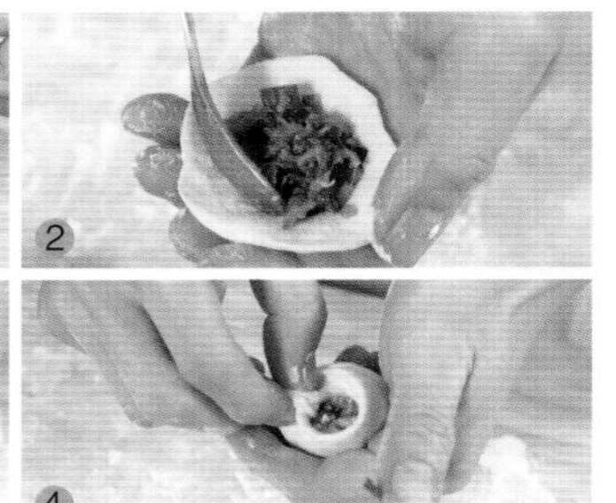

韭菜肉包

材料 面团500克，韭菜250克，猪肉100克

调料 盐20克，白糖35克，味精15克，麻油少量

做法 ①韭菜、猪肉分别洗净，切末，将所有调味料一起拌匀成馅。②将面团下成大小均匀的面剂，再擀成面皮，取一面皮，内放20克馅料。③再将面皮的边缘向中间捏起。④打褶包好，放置醒发1小时左右，再上笼蒸熟即可。

适合人群 一般人都可食用，尤其适合男性食用。

专家点评 保肝护肾。

重点提示 制韭菜馅时加入猪油，汁多滑嫩。

孜然牛肉包

材料 面团500克，牛肉末500克，孜然粉适量

调料 味精、盐、椰浆、白糖、老抽、生抽、五香粉各适量

做法 ①将牛肉末和孜然粉加入所有调味料和匀成馅料，待用。②将面团下成大小均匀的面剂，再擀成面皮，取20克馅料放入一面皮中。③再将包子打褶包好。④将包好的生坯放置案板上醒发1小时左右，再上笼蒸熟即可。

适合人群 一般人都可食用，尤其适合儿童食用。

专家点评 增强免疫力。

重点提示 搅拌牛肉时，加点水才能打至有弹性。

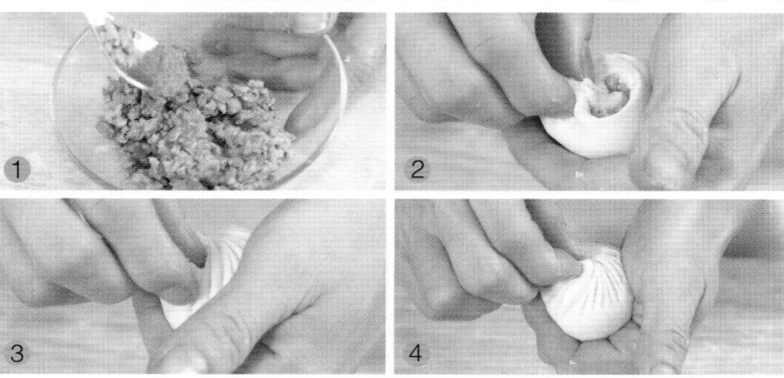

洋葱牛肉包

材料 面团500克，洋葱半个，牛肉末200克

调料 盐20克，白糖35克，味精15克，麻油少量

做法 1 将牛肉、洋葱分别洗净，切成碎粒，盛入碗内。2 再加入所有调味料一起拌匀成馅。3 将面团下成大小均匀的面剂，再擀成面皮。取一面皮，内放20克馅料。4 将面皮的一端向另一端捏紧。5 捏紧后，封住口。6 将封口捏紧。7 再将其打褶包好。8 将包子生坯放置案板上醒发1小时，蒸熟即可。

适合人群 一般人都可食用，尤其适合女性食用。

专家点评 开胃消食。

重点提示 切洋葱时可将刀放入冷水中浸一下再切，便不会有辣味。

莲蓉包

材料 低筋面粉500克，泡打粉、酵母各4克，改良剂25克

调料 莲蓉适量，砂糖100克

做法 1 低筋面粉、泡打粉过筛开窝，加糖、酵母、改良剂、清水拌至糖溶化。2 将面粉拌入搓匀。3 搓至面团纯滑。4 用保鲜膜包好稍作松弛。5 将面团分切成约30克/个的小面团后压薄。6 将莲蓉馅包入。7 把包口收捏紧成形。8 稍作静置后以猛火蒸约8分钟即可。

适合人群 一般人都可食用，尤其适合儿童食用。

专家点评 提神健脑。

重点提示 蒸时要注意火候，一定要用旺火，才能一气呵成，否则会影响口感。

生肉包

材料 调料面粉、猪肉各500克，泡打粉15克，酵母5克

调料 盐6克，砂糖10克，鸡精7克，葱30克，砂糖100克

做法 ①面粉、泡打粉混合过筛开窝，加酵母、砂糖、清水拌至糖溶化。②将面粉拌入搓匀，搓至面团纯滑。③用保鲜膜包起，稍作松弛。④将面团分切成每件30克的小面团，压薄备用。⑤猪肉切碎加入各调味料拌匀成馅。⑥用面皮包入馅料。⑦收口捏成雀笼形。⑧排入蒸笼稍作松弛，然后用猛火蒸约8分钟即可。

适合人群 一般人都可食用，尤其适合老年人食用。

专家点评 增强免疫力。

重点提示 拌入面粉时，可以由内至外徐徐加入，这样揉出来的面团才是细腻的软性面团。

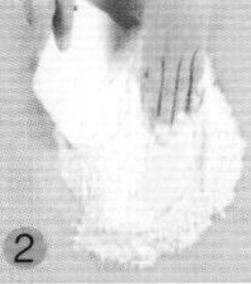

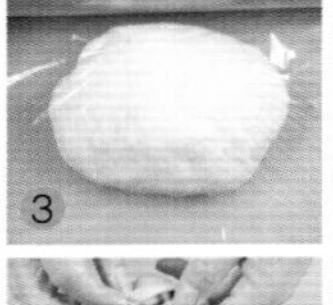

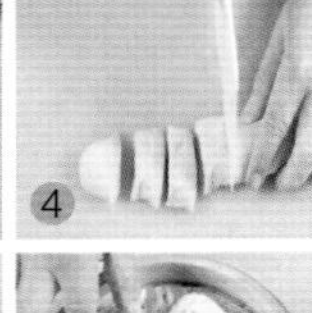

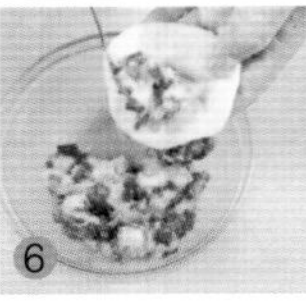

菜心小笼包

材料 面粉500克，猪肉250克，胡萝卜20克，菜心100克，蟹子、蛋黄各少许

调料 盐6克，鸡精、糖各8克

做法 ①面粉开窝，加入清水、油、盐。②拌匀后，搓至面团纯滑。③用保鲜膜包好，松弛半小时左右。④松弛好后分割成30克/个，再将其擀成圆薄片。⑤馅材料混合拌匀。⑥面皮包入馅料，收口捏紧。⑦上蒸笼。⑧用蟹子或蛋黄装饰，用大火蒸约8分钟即可。

适合人群 一般人都可食用，尤其适合女性食用。

专家点评 补血养颜。

重点提示 可用筷子蘸点苏打水使肉馅吸收水分，包子会更加鲜嫩。

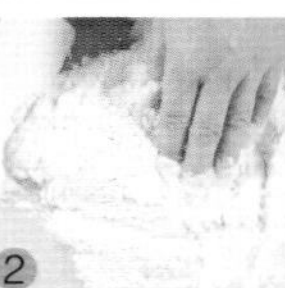

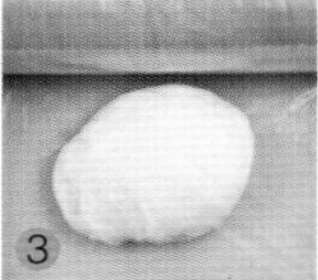

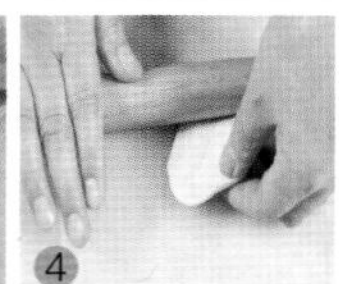

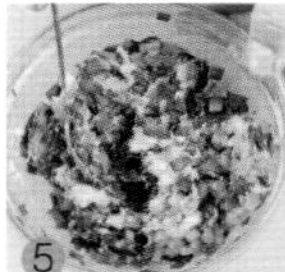

香菜小笼包

材料 面粉500克，清水250克，猪肉250克，香菜适量

调料 盐6克，糖9克，鸡精8克

做法 ①面粉开窝，加入清水。②将面粉拌入搓匀。③搓成光滑的面团后，用保鲜膜包好松弛。④将松弛好的面团切成约10克/个的小剂。⑤将小剂擀成薄皮待用。⑥猪肉洗净剁碎，与调料拌匀，用薄面皮将馅料包入。⑦将口收紧，捏成雀笼形。⑧放入蒸笼以旺火蒸约8分钟左右，至熟即可。

适合人群 一般人都可食用，尤其适合女性食用。

专家点评 开胃消食。

重点提示 要注意火候，不要蒸过火，以免穿底。

腊味小笼包

材料 面粉、猪油、腊肠、去皮腊肉、京葱、熟糯米粉、牛油各适量

调料 盐、胡椒粉各1.5克，五香粉、糖、鸡精、麻油各适量

做法 ①面粉过筛开窝，中间加入猪油、盐、清水。②搓匀后将面粉拌入，搓至面团纯滑。③用保鲜膜包好，稍作松弛。④将面团分切成30克/个。⑤然后压成薄皮备用。⑥将各馅料切碎拌匀。⑦用薄皮将馅包入，将口收捏成雀笼形状。⑧稍作松弛后用猛火蒸约8分钟即可。

适合人群 一般人都可食用，尤其适合儿童食用。

专家点评 提神健脑。

重点提示 馅料有水分时会很难包，馅料配好后可放入冰箱冷冻片刻，使油和水分凝固。

鲜虾香菜包

材料 面粉、泡打粉、酵母、甘笋汁、猪肉、虾仁、香菜各适量

调料 糖100克，盐5克，砂糖9克，鸡精7克

做法 ①面粉、泡打粉过筛开窝，加酵母、糖、甘笋汁、清水。②拌至糖溶化，将面粉拌入，搓至面团纯滑。③用保鲜膜包好，稍作松弛。④将面团分切成30克/个的小面团。⑤馅料切碎与调料拌匀成馅。⑥然后擀薄片备用。⑦用薄面皮将馅包入，将口收捏成雀笼形。⑧均匀排入蒸笼内静置松弛，用猛火蒸约8分钟即可。

适合人群 一般人都可食用，尤其适合男性食用。

专家点评 保肝护肾。

重点提示 包好的包子要盖上保鲜膜继续醒发20~30分钟，可让包子发得更均匀饱满。

燕麦花生包

材料 低筋面粉、泡打粉、干酵母、改良剂、燕麦粉各适量

调料 花生馅适量，砂糖100克

做法 ①低筋面粉、泡打粉一起过筛与燕麦粉混合开窝。②加入砂糖、酵母、改良剂、清水拌至糖溶化。③将面粉拌入，搓至面团纯滑。④用保鲜膜包起约松弛20分钟。⑤将面团搓成长条，分切约30克/个。⑥将面团压薄成面皮。⑦包入花生馅，将收口收紧。⑧均匀排上蒸笼内，蒸约8分钟即可。

适合人群 一般人都可食用，尤其适合老年人食用。

专家点评 开胃消食。

重点提示 面团的松弛好坏与温度有关，注意盖上保鲜膜后要放置在温暖湿润的地方发酵。

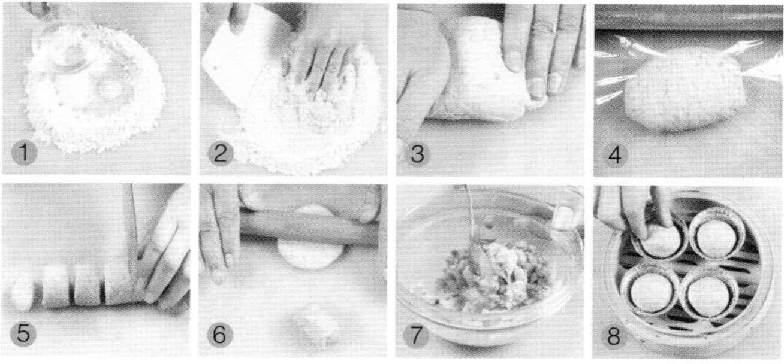

燕麦豆沙包

材料 低筋面粉、泡打粉、干酵母、改良剂、燕麦粉、豆沙馅各适量

调料 砂糖100克

做法 ①面粉、泡打粉过筛与燕麦粉混合、开窝。②加入砂糖、酵母、改良剂、清水搓至糖溶化。③将面粉拌入，搓至面团纯滑。④用保鲜膜包好，松弛20分钟。⑤然后将面团分切30克/个。⑥将面团压成薄皮，包入豆沙馅。⑦将包口收紧成包坯。⑧将包坯放入蒸笼，稍静置后用猛火蒸约8分钟即可。

适合人群 一般人都可食用，尤其适合儿童食用。

专家点评 增强免疫力。

重点提示 可根据个人喜好来增减豆沙馅的用量。

燕麦奶黄包

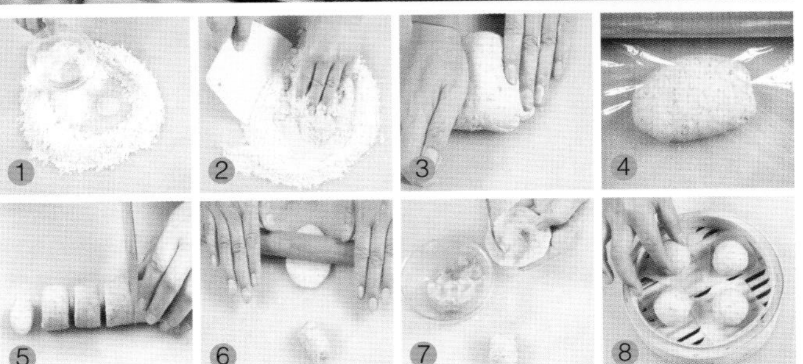

材料 低筋面粉、泡打粉、干酵母、改良剂、燕麦粉、奶黄馅各适量

调料 砂糖100克

做法 ①低筋面粉、泡打粉一起过筛与燕麦粉混合开窝。②加入砂糖、酵母、改良剂、清水拌至砂糖溶化。③将面粉拌入，搓至面团纯滑。④用保鲜膜盖起约松弛20分钟。⑤将面团搓成长条，分切成约30克/个的小面团。⑥将面团压成面皮。⑦包入奶黄馅，把收口捏紧。⑧排于蒸笼内，静置，再用猛火蒸约8分钟即可。

适合人群 一般人都可食用，尤其适合男性食用。

专家点评 保肝护肾。

重点提示 在加入清水时，可将清水加热成水温不超过40℃的温水，以帮助面更好地发酵。

秋叶包

材料 面团500克，菠菜100克，猪肉末20克

调料 盐3克，白糖25克，味精4克，麻油、生油各少许

做法 ①将一半菠菜叶洗净入搅拌机中搅打成菠菜汁。②再将打好的菠菜汁倒入揉好的面团中。③揉匀成菠菜汁面团。④再将面团搓成纯滑的长条。⑤将长条摘成大小一致的小剂子。⑥再将小剂面团揉至纯滑。⑦取另一半菠菜与猪肉末、调味料拌匀成馅。⑧将揉好的面团放置案板上。 ⑨再用擀面杖擀成薄面皮。⑩取一面皮，内放20克馅料。⑪将面皮的一端向另一端打褶包成秋叶形生坯。⑫将生坯放置案板上醒发1小时，上笼蒸熟即可。

适合人群 一般人都可食用，尤其适合儿童食用。

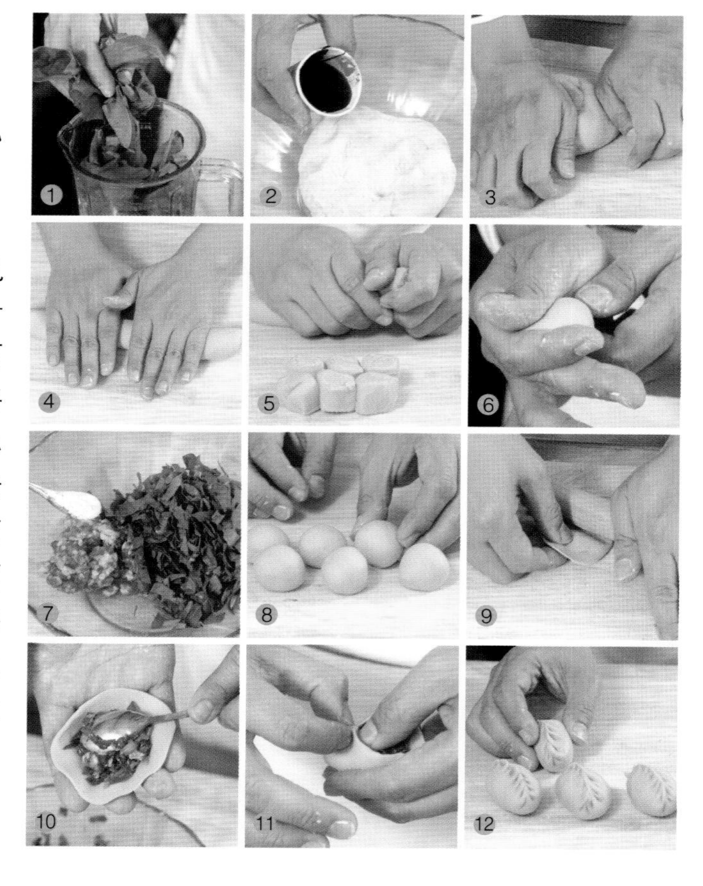

京葱煲仔包

材料 面团500克，京葱2棵，肉馅末20克，虾仁20克

调料 生油少量，盐5克，味精8克，白糖30克，白芝麻10克

做法 ①把肉末加入所有调味料再与虾仁一起放入碗内，搅匀。②将面团下成大小均匀的面剂，再擀成面皮，将和好的肉馅放于面皮之上，打褶包好。③将包子生坯放置案板上醒发1小时左右，再上笼蒸熟，取出。④取京葱洗净切成长段。⑤将切好的京葱放于煲仔内，其上放置蒸好的包子。⑥盖好盖，上锅煎黄即可。

适合人群 一般人都可食用，尤其适合儿童食用。

专家点评 保肝护肾。

重点提示 要先烧烫煲仔，然后放入京葱，再放入包子，这样包子才会有葱味。

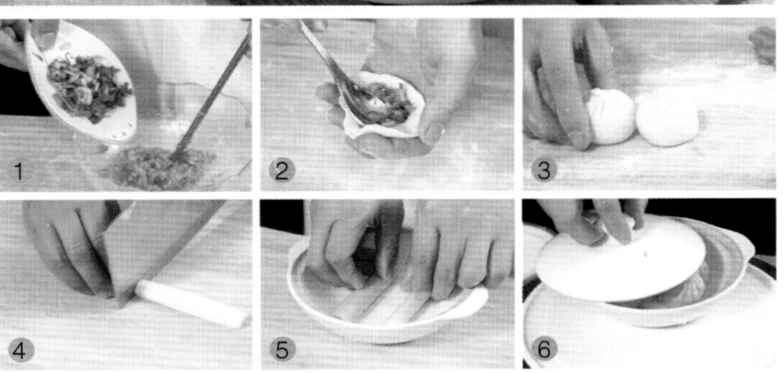

香芋包

材料 低筋面粉、泡打粉、干酵母、改良剂、鲮鱼滑各适量

调料 砂糖100克，香菜适量，香芋色香油5克

做法 ①低筋面粉、泡打粉过筛开窝，加糖、酵母、改良剂、清水、香芋色香油。②拌至糖溶化，将面粉拌入，搓至面团纯滑。③用保鲜膜包起，稍作松弛。④将面团分切成30克/个的小面团。⑤然后擀成薄皮备用。⑥鲮鱼滑与香菜拌匀成馅。⑦用薄皮包入馅料，将包口收紧捏成雀笼形。⑧均匀排入蒸笼内静置松弛，用猛火蒸约8分钟即可。

适合人群 一般人都可食用，尤其适合女性食用。

蚝汁叉烧包

材料 面团400克，叉烧肉500克

调料 白糖、酱油、花生油、香油、蚝油各适量

做法 ①叉烧洗净切碎，加入白糖、酱油、花生油、香油、蚝油拌匀成馅。②将面团分成大小均匀的面剂，再擀成面皮，将和好的肉馅放于面皮上。③将面皮边缘打褶捏起，收紧接口，生坯放置蒸笼上醒发1个小时，再用旺火蒸约10分钟至熟，取出。

适合人群 一般人都可食用，尤其适合儿童食用。

雪里蕻肉丝包

材料 雪里蕻100克，猪瘦肉100克，面团200克

调料 姜、蒜末、葱花、盐、鸡精各适量

做法 ①猪瘦肉洗净切丝；姜去皮切末；葱花、蒜末、姜入油锅中爆香，入肉丝稍炒，再放入雪里蕻炒香，调入盐、鸡精拌匀。②面团揉匀，搓成长条，下成剂子，按扁，擀成中间厚边缘薄的面皮。③将馅料放入擀好的面皮中包好。做好的生坯醒发1小时，以大火蒸熟即可。

香菇菜包

材料 泡发香菇30克，青菜1棵，豆腐干30克，面团200克

调料 葱、姜、香油各10克，盐、味精各2克

做法 ①青菜焯烫后剁碎；豆腐干切碎；葱切花；姜切末。②青菜放碗中，调香油拌匀，再加豆腐干、香菇，调入盐、味精、葱花和姜末拌匀成馅料。③面团揉匀，搓长条，下小剂子，按扁，擀成面皮。④将馅料放入面皮中，捏成提花生坯，醒发1小时后，入锅蒸熟即可。

素斋包

材料 豆腐干、香菇丁、红薯粉、青菜各20克，面团200克

调料 盐3克，鸡精、姜、香油各10克

做法 ①豆腐干切丁；红薯粉、青菜切碎；姜切末。②将豆腐干、红薯粉放碗中，加入香菇丁、姜、葱，调入盐、鸡精、香油拌匀，再加青菜拌匀成馅料。③面团揉匀，搓长条后下成剂，按扁，擀成薄面皮。将馅料放入擀好的面皮中包好。④做好的生坯醒发1小时，以大火蒸熟即可。

白菜包

材料 豆腐干50克，大白菜100克，面团200克

调料 盐3克，鸡精2克，姜15克

做法 ①白菜洗净剁末；豆腐干切碎；姜去皮切末。白菜用盐腌15分钟，洗净，加入豆腐干、姜和盐、鸡精拌匀。②面团揉匀，搓成长条，下剂按扁，擀成薄面皮。③将拌匀的馅料放入面皮中央，左手托住面皮，右手捏住面皮边缘，旋转一周，捏成提花生坯。④生坯放置醒发1小时后，入锅中蒸熟即可。

鲜肉大包

材料 五花肉馅300克，面团200克

调料 葱、盐各3克，姜、鸡精、香油各15克

做法 ①葱切花；姜切末；肉馅放入碗中，搅成黏稠状，入盐、鸡精、香油、葱花和姜末拌成肉馅。②面团揉匀，搓成条状，下成20克重的小剂子，均匀撒上一层面粉，用手掌按扁，擀成薄面皮。③取肉馅放入面皮中央，左手托面皮，右手捏面皮边缘，旋转一周，捏成生坯，醒发后用大火蒸熟。

金沙奶黄包

材料 面皮10张，咸蛋黄50克

调料 白糖40克，淀粉5克，黄油、玉米粉20克

做法 ①将淀粉、玉米粉、白糖、咸蛋黄一起加入碗内拌匀，再加入黄油一起拌匀成奶黄馅。②取一面皮，放入奶黄馅，将面皮包起来。③再将包好的包子揉至光滑，放置案板上醒发1小时左右，再上笼蒸熟即可。

适合人群 一般人都可食用，尤其适合儿童食用。

相思红豆包

材料 面团500克，红豆馅1000克

调料 黄油少量

做法 ①取红豆馅，加入黄油，搓匀成长条状，再分成剂子。②将面团下成面剂，再擀成面皮，取一张面皮，内放入一个红豆馅。③将面皮从外向里捏拢，再将包子揉至光滑。④包好的包子放置案板上醒发1小时左右，再上笼蒸熟即可。

适合人群 一般人都可食用，尤其适合儿童食用。

灌汤包

材料 面团500克，猪皮冻200克，肉末40克

调料 淀粉、盐、糖、老抽、鸡精各少许

做法 ①将面团来回揉搓，直至成为粗细均匀的圆形长条，再分切成小面团，将面团擀成中间稍厚周边圆薄的面皮。②将猪皮冻切碎后与肉末及所有调料拌匀成馅料。③取少量馅料放在面皮上摊平，开始打褶包好。④将生坯摆入案板上醒发1小时，再上笼蒸熟即可。

五香卤肉包

材料 卤猪肉200克，面团200克

调料 姜、葱、五香粉各15克，盐3克

做法 ①葱切花，姜去皮切末，卤猪肉切条，用五香粉、盐拌匀，腌10分钟，再切碎，加入葱花、姜末拌匀。②面团揉匀，搓成长条，下剂按扁，擀成薄面皮。③将拌匀的馅料放入面皮中央，左手托住面皮，右手捏住面皮边缘，旋转一周，捏成提花生坯。④生坯放置醒发1小时，再入锅中蒸熟即可。

蛋黄莲蓉包

材料 面团、熟咸蛋黄、莲蓉各适量

做法 ①将熟咸蛋黄对切。取莲蓉馅搓成长条，摘成小剂子，内按上咸蛋黄。②将面团下成面剂，再擀成面皮，取一张面皮，放莲蓉蛋黄馅。③将面皮从外向里捏拢，将面皮与馅按紧，再将包子揉至光滑，然后将包子的封口处捏紧成生坯。④包子生坯醒发1小时左右，蒸熟即可。

适合人群 一般人都可食用，尤其适合儿童食用。

青椒猪肉包

材料 青椒50克，五花肉馅100克，面团200克

调料 姜15克，盐3克，鸡精2克，香油15克

做法 ①青椒洗净去蒂和籽，焯沸水后捞出切碎，姜切末。②肉馅放入碗中，加水和青椒搅匀，调入盐、鸡精、香油和姜末拌匀。③面团揉匀，搓成长条，下剂，撒上一层干面粉，按扁，再擀成薄面皮。④将拌匀的馅料放入面皮中央，包成生坯。⑤包子生坯醒发1小时后，用大火蒸熟即可。

豌豆包

材料 面团500克，罐装豌豆1罐

调料 白糖100克

做法 ①将豌豆榨成泥状，捞出，加入白糖和匀成馅。②将面团下成大小均匀的面剂，再擀成面皮，取一张面皮，内放豌豆馅。③将面皮向中间捏拢，再将包住馅的面皮揉光滑，封住馅口，即成生坯。④生坯醒发1小时左右，再上笼蒸熟即可。

适合人群 一般人都可食用，尤其适合老年人食用。

冬蓉包

材料 面团500克，冬瓜2000克

调料 白糖100克，椰浆10克

做法 ①将冬瓜切块，入沸水中稍焯，捞出放入榨汁机中榨成蓉状后取出，加入白糖、椰浆和匀成馅。②将面团下成大小均匀的面剂，再擀成面皮，取一面皮，内放榨好的的冬蓉馅。③将面皮从外向里捏拢，再将包子封住口，放置醒发1小时，上笼蒸熟即可。

适合人群 一般人都可食用，尤其适合女性食用。

虾仁包

材料 面团500克，虾仁250克，猪肉末40克

调料 盐3克，味精2克，白糖10克，老抽、麻油各适量

做法 ①将虾仁去壳洗净，加肉末和盐、味精、白糖、老抽、麻油拌匀成馅。②将面团下成大小均匀的面剂，再擀成面皮；取一张面皮，内放20克馅料，再将面皮从外向里，打褶包好。③将包好的生坯醒发1小时左右，再上笼蒸熟即可。

适合人群 一般人都可食用，尤其适合儿童食用。

贵妃奶黄包

材料 面团200克，奶黄100克

做法 ①将面团揉匀后下剂，压扁，擀成薄面皮，中间放上奶黄馅。②将面皮从四周向中间包好，将封口处的面皮捏紧。③上笼蒸6分钟至熟即可。

适合人群 一般人都可食用，尤其适合儿童食用。

专家点评 开胃消食。

重点提示 奶黄要适量，包子不宜过甜。

鸡肉包

材料 面团500克，鸡胸肉50克

调料 香葱末、盐、味精、麻油、白糖各适量

做法 ①将鸡肉和香葱洗净切碎，加入全部调料拌匀成馅料。②将面团下成大小均匀的面剂，再擀成面皮。取一张面皮，内放20克鸡肉馅料。③将面皮的一端捏紧，再将面皮的一端向另一端打褶，包成秋叶形状，将封口捏紧。④将包好的生坯醒发1小时，再上笼蒸熟即可。

芹菜小笼包

材料 面团500克，芹菜、猪肉末各40克

调料 味精、糖、老抽、生抽、盐各适量

做法 ①将面团来回揉搓，直至成为粗细均匀的圆形长条，再分切成小面团，将面团擀成中间稍厚周边圆薄的面皮。②芹菜洗净切碎，与猪肉末、调味料拌匀成馅料。③取一张面皮，内放馅料，再将面皮的一端向另一端捏拢，直至完全封口即成生坯，醒发后，再上笼蒸熟即可。

灌汤小笼包

材料 面团500克，肉馅200克

调料 盐3克

做法 ①将面团揉匀后，搓成长条，再切成小面剂，用擀面杖将面剂擀成面皮。②取一面皮，内放50克馅料，将面皮从四周向中间包好。③包好以后，放置醒发半小时左右，再上笼蒸6分钟，至熟即可。

适合人群 一般人都可食用，尤其适合儿童食用。

专家点评 开胃消食。

麻蓉包

材料 面皮10张，白芝麻100克，芝麻酱1/3罐，花生酱20克

调料 黄油20克，淀粉12克，白糖15克

做法 ①将白芝麻放入锅中炒香，加入芝麻酱、花生酱、黄油、淀粉、白糖一起拌匀成麻蓉馅。②取一面皮，内放麻蓉馅，再将面皮从下向上捏拢。③将封口捏紧即成生坯，醒发1小时后，上笼蒸熟即可。

适合人群 一般人都可食用，尤其适合男性食用。

翡翠小笼包

材料 面团500克，菠菜400克，猪肉末40克

调料 味精、糖、老抽、盐各适量

做法 ①将一半菠菜打成汁，加入面团中揉匀，搓成长条，再分成小面团。②将小面团擀成中间稍厚周边圆薄的面皮。③剩余菠菜切碎，与猪肉末、调味料拌成馅，放在面皮上。④将面皮对折起来，打褶包成生坯。⑤将生坯醒发1小时，上笼蒸熟即可。

榨菜肉丝包

材料 榨菜50克，猪肉100克，面团200克

调料 姜15克，蒜10克，盐3克，鸡精5克

做法 ①榨菜洗净，猪肉洗净切丝，姜、蒜切末，入油锅中爆香，放入榨菜、肉丝炒香后盛出，调入盐、鸡精拌匀。②面团搓成长条，下成小剂子，撒上面粉，按扁，擀成薄面皮。③将馅料放入面皮中央，捏成提花生坯。④做好的生坯醒发1小时，以大火蒸熟即可。

香葱肉包

材料 葱30克，五花肉馅150克，面团200克

调料 盐、鸡精、香油各10克

做法 ①葱择洗净切花，肉馅放入碗中加水搅拌至黏稠状，再调入盐、鸡精、香油和葱花拌匀。②面团揉匀，搓成长条，下剂，均匀撒上一层面粉，按扁，再擀成中间厚边缘薄的面皮。③将馅料放入擀好的面皮中央，包好即成生坯。④将生坯放置醒发1小时后，大火蒸熟即可。

家常三丁包

材料 冬笋50克，猪瘦肉100克，泡发香菇30克，面团200克

调料 盐3克，鸡精、香油各10克

做法 ①猪肉切小丁，香菇、冬笋切丁，切好的材料放入碗中，与盐、鸡精、香油拌匀。②面团揉匀，下剂，均匀撒上一层面粉，按扁后擀成中间厚边缘薄的面皮。③将馅料放入擀好的面皮中央，包成提花生坯。④将生坯放置醒发1小时后，大火蒸熟即可。

香芹猪肉包

材料 芹菜、五花肉馅各100克，面团200克

调料 葱末15克，姜末10克，盐3克，鸡精2克

做法 ①芹菜洗净焯烫，捞出切碎，挤干水分。②芹菜碎和五花肉馅放入碗中，加水搅拌至黏稠状，调入盐、鸡精和葱、姜拌匀。③面团揉匀搓成长条，下成小剂子，撒面粉后按扁，擀成中间厚边缘薄的面皮。将馅料放面皮中央，做成提花生坯。④将生坯放置醒发1小时后，大火蒸熟即可。

香煎素菜包

材料 面团500克，小塘菜150克，肉末60克

调料 盐、味精、白糖、生抽、麻油各适量

做法 ①将肉末及盐、味精、白糖、生抽、麻油和切碎的小塘菜放入碗内，搅匀成馅料。②将面团擀成面皮，取20克肉馅放于面皮上。③将面皮对折，把边缘的面皮打褶包好，包成顶部留一孔状，即成生坯。④将生坯醒发1小时左右，再上笼蒸熟取出，入煎锅煎至两面金黄色即可。

包菜肉包

材料 豆腐干30克，包菜、五花肉馅各100克，面团200克

调料 盐、鸡精、白糖、姜各5克

做法 ①包菜洗净剁碎；姜切末；豆腐干切丁。②肉馅、豆腐干放入碗中，加水搅拌至黏稠状，调入盐、鸡精、白糖和姜一起拌匀。③面团揉匀，搓长条，再擀成中间厚边缘薄的面皮。④将馅料放入面皮中央，做成提花生坯，醒发1小时后，大火蒸熟即可。

四季豆猪肉包

材料 四季豆100克，猪肉、面团各200克

调料 姜、盐、鸡精各适量

做法 ①四季豆洗净切碎、焯水；猪肉剁碎；姜切末。②将剁好的猪肉放入碗中，加水搅拌，调入盐、鸡精和姜末拌匀，加入四季豆拌匀。③面团揉匀、下剂、按扁后擀成面皮。④将拌匀的馅料放入面皮中央，做成提花生坯，醒发1小时后，蒸熟即可。

适合人群 一般人都可食用，尤其适合儿童食用。

杭州小笼包

材料 面团200克，五花肉馅、猪皮冻各100克

调料 葱、姜、盐、味精、香油、酱油各适量

做法 1 猪皮冻洗净切丁；葱择洗净切花；姜去皮切末。2 肉馅放入碗中，调入盐、味精、香油和葱、姜搅至黏稠，淋入香油，加入猪皮冻和酱油拌匀。3 面团揉匀，下成小剂，按扁，擀成薄面皮。4 将拌匀的肉馅放入面皮中央，包成提花生坯。5 将生坯放置醒发1小时后，大火蒸熟即可。

糯米包

材料 糯米（蒸熟）100克，面团150克

调料 白糖30克

做法 1 糯米放入碗中，调入白糖拌匀。2 砧板上撒一层面粉，取出面团揉匀，再搓成细长条，下成大小均匀的剂子，按扁，擀成薄面皮。3 将馅料放入面皮中央，挤成花瓶状，即成生坯。4 将生坯放置醒发1小时后，大火蒸熟即可。

适合人群 一般人都可食用，尤其适合男性食用。

透明水晶包

材料 粉团300克

调料 白奶油20克，奶黄20克

做法 1 将粉团切成小面剂，再擀成薄面皮。2 取适量奶黄馅置于面皮之上，将面皮包起来，放入榄仁。3 取一张面皮，包上白奶油馅，将包好的包子上笼蒸5分钟即可。

适合人群 一般人都可食用，尤其适合儿童食用。

专家点评 增强免疫力。

椰香芋蓉包

材料 面团500克，芋蓉30克，椰汁适量

做法 1 将椰汁倒入面团揉匀揉透，搓成长条，摘成剂。2 将面剂压扁，包入芋蓉馅。3 将面皮包好，封口处捏好。4 上笼蒸6分钟至熟即可。

适合人群 一般人都可食用，尤其适合儿童食用。

专家点评 开胃消食。

重点提示 包子做好后放置约半小时再入蒸笼。

清香流沙包

材料 面团150克，流沙馅50克

调料 糖5克

做法 ①将面团揉匀后，搓成长条，摘成20克一个的小剂，再擀成面皮。②取一张面皮，内放10克流沙馅，将面皮从四周包起来，直至包成形，放置醒发半小时。③将流沙包放入蒸笼蒸熟即可。

适合人群 一般人都可食用，尤其适合儿童食用。

专家点评 开胃消食。

香滑猪肉包

材料 面团300克，肥猪肉100克

调料 椰丝、奶粉、吉士粉、红糖、花生酱各适量

做法 ①肥猪肉加入椰丝、奶粉、吉士粉、红糖、花生酱、炸香的猪油制成馅。②将面团揉透后，搓成小长条，再摘成小剂，将面剂压扁后，擀成面皮。③取一张面皮，放上适量猪肉馅，将面皮从四周向中间包好，将封口处的面皮捏紧。④用钳子在包子侧面钳成花形，上笼蒸7分钟即可。

香菇素菜包

材料 面粉200克，青菜100克，香菇30克，竹笋15克

调料 白糖30克，盐3克，发粉25克

做法 ①青菜去老叶，用沸水烫熟，剁成末，挤干水分。香菇、竹笋泡软切末，与白糖、盐及青菜和成馅。②面粉加发粉、水拌和，醒发，揉面团，再摘成包坯，按扁后逐个包入馅心，呈圆形花心开口。③醒发后上笼蒸6分钟即可。

适合人群 一般人都可食用，尤其适合老年人食用。

香葱煎包

材料 面团500克，五花肉300克，鸡蛋1个，发酵粉10克

调料 大葱、姜、盐、味精、香油、小葱各适量

做法 ①将五花肉剁成蓉，大葱切成颗粒，加入姜、盐、味精、香油、小葱末制成馅。②将面团搓成长条，揪成小团，擀成圆皮，包入肉馅，搓成鱼嘴形小包，小包上笼蒸8分钟。③平锅内留底油，小包蘸上蛋黄、葱花，煎至底部呈金黄色，起锅装盘即可。

适合人群 一般人都可食用，尤其适合儿童食用。

干贝小笼包

材料 面团300克，肉馅100克，干贝适量

调料 盐适量

做法 ①将面团揉透后，搓成长条，再切成面剂；干贝切成细粒。②将面剂擀成薄皮后，再放上适量肉馅和干贝粒。③将面皮包好，封口处捏紧，放置醒发半小时，再上笼蒸7~8分钟即可。

适合人群 一般人都可食用，尤其适合男性食用。

专家点评 保肝护肾。

蟹黄小笼包

材料 面团300克，太湖大闸蟹黄100克，新鲜猪肉200克

调料 姜末、高汤、米醋、鸡精各适量

做法 ①先将猪肉剁成末，拌入鸡精，加入蟹黄、姜末，拌匀制成馅，加少许高汤。②将面团搓成长条，揪成小团，擀成圆皮，包入制好的馅，搓成鱼嘴形。③将小笼包放入蒸笼内蒸15~20分钟，熟后即可。

适合人群 一般人都可食用，尤其适合儿童食用。

专家点评 提神健脑。

蟹粉小笼包

材料 面粉、猪肉各500克，大闸蟹肉、蟹黄各50克

调料 姜末25克，盐2克，味精2克，糖3克

做法 ①猪肉剁末，和蟹肉、蟹黄、姜末、盐、味精、糖搅拌成馅，冷藏备用。②面粉加冷水和成面团，擀成长条形，再擀成圆形面皮，包入馅心捏成小笼包形。③上笼用旺火蒸7分钟即可。

适合人群 一般人都可食用，尤其适合女性食用。

专家点评 增强免疫力。

南翔小笼包

材料 面粉500克，猪夹心肉500克

调料 盐、糖、味精、酱油、葱、姜各3克

做法 ①将夹心肉剁成末，加调味料拌和，加水打拌上劲，放入冰箱冷藏待用。②将面粉加冷水，揉成团后再搓成条，擀成边薄底略厚的皮子，包入馅心，捏成包子形。③上笼用旺火蒸约8分钟，见包子呈玉色，底不粘手即可。

适合人群 一般人都可食用，尤其适合儿童食用。

牛肉煎包

材料 鲜牛肉、面粉各100克，发酵粉10克

调料 白糖少许

做法 ①面粉加少许水、白糖，放发酵粉和匀后擀成面皮。②鲜牛肉剁成泥状，成馅，包入面皮中，包口掐成花状，折数不少于18次。③锅中放油，将包坯下锅中，煎至金黄色即可。

适合人群 一般人都可食用，尤其适合男性食用。

专家点评 保肝护肾。

瓜仁煎包

材料 生包4个，瓜子仁20克，鸡蛋1个

调料 盐、淀粉各适量

做法 ①鸡蛋打散，加入淀粉拌匀成蛋糊。②再将生包底部蘸取蛋糊，再粘上瓜子仁。③煎锅上火，下入生包煎至包熟、瓜仁香脆即可。

适合人群 一般人都可食用，尤其适合儿童食用。

专家点评 开胃消食。

冬菜鲜肉煎包

材料 面团500克，肉末、冬菜末各200克，蛋清1个

调料 葱花、鸡精、盐各3克

做法 ①面团搓成条，下成小剂，擀成薄皮。②肉末和冬菜末内加入盐、鸡精，拌匀成馅料。③取一张面皮，上放馅料，包成形，醒发30分钟，上笼蒸5分钟至熟，取出。④包子顶部沾上蛋清、葱花，煎成底部金黄色，取锅内热油，淋于包子顶部，至有葱香味即可。

适合人群 一般人都可食用，尤其适合男性食用。

生煎葱花包

材料 面粉200克，肉100克，鸡蛋1个，发酵粉5克

调料 盐5克，味精3克，葱20克，砂糖15克

做法 ①先将面粉加入水、砂糖、鸡蛋、发酵粉，和成面团。肉剁碎，加入盐、葱花拌匀成馅待用。②将面团分成相应均等小份待用。③将每小份面团擀成薄圆块，然后各包入适量肉馅，包成包子状，待发酵后煎熟即可。

适合人群 一般人都可食用，尤其适合女性食用。

芝麻煎包

材料 面团500克，芝麻100克，肉末200克

调料 葱、鸡精、盐各5克

做法 1 面团搓成条，切成小剂子，再擀成薄皮。2 肉末中加葱、鸡精、盐一起拌匀成馅。3 取一张面皮，放上馅料，包成包子形。4 将包子底部沾上白芝麻，醒发30分钟，上笼蒸5分钟至熟。5 再入煎锅中煎成两面金黄色即可。

适合人群 一般人都可食用，尤其适合男性食用。

生煎包子

材料 面粉、猪腿肉、猪皮冻各适量

调料 香葱头粒、盐、味精各适量

做法 1 面粉过筛，加入水、糖，和成面团。猪腿肉绞细，加入盐、味精和水打上劲，再加入猪皮冻拌成馅。2 面团搓成长条，切成小剂，再擀薄，挑入肉馅及香葱头粒包成鸟笼形生坯。3 不粘锅预热，刷油，排入生坯，加水煎至金黄，撒上葱花、熟芝麻，装盘。

适合人群 一般人都可食用，尤其适合老年人食用。

京葱生煎包

材料 面粉500克，猪瘦肉200克

调料 京葱、香菇、盐、鸡精、糖、泡打粉各适量

做法 1 将面粉加入糖、泡打粉和少许水搅拌匀后擀成厚薄适中的面皮，切件后，改成圆形。2 京葱与香菇洗净切末，猪瘦肉剁泥拌入京葱、香菇，调入盐、鸡精、糖拌匀成馅。3 用面皮包住馅，即成为包子，锅底放上京葱，再放上包子蒸熟，取出放入煎锅中煎至底面金黄即可。

雪山包

材料 面粉200克，奶油20克，鸡蛋 2 个，酵母5克

调料 糖10克

做法 1 先将面粉加入水、糖、酵母和成面团，待用。2 将奶油、鸡蛋和匀，待用。3 将面团分成小份，然后每小份包入调好的鸡蛋和奶油，待发酵后放入烤炉，烤熟即可。

适合人群 一般人都可食用，尤其适合儿童食用。

专家点评 提神健脑。

葱花火腿卷

材料 面团500克，香葱20克，火腿40克

调料 盐少许，味精少许，生油少许，白糖20克，椰浆10克

做法 ①香葱、火腿洗净均切粒，放于擀好的面皮上。②再将面皮对折起来。③边缘按实。④将对折的面皮用刀先切一连刀，再切断。⑤把切好的面团拉伸后。⑥再将拉伸的面团绕圈。⑦打一个结后即成生坯。⑧将做好的生坯放置醒发1小时，再上笼蒸熟即可。

适合人群 一般人都可食用，尤其适合男性食用。

专家点评 提神健脑。

重点提示 火腿要先入水中焯一下，再入锅炒香。

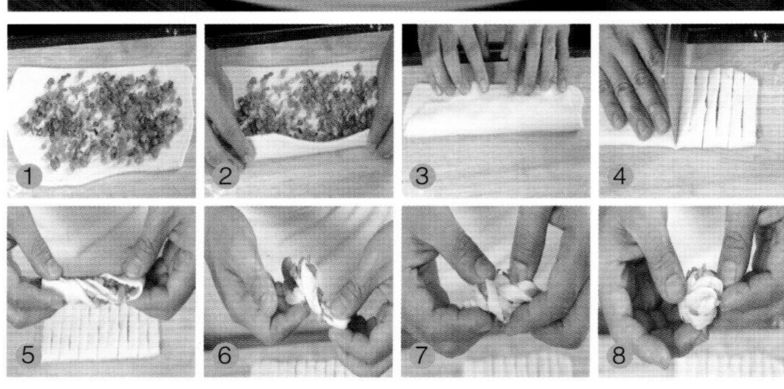

菠菜香葱卷

材料 面团500克，菠菜10克，香葱10克

调料 盐少许，生油少许，白糖20克，椰浆10克

做法 ①葱洗净切花，菠菜叶洗净榨汁，加入面团中，揉成菠汁面团。②把切碎的葱花放于擀薄的菠汁面皮上。③再将面皮对折起来。④将对折的面皮用刀先切一连刀，再切断。⑤再将切好的面团拉伸。⑥将其扭起来。⑦打结成花卷生坯，放置醒发1小时。⑧再上笼蒸熟即可。

适合人群 一般人都可食用，尤其适合女性食用。

专家点评 增强免疫力。

重点提示 蒸的时间要把握，不要蒸过头了，以免影响成品形状。

圆花卷

材料 面团300克

调料 油15克，盐5克

做法 ①取出面团，在砧板上推揉至光滑。②用通心槌擀成约0.5厘米厚的片。③用油涮均匀刷上一层油，撒上盐，用手拍平抹匀。④从边缘起卷成圆筒形，剂部朝下。⑤切成2.5厘米(约50克)宽、大小均匀的生坯。⑥用筷子从中间压下。⑦两手捏住两头向反方向旋转一周，捏紧剂口，即成花卷生坯。⑧醒发15分钟即可上笼蒸，至熟取出摆盘即可。

适合人群 一般人都可食用，尤其适合老年人食用。

专家点评 开胃消食。

重点提示 剂口一定要捏紧，以免散开。

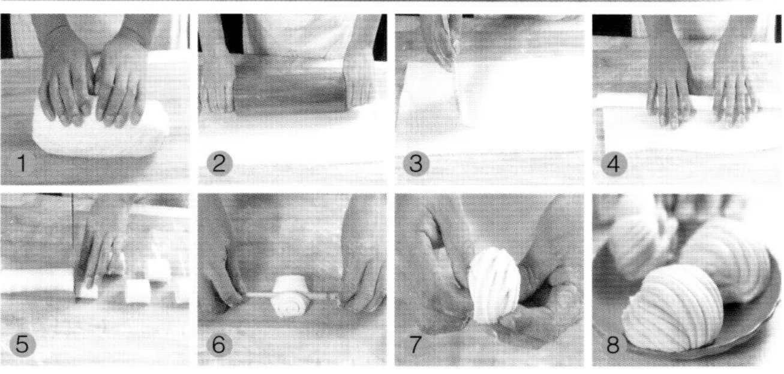

花生卷

材料 面团200克，花生碎50克

调料 盐5克，香油10克

做法 ①面团揉匀，擀成薄片，均匀刷上一层香油。②撒上盐抹匀，再撒上炒香的花生碎，用手抹匀、按平。③从边缘起卷成圆筒形。④切成2.5厘米(约50克)宽、大小均匀的面剂。⑤用筷子从中间压下，两手捏住两头往反方向旋转。⑥旋转一周，捏紧剂口即成花生卷生坯，醒发15分钟后即可入锅蒸。

适合人群 一般人都可食用，尤其适合孕产妇食用。

专家点评 补血养颜。

重点提示 醒发时间要足够，否则蒸出的花卷颜色不亮。

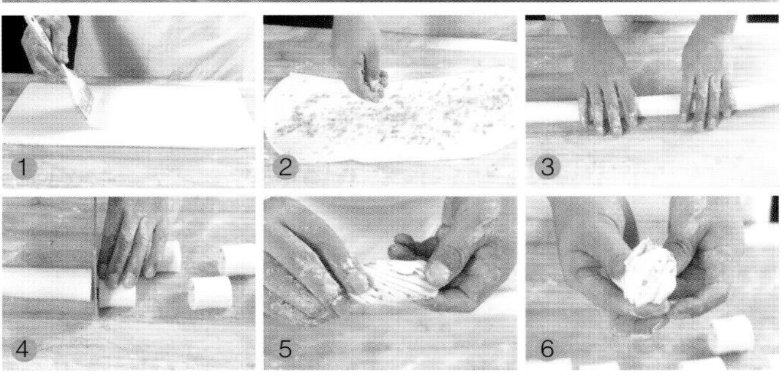

葱花卷

材料 面团200克，葱30克

调料 香油10克，盐5克

做法 ①面团揉匀，擀成约0.5厘米厚的片，均匀刷上一层香油。②撒上盐抹匀，再撒上一层拌匀香油的葱花，用手按平。③从边缘向中间卷起，剂口处朝下放置。④切成0.5厘米(约50克)宽、大小均匀的生胚。⑤用筷子从中间压下，两手捏住两头往反方向旋转。⑥旋转一周，捏紧剂口即成葱花卷生坯，醒发15分钟后即可入锅蒸。

适合人群 一般人都可食用，尤其适合老年人食用。

专家点评 开胃消食。

重点提示 油不要抹到边缘，以免流出来影响美观。

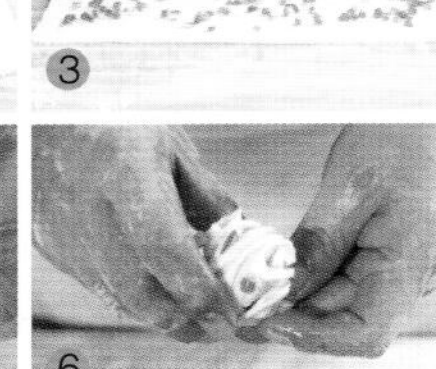

火腿卷

材料 面团200克，火腿肠2根

调料 香油10克，盐5克

做法 ①面团揉匀。②擀成约0.5厘米厚的片。③均匀刷上一层香油。④撒上盐抹平，均匀撒上火腿粒按平。⑤从边缘起卷成圆筒形。⑥切成2.5厘米(约50克)宽、大小均匀的生坯。⑦用两手拇指从中间按压下去。⑧做成火腿卷生坯，醒发15分钟即可入锅蒸。

适合人群 一般人都可食用，尤其适合儿童食用。

专家点评 开胃消食。

重点提示 火腿切块的大小要均匀。

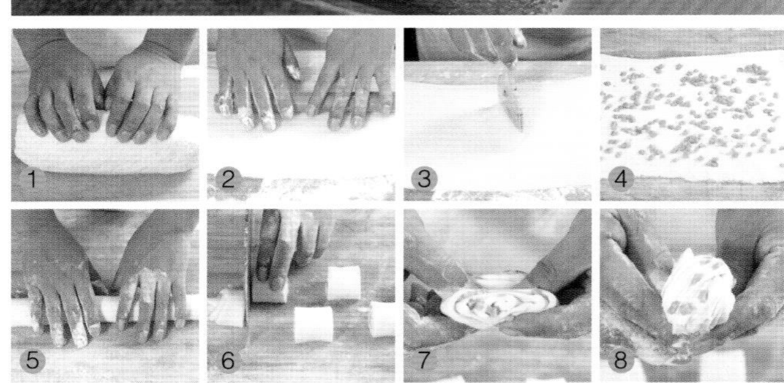

川味花卷

材料 面团200克，辣椒15克

调料 盐3克

做法 ①面团揉匀，用通心槌擀成薄片。②均匀撒上炸辣椒粉，撒上盐抹匀、按平。③从两边向中间折起形成三层的饼状，按平。④切成1.5厘米宽、大小均匀的段。⑤取2个叠放在一起，用筷子从中间压下。⑥做成花卷生坯，醒15分钟后入锅蒸即可。

适合人群 一般人都可食用，尤其适合女性食用。

专家点评 开胃消食。

重点提示 拉面时不可太用力，以免将面拉断。

双色花卷

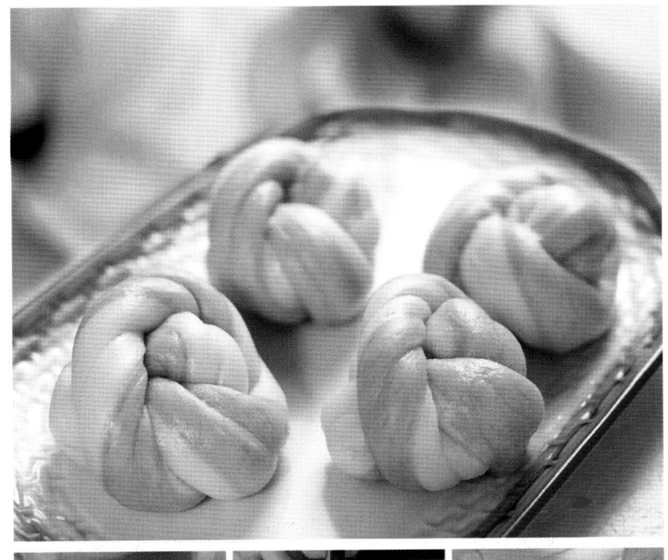

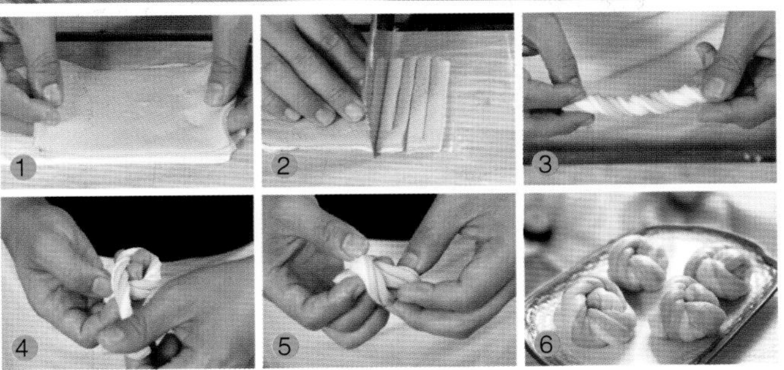

材料 面团500克，菠菜汁适量

调料 椰汁适量，椰浆10克，白糖20克

做法 ①将菠菜汁面团和白面团分别擀成薄片，再将菠菜汁面皮置于白面皮之上。②双面皮用刀先切一连刀，再切断。③再将面团扭成螺旋形。④将扭好的面团绕圈。⑤打结后即成生坯。⑥放置醒发后，上笼蒸熟即可。

适合人群 一般人都可食用，尤其适合儿童食用。

专家点评 增强免疫力。

重点提示 菠菜汁一定要现打现做。

五香牛肉卷

材料 面团500克，牛肉末60克

调料 盐5克，白糖25克，味精、麻油、五香粉各适量

做法 ①用擀面杖将面团擀成薄面皮。②把牛肉末加所有调味料拌匀成馅料。③将牛肉末涂于面皮上。④将面皮从外向里折。⑤直至完全盖住牛肉馅。⑥将对折的面皮用刀先切一连刀，再切断。⑦将切好的面团拉伸。⑧将拉伸的面团扭成花形。⑨将扭好的面团绕圈。⑩打结后成花卷生坯。⑪再将生坯放于案板上醒发1小时左右。⑫上笼蒸熟即可。

适合人群 一般人都可食用，尤其适合老年人食用。

重点提示 扭花形的时候不要扭得太紧，以免影响发酵效果。

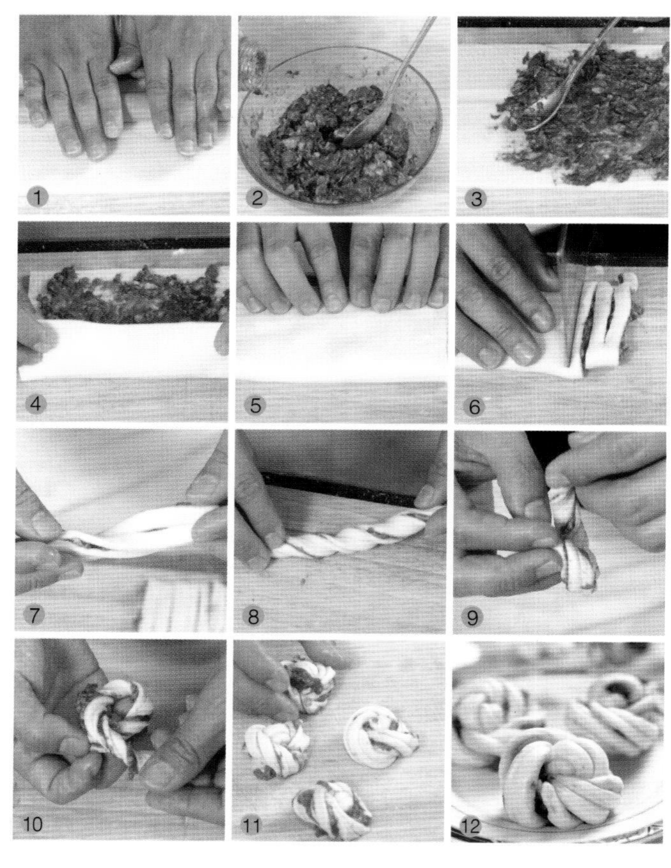

螺旋葱花卷

材料 面粉、泡打粉、酵母、桑叶粉、猪肉、葱、马蹄各适量

调料 砂糖、盐、鸡精、糖、淀粉、麻油、胡椒粉各适量

做法 ①面粉、泡打粉混合过筛，加酵母、糖、清水。②将糖拌溶化后，拌入面粉。③拌至面团纯滑。④保鲜膜包好，松弛备用。⑤将面团分成两份，在其中一份加入桑叶粉搓透。⑥将两份面团擀薄成薄皮。⑦然后将两份薄皮重叠。⑧再卷起成长条状。⑨分切成30克/个的薄坯。⑩再擀薄成圆皮状备用。⑪馅料切碎拌匀与调味料拌匀成馅。⑫包入馅料成形，排入蒸笼，静置后蒸熟即可。

适合人群 一般人都可食用，尤其适合老年人食用。

重点提示 扭花形的时候不要扭得太紧，以免影响发酵效果。

燕麦腊肠卷

材料 低筋面粉、泡打粉、干酵母、改良剂、燕麦粉、腊肠各适量

调料 砂糖100克

做法 ①低筋面粉、泡打粉过筛与燕麦粉混合开窝。②加入砂糖、酵母、改良剂、清水拌至糖溶化。③将低筋面粉拌入、搓至面团纯滑。④用保鲜膜包起松弛约20分钟。⑤将面团搓成长条形，分切约30克/个的小面团。⑥再将小面团搓成细长面条状。⑦用面条将腊肠卷起成形。⑧排于蒸笼内，再静置约20分钟，蒸约8分钟即可。

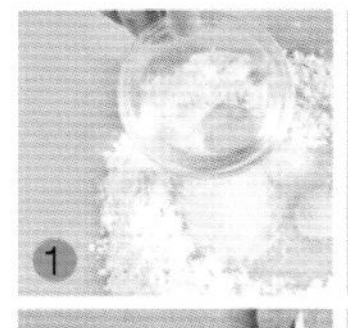
1

2

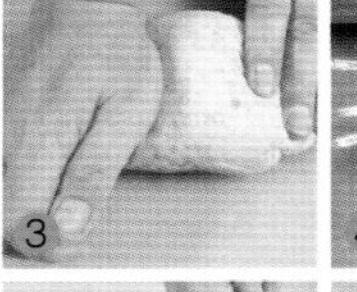
3

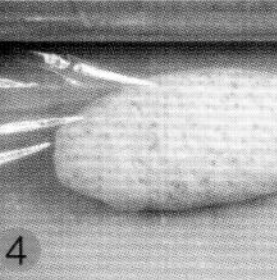
4

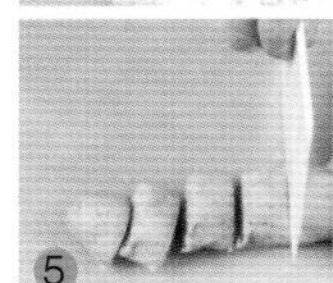
5

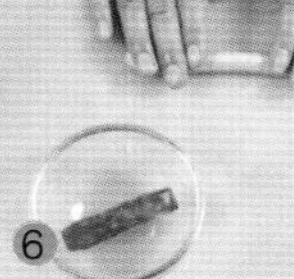
6

7

8

适合人群 一般人都可食用，尤其适合老年人食用。

专家点评 开胃消食。

重点提示 在将面团搓成长条状时，用两手沿着两端慢慢搓长，不能太细也不能太粗。

金笋腊肠卷

材料 面粉500克，泡打粉、酵母、甘笋汁、腊肠各适量

调料 糖100克

做法 ①面粉、泡打粉过筛开窝，加酵母、糖、甘笋汁、清水。②拌至糖溶化，将面粉拌入。③搓至面团纯滑。④用保鲜膜包起，稍作松弛。⑤将面团分切成30克/个的小面团。⑥然后将面团搓成长条状面条。⑦用面条将腊肠卷入成形。⑧均匀排入蒸笼静置松弛，用猛火蒸约8分钟即可。

适合人群 一般人都可食用，尤其适合儿童食用。

专家点评 开胃消食。

重点提示 加入清水时最好要边搅拌边分次加入，这样面团和水才容易搅拌均匀。

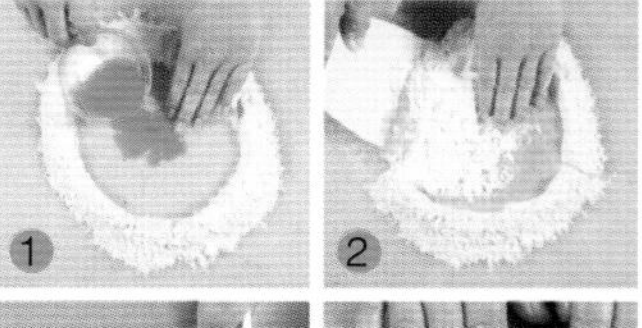
1 2

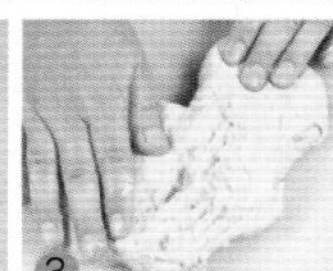
3

4

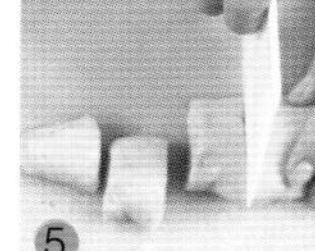
5

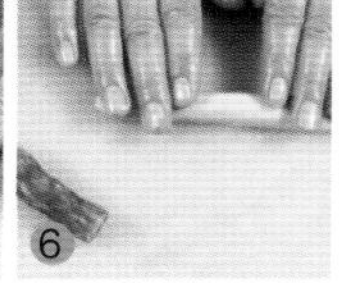
6

7

8

牛油花卷

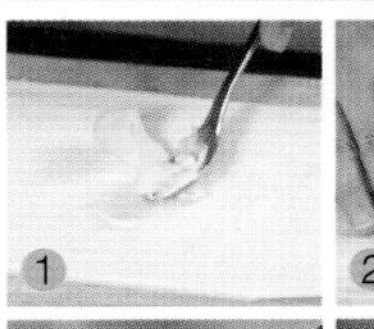
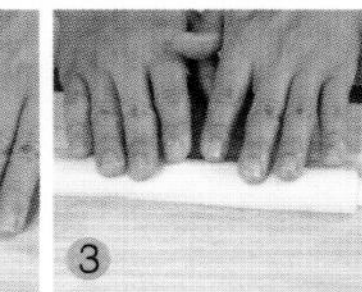
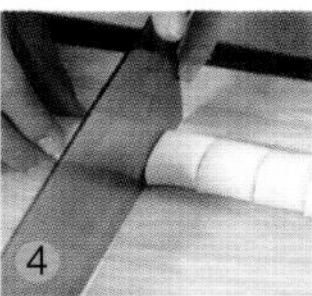
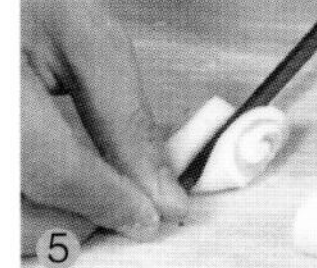
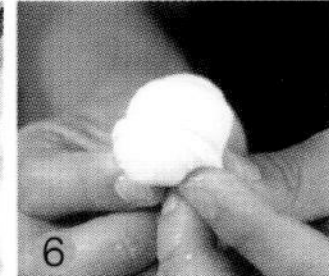
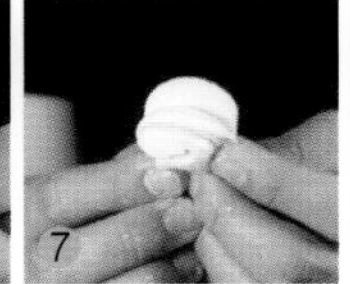

材料 面团500克

调料 白糖20克，椰浆10克，牛油20克

做法 ①将面团下成大小均匀的面剂，再擀成面皮，将牛油涂于面皮上。②将面皮从外向里卷起来成圆筒形。③将卷好的面团搓至纯滑。④再将面团切成小面剂。⑤用筷子从面团中间按下。⑥再将两头尾对折后翻起。⑦翻起后即成生坯。⑧将生坯放置案板上醒发1小时后，上笼蒸熟即可。

适合人群 一般人都可食用，尤其适合女性食用。

专家点评 补血养颜。

重点提示 牛油不要太硬，以免影响造型。

燕麦杏仁卷

材料 面粉、干酵母、燕麦粉、改良剂、泡打粉、杏仁片各适量

调料 砂糖适量

做法 ①面粉开窝，加入砂糖等各材料。②糖溶化后将面粉拌入，搓透至面团纯滑。③用保鲜膜包好，松弛备用。④将松弛好的面团擀开。⑤杏仁片撒在中间铺平。⑥再把面团卷起呈长条状。⑦分切成45克/个。⑧放上蒸笼稍微松弛，用大火蒸约8分钟即可。

适合人群 一般人都可食用，尤其适合女性食用。

专家点评 排毒瘦身。

重点提示 面团卷成条时收口要捏紧。

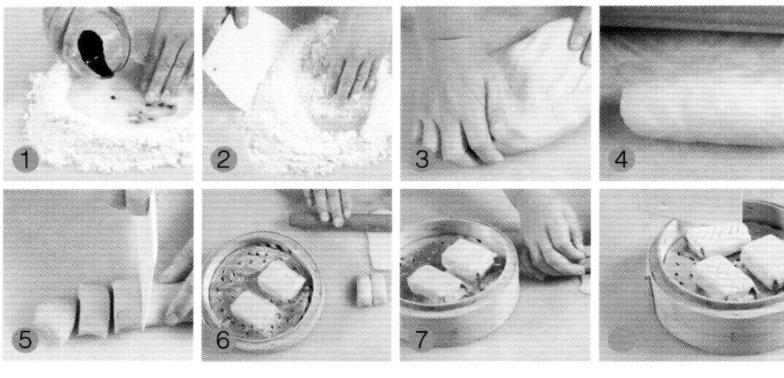

香芋火腩卷

材料 面粉、泡打粉、干酵母、改良剂、火腩、香芋各适量

调料 砂糖100克，香芋色香油5克

做法 ①面粉、泡打粉过筛开窝，加糖、酵母、改良剂、清水、香芋色香油。②拌至糖溶化，将面粉拌入。③搓至面团纯滑。④用保鲜膜包起，稍作松弛。⑤将面团分切成30克/个的小面团。⑥将小面团擀成长日字形。⑦将火腩切块，香芋切块包入面皮中。⑧排入蒸笼内，静置松弛，用猛火蒸约8分钟即可。

适合人群 一般人都可食用，尤其适合儿童食用。

专家点评 增强免疫力。

重点提示 一定要拌至糖溶化时再将面粉拌入。

香芋卷

材料 低筋面粉、泡打粉、干酵母、火腩、香芋各适量

调料 砂糖100克

做法 ①低筋面粉、泡打粉过筛开窝，中间加入糖、酵母、清水。②拌至糖溶化，将面粉拌入。③搓至面团纯滑。④用保鲜膜包起，稍作松弛。⑤将面团分切成30克/个的小面团。⑥将小面团擀成长日字形。⑦将切成块状的火腩、香芋包入成形。⑧排入蒸笼内，静置松弛，用猛火蒸8分钟即可。

适合人群 一般人都可食用，尤其适合老年人食用。

专家点评 增强免疫。

重点提示 揉搓面团时可以在里面揉进一小块猪油，搓成的面团会更光滑细腻。

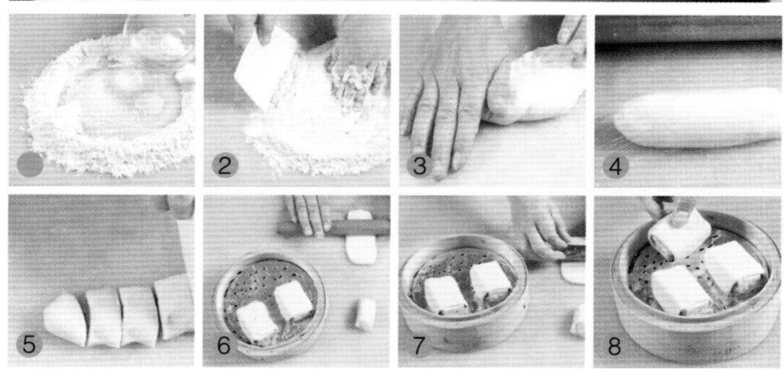

麻香凤眼卷

材料 糯米粉250克，粟粉、牛奶各50克，即食芝麻糊适量

调料 糖25克

做法 ①糯米粉、粟粉与清水、牛奶拌匀成粉糊。②将粉糊倒入垫好纱布的蒸笼内。③用旺火蒸熟后倒在案板上。④加入糖搓至面团纯滑。⑤将面团擀薄，然后将四周切齐备用。⑥即食芝麻糊用凉开水调匀成馅。⑦将馅均匀铺于薄皮上，两头向中间折起成形。⑧用刀切成每个约4厘米宽即可。

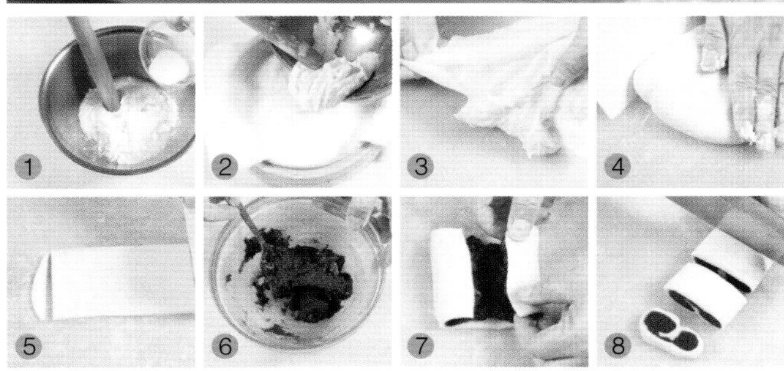

适合人群 一般人都可食用，尤其适合老年人食用。

专家点评 防癌抗癌。

重点提示 搅拌粉糊时，用擀面杖顺着同一个方向搅拌，可拌得更均匀。

豆沙白玉卷

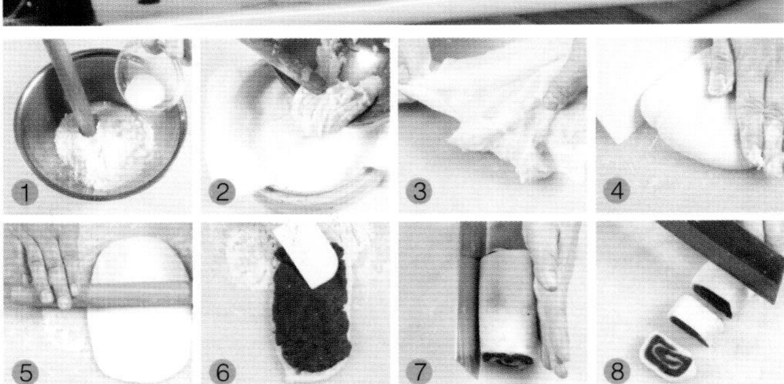

材料 糯米粉250克，粟粉、牛奶各50克，红豆沙适量

调料 糖25克

做法 ①糯米粉、粟粉混合加入清水、牛奶。②拌匀后倒入垫好纱布的蒸笼内蒸熟。③将蒸熟的面团取出，放在案板上。④加入糖搓匀，搓至面团纯滑。⑤将面团擀薄成长日形。⑥在面皮上铺上红豆沙馅。⑦然后将馅卷起包入，压成方扁形条。⑧切成每个约4厘米宽的卷即可。

适合人群 一般人都可食用，尤其适合女性食用。

专家点评 补血养颜。

重点提示 豆沙馅铺在面皮上，要铺平整，卷成方形时要压紧，切时才不易变形。

甘笋莲蓉卷

材料 面粉、泡打粉、酵母、甘笋汁、萝卜、莲蓉各适量

调料 糖100克

做法 ①面粉、泡打粉混合过筛开窝，倒入糖、酵母。②清水与胡萝卜搅拌成泥状加入，拌至糖溶化。③将面粉拌入，搓至面团纯滑。④用保鲜膜包好，约松弛30分钟。⑤然后将面团分切约30克/个，莲蓉分切15克/个。⑥面团压薄将馅包入。⑦成形后将两头搓尖。⑧然后入蒸笼内稍松弛，用猛火蒸约8分钟，熟透即可。

适合人群 一般人都可食用，尤其适合男性食用。

专家点评 保肝护肾。

重点提示 室内温度过低时，面团松弛的时间就会过长，可以放点白糖，以缩短松弛时间。

腊肠卷

材料 面团500克，腊肠半根

调料 糖适量

做法 ①把面团揉匀成细条。②取一腊肠，用揉匀的细条放于腊肠之上。③再按顺时针方向缠起来。④直至完全缠住腊肠。⑤将做好的腊肠卷放于案板之上醒发1小时左右。⑥再上笼蒸熟即可。

适合人群 一般人都可食用，尤其适合儿童食用。

专家点评 开胃消食。

重点提示 应选用带甜味的腊肠，味道会较好。

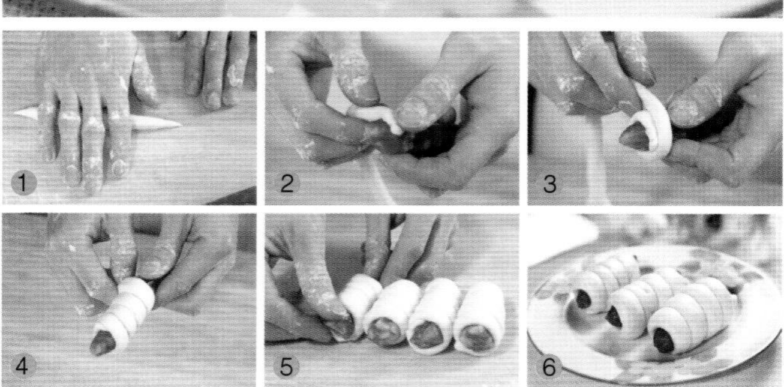

肠仔卷

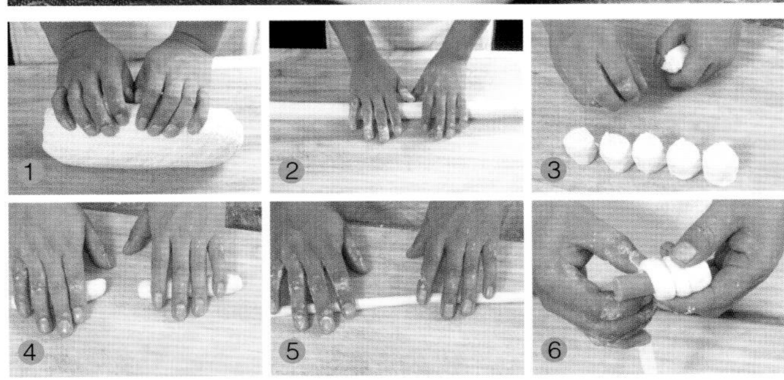

材料 面团100克，火腿肠2根

调料 糖适量

做法 ①面团揉匀。②用两手搓成条形。③再下成25克重的小剂。④将每个小剂用两手揉匀成条状。⑤继续揉搓成细条。⑥左手拿火腿肠，右手拿面卷在火腿肠上，卷好后放入蒸笼，醒发蒸熟。

适合人群 一般人都可食用，尤其适合儿童食用。

专家点评 开胃消食。

重点提示 面团搓的粗细要均匀，卷时不可太用力。

韭菜水饺

材料 面粉500克，韭菜、猪肉各100克，马蹄肉25克

调料 盐3克，鸡精、糖各8克，猪油、麻油、胡椒粉各少许

做法 ①面粉过筛开窝，中间放入猪油、盐、清水拌匀。②然后将粉拌入搓匀。③搓至面团纯滑时用保鲜膜包好，松弛备用。④馅料部分切碎拌匀备用。⑤面团松弛后压成薄皮。⑥用切模轧成饺皮。⑦将馅料包入，然后捏紧收口成形。⑧将成形的饺子排入蒸笼，蒸约6分钟熟透即可。

适合人群 一般人都可食用，尤其适合男性食用。

专家点评 保肝护肾。

重点提示 做好的饺子在蒸之前要用湿毛巾盖好，最好是随做随蒸，这样饺子皮的口感会很好。

墨鱼蒸饺

材料 墨鱼300克，面团500克

调料 盐5克，味精6克，白糖8克，麻油少许

做法 ①墨鱼洗净，剁成碎粒。②加入所有调味料。③再和调味料一起拌匀成馅。④取20克馅放于面皮之上。⑤将面皮从三个角向中间收拢。⑥包成三角形状。⑦再捏成金鱼形，即成生坯。⑧入锅蒸8分钟至熟即可。

适合人群 一般人都可食用，尤其适合老年人食用。

专家点评 增强免疫力。

重点提示 蒸的时候不要蒸过头，否则会影响口感。

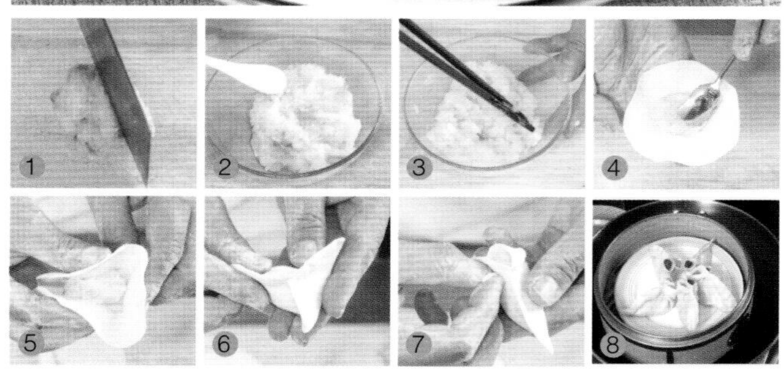

家乡咸水饺

材料 糯米粉500克，猪油、澄面、猪肉各150克，虾米20克

调料 糖100克

做法 ①清水、糖煮开，加入糯米粉、澄面。②烫熟后倒出在案板上搓匀。③加入猪油搓至面团纯滑。④搓成长条状，分切成30克/个的小面团后压薄。⑤猪肉切碎与虾米加调料炒熟。⑥用压薄的面皮包入馅料。⑦将包口捏紧成形。⑧以150℃油温炸成浅金黄色熟透即可。

适合人群 一般人都可食用，尤其适合女性食用。

专家点评 排毒瘦身。

重点提示 炸咸水饺时最好保持油质的清洁，否则会影响热的传导，色泽也会受影响。

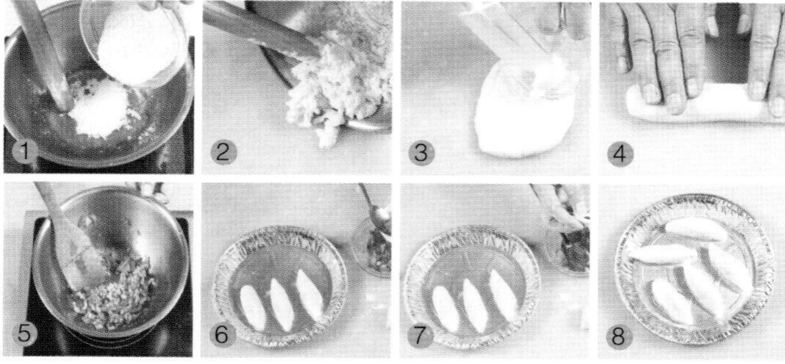

家乡蒸饺

材料 面粉500克，韭菜200克，猪肉滑100克，上汤200克

调料 盐1克，鸡精2克，糖3克，胡椒粉3克

做法 ①面粉过筛开窝，加清水。②将面粉拌入，搓至面团纯滑。③面团稍作松弛后分切10克/个的小面团。④擀压成薄面皮状备用。⑤馅料切碎与调味料拌匀成馅。⑥用薄皮将馅料包入。⑦然后将收口捏紧成形。⑧均匀排入蒸笼内，用猛火蒸约6分钟。

适合人群 一般人都可食用，尤其适合男性食用。

专家点评 保肝护肾。

重点提示 面团一定要软硬适中。

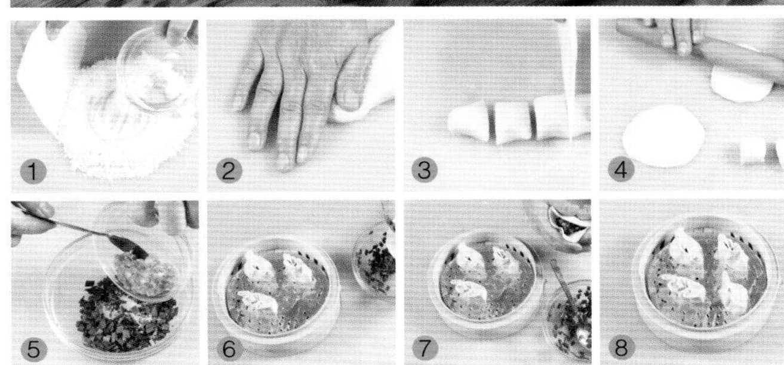

脆皮豆沙饺

材料 糯米粉500克，澄面、猪油各150克，豆沙100克

调料 糖80克

做法 ①清水、糖加热煮开，加入糯米粉、澄面。②拌至没粉粒状倒在案板上。③拌匀后加入猪油搓至面团纯滑。④将面团搓成长条状。⑤将面团、豆沙分切成30克/个。⑥将面团擀压成薄皮。⑦将豆沙馅包入，捏成三角形。⑧稍作静置，然后炸成浅金黄色即可。

适合人群 一般人都可食用，尤其适合儿童食用。

专家点评 开胃消食。

重点提示 擀面皮时要一个手拿擀面杖，一个手转动面团，这样面皮才能中间厚两边薄。

大白菜水饺

材料 肉馅250克，面团500克，大白菜100克

调料 盐、味精、糖、麻油各3克，胡椒粉少许，生油少许

做法 ①大白菜洗净，切成碎末。②大白菜加入肉馅中，再放入所有调味料一起拌匀成馅料。③取一饺子皮，内放20克的肉馅。④将面皮对折。⑤再将面皮的边缘包起，捏成饺子形。⑥再将饺子的边缘扭成螺旋形。

适合人群 一般人都可食用，尤其适合女性食用。

专家点评 排毒瘦身。

重点提示 大白菜应先入锅一下，以去涩味。

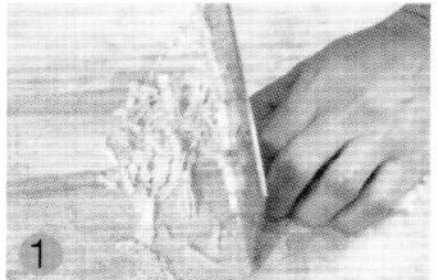
1

2
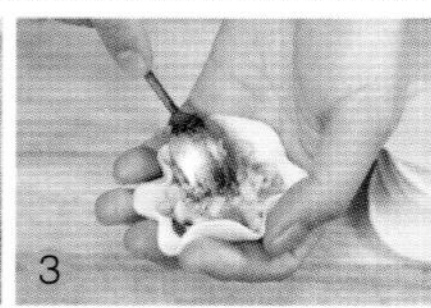
3
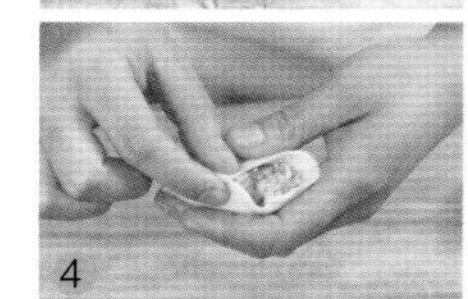
4
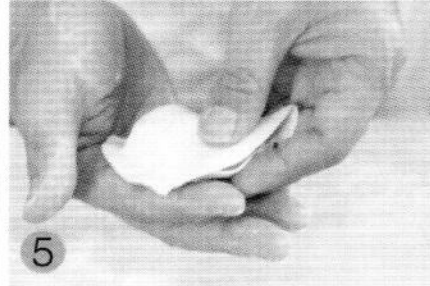
5
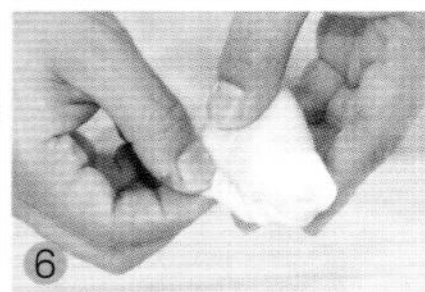
6

菠菜水饺

材料 肉馅250克，面团500克，菠菜100克

调料 糖5克，味精、盐、麻油各3克，胡椒粉、生油各少许

做法 ①菠菜洗净，切成碎末状。②在切好的菠菜与肉馅内加入所有调味料一起拌匀成馅。③取一饺子皮，内放20克的肉馅。④将饺子皮的两角向中间折拢。⑤然后将中间的面皮折成鸡冠形。⑥再将鸡冠形面皮掐紧，即成生坯。

适合人群 一般人都可食用，尤其适合老年人食用。

专家点评 增强免疫力。

重点提示 馅料拌好后应先放入冰箱里定型，会更好包一些。

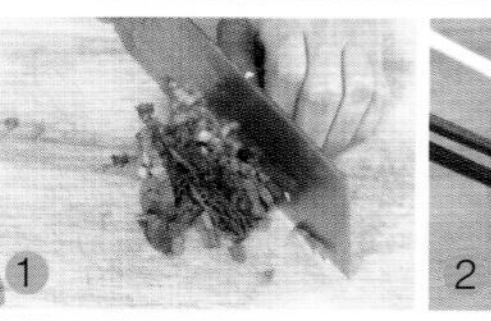
1

2
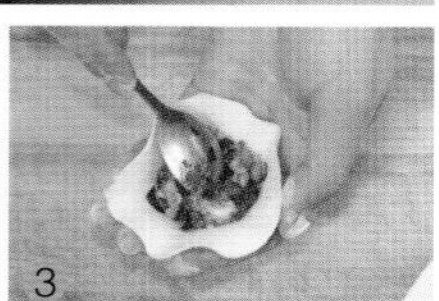
3
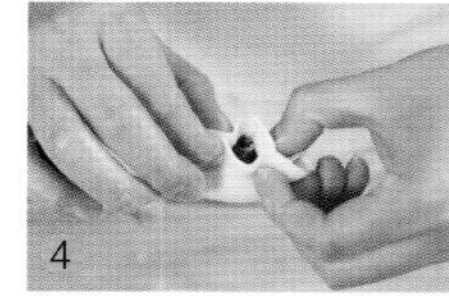
4
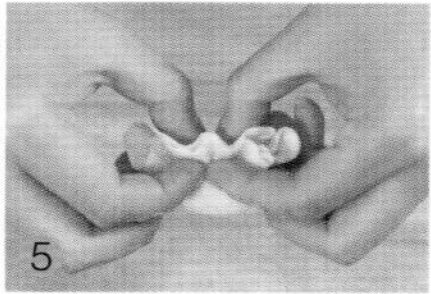
5
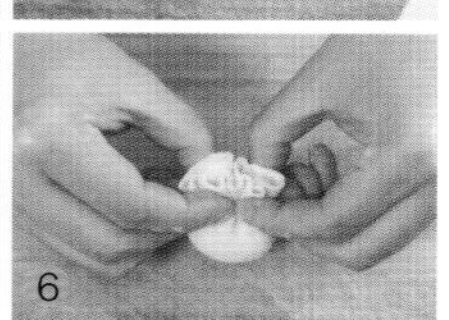
6

玉米水饺

材料 肉馅250克，面团500克，玉米60克

调料 盐、味精、糖、麻油各3克，胡椒粉、生油各少许

做法 ①玉米掰成粒，加入到肉馅中。②再加入所有调味料拌匀成馅。③取一饺子皮，内放20克的肉馅。④将饺子皮从三个角向中间折拢。⑤三个角分别扭成小扇形。⑥再将肉馅与面皮处掐紧即成生坯。

适合人群 一般人都可食用，尤其适合女性食用。

专家点评 排毒瘦身。

重点提示 选用的玉米最好是嫩一点的。

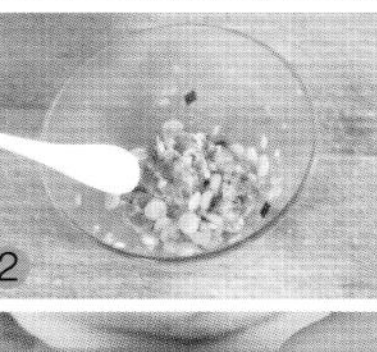

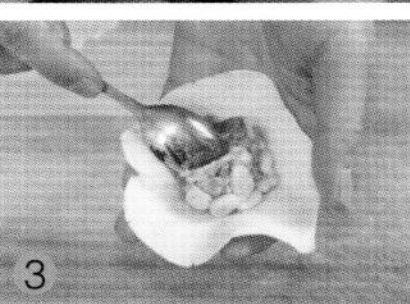

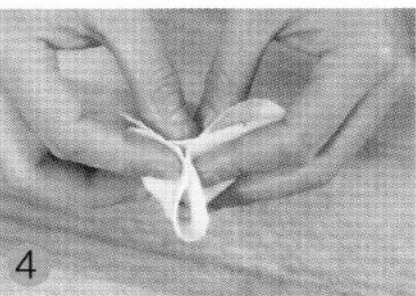

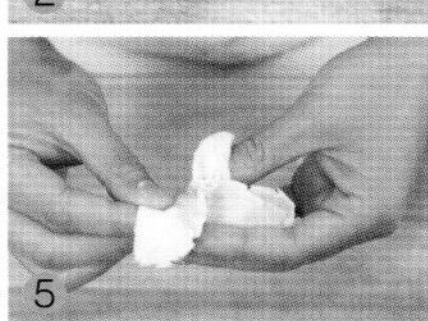

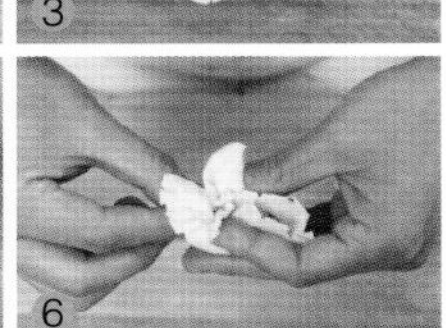

羊肉玉米饺

材料 羊肉250克，玉米100克，面团500克

调料 盐、味精、麻油各3克，糖2克，胡椒粉、生粉各少许

做法 ①羊肉洗净，切成碎末。②加入玉米粒拌匀，再加入所有调味料。③拌匀成馅。④取一饺子皮，内放20克的馅。⑤将面皮对折。⑥封口处捏紧，再将面皮边缘捏成螺旋形即可。

适合人群 一般人都可食用，尤其适合孕产妇食用。

专家点评 补血养颜。

重点提示 先用盐和生粉搅拌羊肉，会更鲜嫩。

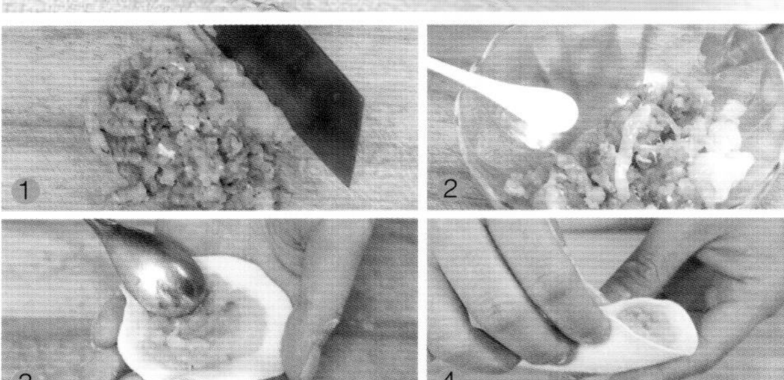

三鲜水饺

材料 鱿鱼100克，虾仁100克，鱼肉100克，面团30克

调料 盐、麻油各3克，糖6克，味精、胡椒粉、生油各少许

做法 ①将三种原材料均洗净，剁成泥状。②剁好的原材料内加入所有调味料一起拌匀成馅。③取一饺子皮，内放20克的馅。④将面皮对折，封口处捏紧，再将面皮边缘捏成螺旋形。

适合人群 一般人都可食用，尤其适合儿童食用。

专家点评 提神健脑。

重点提示 原材料要打至有弹性才爽口。

青椒牛肉饺

材料 牛肉250克，面团500克，青椒15克

调料 糖、盐、味精、麻油、蚝油、胡椒粉、生抽各适量

做法 ①青椒洗净，切成粒。②切好的青椒粒加入牛肉中，再加入所有调味料一起拌匀成馅。③取一饺子皮，内放20克的牛肉馅，将面皮对折。④将封口处捏紧，再将面皮从中间向外面挤压成水饺形。

适合人群 一般人都可食用，尤其适合男性食用。

专家点评 保肝护肾。

重点提示 青椒粒一定要切碎一点。

鲜虾韭黄饺

材料 调料虾仁250克，面团500克，韭黄25克

调料 盐、味精、麻油各3克，糖6克，胡椒粉、生油各少许

做法 ①韭黄洗净切碎，虾仁洗净，剁成虾泥。②在韭黄与虾泥内加入所有调味料一起拌匀成馅。③取一饺子皮，内放20克的馅。④将面皮对折，封口处捏紧，再将面皮从中间向外面挤压成水饺形。

适合人群 一般人都可食用，尤其适合男性食用。

专家点评 保肝护肾。

重点提示 如果制馅时有出水情况，可酌量加生粉。

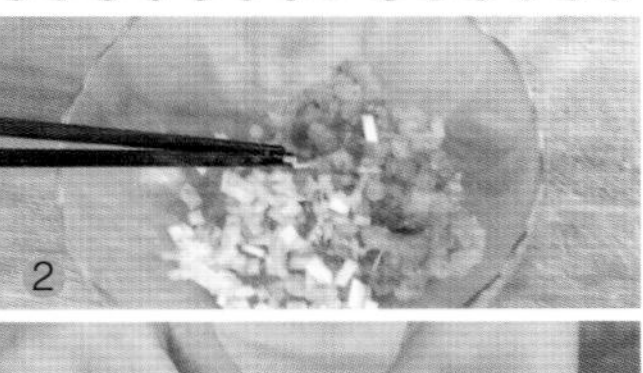

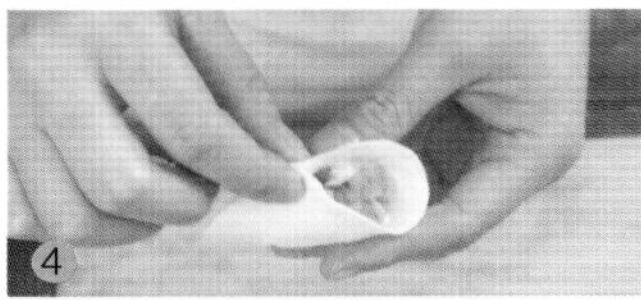

鲜虾水饺

材料 虾仁250克，面团500克

调料 盐、味精、麻油各3克，糖5克，胡椒粉、生油各少许

做法 ①虾仁洗净剁成虾泥。②剁碎的虾泥内加入所有调味料一起拌匀成馅料。③取一饺子皮，内放20克的馅。④将面皮对折，封口处捏紧，再将面皮从中间向外面挤压成水饺形。

适合人群 一般人都可食用，尤其适合儿童食用。

专家点评 提神健脑。

重点提示 最好选用青皮虾才爽口。

包菜饺

材料 包菜100克，肉50克，饺子皮200克

调料 葱1根，盐5克，味精2克，五香粉8克，香油少许

做法 ①先将包菜洗净切丁；肉切末；葱洗净切成葱花。②将所有切好的菜放在一起，调入盐、味精、五香粉、香油拌匀。③将调制好的馅料包在饺子皮内，放入锅内煮熟即可。

适合人群 一般人都可食用，尤其适合女性食用。

金针菇饺

材料 鲜肉馅300克，金针菇500克，饺子皮200克

调料 味精适量

做法 ①金针菇洗净入沸水中汆烫，捞起后放冷水中冷却。②将冷却的金针菇切粒，加盐与肉馅拌匀。③取一饺子皮，内放适量金针菇馅。④再将面皮对折，捏紧成饺子形，再下入沸水中煮熟即可。

适合人群 一般人都可食用，尤其适合老年人食用。

专家点评 降低血脂。

冬笋水饺

材料 肉馅250克，饺子皮500克，冬笋100克

调料 盐、味精、糖、麻油各适量

做法 ①冬笋洗净，切成粒状，入沸水中稍焯后捞出。②冬笋粒与肉馅内加入剩余用料（饺子皮除外），一起拌匀成馅。③取一饺子皮，内放20克的肉馅，将饺子皮的两角向中间折拢，折成十字形后捏紧。④再将边缘的面皮捏成波浪形，即成水饺生坯，再将水饺生坯入锅中煮熟即可。

西红柿饺

材料 鲜肉馅450克，西红柿250克，葱花15克，牛肉、饺子皮各200克

调料 盐、味精各适量

做法 ①西红柿放滚水中稍烫后剥去外皮切片。②冷水冲去西红柿籽后切小丁，加入盐、味精与上过浆的牛肉、鲜肉馅及葱花拌匀。③取一饺子皮，内放适量西红柿馅，再将面皮对折，捏上花边，成饺子形，再下入沸水中煮熟即可。

韭黄水饺

材料 肉馅250克，饺子皮500克，韭黄100克

调料 盐、糖各3克

做法 1 将韭黄洗净，切成碎末，将切好的韭黄拌入肉馅内,加入剩余用料（饺子皮除外）一起拌匀成馅。2 取一饺子皮，内放20克的肉馅，将面皮成半圆形对折封好，捏紧边缘，再将面皮从中间向外面挤，松手即成饺子生坯。3 水饺生坯入沸水中煮熟即可。

适合人群 一般人都可食用，尤其适合男性食用。

钟水饺

材料 饺子皮100克，肉末、猪皮冻各150克

调料 姜、葱各3克，盐、高汤各适量

做法 1 猪皮冻、姜、葱均切碎；肉末加猪皮冻、姜、葱拌匀，加盐、高汤，用筷子拌匀，顺着一个方向搅拌至肉馅上劲。2 饺子皮取出，包上馅，做成木鱼状。3 锅中加水煮开，放入生水饺，大火煮至水饺浮起时，重复加水煮开，煮至饺子再次浮起即可。

适合人群 一般人都可食用，尤其适合男性食用。

茄子饺

材料 猪肉馅、茄子各150克，饺子皮200克

调料 生姜末、葱花各10克，腌辣椒末、蒜泥各15克，糖50克，豆瓣酱25克，盐各少许

做法 1 茄子先去皮后切成小丁；锅中加少许油煸炒豆瓣酱，再加入猪肉馅炒透，再放入茄丁、汤及剩余用料（饺子皮除外），稍煮一下即成茄子馅。2 取一饺子皮，内放适量茄子馅。3 再将面皮对折，捏上花边，成饺子形，下入沸水中煮熟即可。

茼蒿饺

材料 鲜肉馅150克，茼蒿1000克，饺子皮200克

调料 盐、味精、油各适量

做法 1 茼蒿入沸水汆烫后捞起，放冷水中待冷却后切成粒，加入盐、味精、油，再加入肉馅拌匀，成茼蒿馅。2 取一饺子皮，内放适量茼蒿馅。3 再将饺子皮对折，将边缘面皮捏紧，打褶包成形，下入沸水中煮熟即可。

适合人群 一般人都可食用，尤其适合男性食用。

茴香水饺

材料 北京小茴香20克，猪肉200克，饺子皮15个

调料 盐、鸡精各5克，十三香3克

做法 ①猪肉洗净剁成泥；小茴香洗净切碎。②将猪肉放入碗中，加入小茴香，调入盐、十三香、鸡精拌匀。③将拌匀的馅料包入饺子皮中，入开水锅中煮2分钟至熟，捞出装盘即可。

适合人群 一般人都可食用，尤其适合老年人食用。

专家点评 开胃消食。

上汤水饺

材料 面粉200克，青菜2根，肉100克，红椒1个

调料 葱3根，盐、醋各少许

做法 ①将面和好，擀成饺子皮；将肉剁成末，红椒切成粒，葱切花，放在一起，加少许盐拌匀即成馅。②将已做好的馅包在饺子皮内，锅内放水烧热，将饺子放入锅中煮熟。③锅中调入少许盐、红椒、葱、青菜，淋入少许醋，出锅即可。

适合人群 一般人都可食用，尤其适合女性食用。

铁板山芋饺

材料 山芋饺1包（450克）

调料 盐、湿淀粉、蒜米、青椒、红椒各适量

做法 ①山芋饺上笼蒸熟；青、红椒改刀成丁。②锅留底油，蒜米炝锅加入山芋饺、少许鲜汤调味，下青、红椒，旋锅烧至汤少入味时，用湿淀粉勾薄芡，放盐调味，起锅装盘即可。

适合人群 一般人都可食用，尤其适合老年人食用。

专家点评 防癌抗癌。

白菜猪肉饺

材料 饺子皮、白菜、五花肉末各150克

调料 盐3克，香油、姜末、葱末、鲜汤各适量

做法 ①肉末加香油拌匀；白菜切末，加盐、姜末、葱末、肉末、适量鲜汤，用筷子拌匀，搅拌至肉馅上劲。②将饺子皮取出，包上白菜馅，做成木鱼状生水饺待用。③锅中加水煮开，放入生水饺，用勺轻推饺子，用大火煮至浮起的饺子微微鼓起成饱满状即熟。

适合人群 一般人都可食用，尤其适合男性食用。

西红柿蛋馅饺子

材料 西红柿500克，面团300克，鸡蛋3个

调料 盐5克

做法 ①将面团分成若干小团，擀成圆形，做成饺子皮。②将西红柿放入开水中烫过，剥皮后再切成小丁状备用。③油锅烧热，将鸡蛋打入锅中，炒熟、炒碎后再加入西红柿丁拌炒，再加入盐炒匀做饺子馅备用。④将饺子馅包入饺子皮中，包好入锅煮熟即可。

适合人群 一般人都可食用，尤其适合女性食用。

冬菜鸡蛋饺

材料 鸡蛋2个，冬菜20克，饺子皮30克

调料 味精3克，糖3克

做法 ①将鸡蛋打散煎成蛋皮，将煎好的蛋皮取出，切成蛋丝。②蛋丝与冬菜内加入味精、糖一起拌匀成馅料。③取一饺子皮，内放20克的馅，将面皮对折，封口处捏紧，再将面皮边缘捏成螺旋形。④做好的饺子入沸水锅中煮熟即可。

适合人群 一般人都可食用，尤其适合老年人食用。

芹菜猪肉饺

材料 饺子皮、芹菜、五花肉末各150克

调料 盐2克，姜15克，葱20克，香油少许

做法 ①芹菜、姜、葱洗净剁成泥，肉末加香油拌匀。②芹菜加盐、姜末、葱末、肉末，用筷子拌匀，顺着一个方向搅拌至肉馅上劲。③将饺子皮取出，包入芹菜馅，将面皮对折，封口处捏紧，再将面皮从中间向外面挤压成水饺形。④锅中加水煮开，放入生水饺，煮熟即可。

鲜肉水饺

材料 肉馅250克，饺子皮500克

调料 盐、糖各3克，味精5克

做法 ①取适量的肉馅盛入碗内，加入盐、味精、糖，再用筷子搅拌均匀。②取一饺子皮，内放20克的肉馅，再将面皮对折包好，将包好馅的饺子从两边向中间挤压，直至成饺子形。③再将饺子下入沸水中煮熟即可。

适合人群 一般人都可食用，尤其适合男性食用。

酸汤饺

材料 水饺8个，瘦肉35克，豆腐、鸡血50克，木耳、竹笋20克，蛋1个

调料 酱油、醋、淀粉各10克

做法 ①将瘦肉、竹笋切丝，煮熟备用。②豆腐、鸡血、木耳切丝备用，蛋打散，将水饺煮熟。③锅中加水煮开，放入瘦肉、竹笋、豆腐、鸡血、木耳，加入淀粉以外的调味料，等水再开后，用淀粉勾芡，最后慢慢淋下蛋汁，加入水，即可食用。

酸汤水饺

材料 面粉200克，肉100克，香菜50克

调料 姜1块，葱1根，盐2克，鸡精1克，醋适量

做法 ①先将葱、姜、肉洗净剁成末，放在一起，加入盐、鸡精拌匀。②将面粉加水和好，擀成饺子皮后，将调好的馅包在饺子皮内制成饺子。③锅中烧水，放入饺子煮熟，锅中放入醋和少许盐、清汤、香菜调匀即可。

适合人群 一般人都可食用，尤其适合女性食用。

油条饺

材料 鲜肉馅、饺子皮各200克，韭菜500克，油条2根

调料 盐、味精各适量

做法 ①油条切粒，韭菜切粒后加盐、油、味精拌匀，再加入油条粒、肉馅拌匀成油条馅。②取一饺子皮，内放适量油条馅。③再将面皮对折，将边缘的面皮捏紧，再推上花边即可下入沸水中煮熟食用。

适合人群 一般人都可食用，尤其适合儿童食用。

专家点评 增强免疫力。

鸡肉饺

材料 鸡脯肉20克，水饺皮500克

调料 盐、蚝油各3克，糖5克，生抽少许

做法 ①鸡脯肉洗净，切成碎末，加入除水饺皮外的剩余用料一起拌匀成馅。②取一饺子皮，内放20克的鸡肉馅，将面皮对折，封口处捏紧，再将面皮从中间向外面挤压成水饺形。③最后将水饺入沸水锅中煮熟即可。

适合人群 一般人都可食用，尤其适合男性食用。

翠绿水饺

材料 青葱、五香豆干条、绞肉各150克，饺子皮30克

调料 盐3克，酱油5克

做法 ①将青葱洗净，取尾段切碎备用。②五香豆干条洗净切碎，倒入葱绿、绞肉与酱油、盐、香油，一起以同方向搅拌，即为馅料。③取饺子皮包入适量的馅料。④锅内加水煮滚，放入饺子煮至水滚，再加入一碗冷水，如此动作反复三次，待水饺浮起即可捞起。

适合人群 一般人都可食用，尤其适合儿童食用。

萝卜鲜肉饺

材料 肉末250克，胡萝卜、白萝卜各50克，饺子皮500克

调料 盐5克，味精3克，糖8克

做法 ①萝卜洗净，均切成碎末，加入肉末、盐、味精、糖一起拌匀成馅。②取一面皮，内放20克馅料，再取另一面皮，盖于馅料上，将两块面皮捏紧，将边缘扭成螺旋形。③再将做好的饺子入锅中蒸熟即可。

适合人群 一般人都可食用，尤其适合女性食用。

菠菜鲜肉饺

材料 菠菜100克，肉末150克，饺子皮500克

调料 盐5克，糖7克，淀粉少许

做法 ①菠菜洗净，切成碎末，加入肉末、盐、糖、淀粉一起拌匀成馅料。②取一饺子皮，内放20克馅料，将面皮包好，收口，再将面团扭成元宝形，把边缘捏紧。③做好的饺子入锅中蒸熟即可。

适合人群 一般人都可食用，尤其适合儿童食用。

专家点评 增强免疫力。

韭菜猪肉饺

材料 饺子皮、韭菜、五花肉末各150克

调料 盐、香油、姜末、葱末、鲜汤各适量

做法 ①肉末加香油拌匀，韭菜切末，加盐、姜末、葱末、肉末、鲜汤后拌匀。②将水饺皮取出，包上韭菜馅，做成水饺生坯。③锅中加水煮开，放入生水饺，用勺轻推饺子，煮至浮起的饺子微微鼓起成饱满状即熟。

适合人群 一般人都可食用，尤其适合老年人食用。

猪肉雪里蕻饺

材料 猪肉末600克，雪里蕻100克，饺子皮500克

调料 盐6克，白糖10克，老抽少许

做法 ①雪里蕻与猪肉放入碗内，加入盐、白糖、老抽一起拌匀成馅料。②取一饺子皮，内放20克馅料，面皮从外向里捏拢，再将面皮的边缘包起，捏成凤眼形。③入锅中蒸6分钟至熟即可。

适合人群 一般人都可食用，尤其适合儿童食用。

专家点评 提神健脑。

猪肉韭菜饺

材料 肉末600克，韭菜150克，饺子皮500克

调料 盐8克，味精3克，白糖7克，老抽少许

做法 ①韭菜洗净，切成碎末，再加入肉末、盐、味精、白糖、老抽一起拌匀成馅。②取一面皮，放馅料，将面皮从四个角向中间收拢，先将其捏成四角形，再将面皮的边缘包起，捏成四眼形即成。③做好的饺子入锅中蒸6分钟至熟即可。

适合人群 一般人都可食用，尤其适合老年人食用。

鸡肉大白菜饺

材料 鸡脯肉250克，大白菜、饺子皮各100克

调料 盐3克，白糖8克，淀粉少许

做法 ①鸡肉洗净剁成蓉，大白菜洗净切成碎末；盐、白糖、淀粉与鸡肉、白菜一起拌匀成馅料。②取一饺子皮，内放20克馅料，将面皮从外向里折拢，将饺子的边缘捏紧，再将面皮捏成花边，即成饺子形生坯。③将做好的饺子入锅中蒸熟即可。

适合人群 一般人都可食用，尤其适合老年人食用。

萝卜牛肉饺

材料 牛肉250克，饺子皮500克，胡萝卜15克

调料 盐3克，糖10克，胡椒粉、生抽各少许

做法 ①胡萝卜洗净，切成碎末，加入切好的牛肉中，再加入除饺子皮外的剩余用料一起拌匀成馅。②取一饺子皮，内放20克的牛肉馅，将面皮对折，封口处捏紧，再将面皮从中间向外面挤压成水饺形。③再将水饺下入沸水锅中煮熟即可。

适合人群 一般人都可食用，尤其适合男性食用。

牛肉冬菜饺

材料 牛肉250克，饺子皮500克，冬菜15克

调料 盐3克，糖、生抽各10克

做法 ①冬菜内加入切好的牛肉末，再加入剩余用料（饺子皮除外），一起搅拌均匀成牛肉馅。②取一饺子皮，内放20克的牛肉馅，将面皮对折，封口处捏紧，再将面皮从中间向外面挤压成水饺形。③做好的水饺下入沸水中煮熟即可。

适合人群 一般人都可食用，尤其适合男性食用。

牛肉大葱饺

材料 牛肉300克，大葱80克，饺子皮500克

调料 盐8克，味精3克，糖5克

做法 ①牛肉洗净剁成肉泥，大葱洗净切成粒。②牛肉、大葱内加入盐、味精、糖一起拌匀成馅料。③取一饺子皮，内放20克馅料，面皮从外向里收拢，在肉馅处捏好，再将顶上的面皮捏成花形。④用韭菜在馅料与花形之间绑好，再入锅蒸好即可。

适合人群 一般人都可食用，尤其适合女性食用。

顺德鱼皮饺

材料 鱼皮、猪肉末各100克，鱼肉50克，韭黄、青菜各2根

调料 葱、姜、盐各15克，上汤200克

做法 ①将韭黄洗净切成段，葱切花，青菜洗净，姜洗净切丝，鱼肉剁成末，放在一起搅匀。②在鱼肉末中放上盐、和猪肉末一起搅匀，包在鱼皮内成饺子。③锅中注入上汤，放入饺子、青菜煮熟即可。

适合人群 一般人都可食用，尤其适合男性食用。

鱼肉水饺

材料 饺子皮150克，鱼肉75克

调料 姜、葱各20克，盐2克，料酒少许

做法 ①鱼肉加入料酒，剁成泥，姜、葱亦剁成泥。②鱼肉泥加盐、姜末、葱末，用筷子拌匀，搅拌至肉馅上劲，即成鱼肉酱。将水饺皮取出，包入鱼肉馅，做成木鱼状生水饺坯。③锅中加水煮开，放入生水饺，用大火煮至水饺浮起时，加入一小勺水，煮至饺子再次浮起即可。

小榄粉果

材料 瘦肉、肥肉各50克，胡萝卜20克

调料 香菜10克，生粉50克，猪油20克，糖3克，味精、鸡精各2克，盐、胡椒粉、蚝油各5克

做法 ①瘦肉剁泥，肥肉剁泥，胡萝卜切丝，香菜切末。将切好的材料放入碗内，调入盐、糖、味精、鸡精、胡椒粉、蚝油做成馅料。②猪油、生粉加少许水和成粉团，分成5份，放入馅料包好。③入蒸笼中上火蒸5分钟至熟即可。

薄皮鲜虾饺

材料 面团200克，馅料100克(内含虾肉、肥膘肉、竹笋各适量)

做法 ①将面团擀成面皮，再取适量馅料置于面皮之上。②再将面皮从四周向中间打褶包好。③包好后，放置醒发半个小时，再上笼蒸7分钟，至熟即可。

适合人群 一般人都可食用，尤其适合女性食用

专家点评 补血养颜。

重点提示 虾仁最好选用个大的，口感更佳。

虾仁韭黄饺

材料 虾仁200克，韭黄100克，饺子皮500克

调料 盐5克，味精3克，白糖8克，淀粉少许

做法 ①韭黄、虾仁洗净；韭黄、虾仁切成粒，加入盐、味精、白糖、淀粉一起拌匀成馅。②取一面皮，内放20克馅料，面皮从外向里捏拢，再将面皮的边缘包起，捏成饺子形。③再将饺子的边缘扭成螺旋形，入锅中蒸6分钟至熟即可。

适合人群 一般人都可食用，尤其适合老年人食用。

蛤蜊饺

材料 鲜肉馅、饺子皮各200克，蛤蜊、莴笋各500克

调料 葱15克，盐3克

做法 ①蛤蜊烫熟，浸水中冷却后，剥壳取出蛤蜊肉，切粒。②莴笋去皮，刨成丝，加入盐，挤干莴笋丝的水分再加入盐、葱花，再与蛤蜊肉粒、鲜肉馅拌匀。③取一饺子皮，内放适量蛤蜊馅，再将面皮对折，捏紧成饺子形，再下入沸水中煮熟即可。

适合人群 一般人都可食用，尤其适合儿童食用。

鱼翅灌汤饺

材料 高筋面粉300克，鱼翅50克，干贝、带子、蟹柳、玉米粒、猪肉各适量，鸡汤200毫升

调料 盐5克，味精2克，砂糖适量，鸡精少许

做法 ①先将鱼翅、带子、蟹柳、干贝、猪肉拌成馅。②将馅放入冰箱，冻半小时取出，然后用高筋面粉开成粉皮，包入拌好的馅。③把包好的灌汤饺蒸熟即可。

适合人群 一般人都可食用，尤其适合儿童食用。

三鲜凤尾饺

材料 面粉300克，菠菜200克，鱿鱼、火腿、鱼各10克，香菇5朵，蛋清3个

调料 盐5克，味精2克，葱2根，姜1块

做法 ①将菠菜洗净汆水，剁成蓉加水和面；把鱿鱼、火腿、香菇切成丁；鱼去皮、刺，切成蓉。②加入蛋清，调入盐、味精和所有的原材料，拌匀，包成饺子。③锅中放水烧热，放入蒸锅，饺子放入锅内，蒸熟即可。

荞麦蒸饺

材料 荞麦面400克，西葫芦250克，鸡蛋2个，虾仁80克

调料 盐、姜各5克，葱6克

做法 ①荞麦面加水和成面团，下剂擀成面皮。②虾仁剁碎，炒碎鸡蛋末，西葫芦切丝用盐腌一下，加入盐、姜、葱和成馅料。③再取面皮包入适量馅料成饺子形，入锅蒸8分钟至熟即可。

适合人群 一般人都可食用，尤其适合女性食用。

专家点评 排毒瘦身。

芹菜肉馅蒸饺

材料 芹菜、饺子皮各200克，瘦肉300克

调料 盐3克，酱油、味精、十三香各5克，鲜汤适量

做法 ①芹菜择洗净，和瘦肉一起剁成泥，调入盐、酱油、味精、十三香，加入鲜汤拌匀成馅备用。②取一水饺皮，加入适量馅，包成饺子，上笼蒸10分钟即可。

适合人群 一般人都可食用，尤其适合老年人食用。

专家点评 降低血压。

翠玉蒸饺

材料 菠菜、面粉各500克，猪肉750克

调料 盐、味精各1克

做法 ①菠菜榨汁和面粉搅和在一起，搓成淡绿色面团，猪肉剁碎和盐、味精油调和拌成馅。②把面团搓成条，擀成水饺皮形状，包入猪肉馅，包捏成饺子形状。③上笼用旺火蒸熟即可。

适合人群 一般人都可食用，尤其适合女性食用。

专家点评 补血养颜。

云南小瓜饺

材料 云南小瓜50克，猪肉20克，虾仁10克，面粉30克

调料 盐、糖各少许，淀粉50克

做法 ①将淀粉、面粉加水，擀成面皮。②小瓜切粒，焯水，脱水去味。③猪肉、虾仁切小粒，与小瓜拌匀，加盐、糖搅匀成馅料。④将馅料包入面皮中，捏成型，蒸3～4分钟即可。

适合人群 一般人都可食用，尤其适合女性食用。

专家点评 排毒瘦身。

野菌鲜饺

材料 鲜肉200克，牛肝菌、虎掌菌各100克，马蹄50克，面粉300克

调料 盐5克

做法 ①鲜肉剁碎成肉末；牛肝菌、马蹄、虎掌菌斩碎；面粉用水和匀，制成饺皮。②把牛肝菌、虎掌菌、盐和匀，掺入肉末制成馅。③把馅包入饺皮内，即成野菌鲜饺，上笼蒸10分钟即可。

适合人群 一般人都可食用，尤其适合老年人食用。

虾饺皇

材料 虾仁80克，肥肉丁10克，芦笋末8克，面粉20克，淀粉10克

调料 盐2克，鸡精2克

做法 ①先将虾仁用手捏成粑状，再与肥肉、芦笋和盐、鸡精搅匀。②将面粉、淀粉加开水擀成面皮，用刀拍成圆状，再包入虾仁馅。③包好后将封口处捏紧，上笼蒸2～3分钟即可。

适合人群 一般人都可食用，尤其适合老年人食用。

特色螺肉饺

材料 素螺肉15克，猪肉10克，面粉适量

调料 盐、麻油、胡椒粉、淀粉各适量

做法 ①将面粉、淀粉加水，擀成面皮。②猪肉洗净、切粒，将肉粒、素螺肉与盐、麻油、胡椒粉调成馅。③将馅料包入面皮中成饺子生坯，入蒸锅中蒸5分钟至熟即可食用。

适合人群 一般人都可食用，尤其适合儿童食用。

专家点评 开胃消食。

哈尔滨蒸饺

材料 白面700克，韭菜、猪瘦肉各200克

调料 盐、香油各5克，酱油3克，鲜汤适量

做法 ①将白面加入少许清水，拌和成面团，用湿布盖住搁置几分钟。②韭菜择洗干净和瘦肉一起剁成泥，调入盐、酱油、香油，拌匀成馅。③将面团分成小团，擀成饺子皮，每块饺子皮包住一匙馅，做成饺子，再上锅蒸10分钟即可。

适合人群 一般人都可食用，尤其适合老年人食用。

煎饺

材料 饺子皮5个，猪肉30克，洋葱1个，包菜30克，韭菜50克

调料 蒜6瓣，盐8克，味精4克，蚝油5毫升，香油5毫升，生抽5毫升

做法 ①猪肉、蒜、洋葱、包菜、韭菜均洗净剁成泥，一起搅拌均匀，再加入盐、味精、蚝油、香油、生抽搅拌均匀，包在饺子皮内。②煎锅放油烧热，放入已包好的饺子煎至金黄色熟透即可。

北方煎饺

材料 面粉30克，韭菜、猪肉、马蹄各10克

调料 盐、味精、糖、鸡精、麻油各少许

做法 ①将面粉加开水擀成面皮。②韭菜洗净后切成段，过开水后，脱干水；将猪肉剁碎，加盐、味精、糖、鸡精、麻油拌匀做馅。③韭菜、猪肉馅包入面皮内，包好后蒸4～5分钟至熟，于油锅中煎至金黄色。

适合人群 一般人都可食用，尤其适合老年人食用。

专家点评 降低血糖。

澳门煎饺

材料 水饺皮12块，肉100克，葱3根，韭菜50克

调料 盐、味精各1克，高汤200毫升

做法 ①先将肉剁成细末，葱切末，韭菜洗净切成粒备用。②将肉、葱、韭菜放在一起，加入盐、味精，拌匀，包入饺子皮内。③锅内放油烧热，放入饺子煎至金黄色至熟，摆入盘内即可。

适合人群 一般人都可食用，尤其适合女性食用。

专家点评 开胃消食。

冬菜猪肉煎饺

材料 冬菜50克，猪肉末400克，饺子皮500克

调料 盐6克

做法 ①将猪肉剁成泥后与冬菜一同盛入碗内，再加入盐拌匀成馅。②取一饺子皮，内放20克馅料，将饺子皮对折包好，再将饺子皮的封口处捏紧。③将做好的饺子入锅蒸熟后取出，再入煎锅煎至金黄色即可。

适合人群 一般人都可食用，尤其适合男性食用。

专家点评 养心润肺。

胡萝卜猪肉煎饺

材料 猪肉末400克，胡萝卜100克，饺子皮500克

调料 盐6克，淀粉少许

做法 ①胡萝卜洗净，切成碎末，盛入碗内，加入盐、淀粉拌匀成馅。②取一饺子皮，内放20克馅料，将饺子皮从三个角向内捏成三角形状，再将三个边上的面皮捏成花形。③把饺子入锅中蒸熟后取出，再入煎锅中煎至面皮金黄色即可。

适合人群 一般人都可食用，尤其适合女性食用。

鲜肉韭菜煎饺

材料 肉末300克，韭菜100克，饺子皮500克

调料 盐6克，味精3克，白糖6克，香油少许

做法 ①韭菜洗净，切成碎末，加入肉末及盐、味精、白糖、香油一起拌匀成馅。②取一饺子皮，内放20克馅料，再将饺子皮对折包好，把饺子的边缘捏好，即成生坯。③再将饺子入笼蒸好后取出，入煎锅中煎成两面金黄色即可。

适合人群 一般人都可食用，尤其适合老年人食用。

孜然牛肉大葱煎饺

材料 牛肉300克，大葱100克，饺子皮500克

调料 盐5克，老抽、孜然粉各10克

做法 ①牛肉、大葱分别洗净，切成碎末盛入碗内，再将孜然粉和盐、老抽一起加入碗内拌匀成馅。②取一饺子皮，内放馅料，饺子皮对折包好，封口处捏紧，再将边缘的面皮捏成花边形。③做好的饺子入锅蒸熟后取出，再入煎锅煎至金黄色即可。

适合人群 一般人都可食用，尤其适合男性食用。

雪里蕻鲜肉煎饺

材料 雪里蕻150克，饺子皮、肉末各500克

调料 盐6克，淀粉少许，料酒少许

做法 ①将肉末与雪里蕻盛入碗内，再加入料酒、盐、淀粉一起拌匀成馅料。②取一饺子皮，内放20克馅料，将饺子皮对折，捏牢中间，再将饺子皮的封口处捏紧，将两端向中间弯拢做成元宝形。③将做好的饺子入锅蒸熟后取出，再入煎锅煎至金黄色即可。

适合人群 一般人都可食用，尤其适合女性食用。

芹菜香菜牛肉煎饺

材料 牛肉300克，芹菜80克，饺子皮500克

调料 香菜少许，盐4克，味精3克，糖6克

做法 ①芹菜、香菜、牛肉分别洗净，切成碎末，加入盐、味精、糖一起拌匀成馅。②取一水饺皮，内放20克馅料，将饺子皮对折包好，封口处捏紧，然后包成半圆形，将饺子的边缘捏成螺旋形。③做好的饺子入锅蒸熟后取出，再入煎锅煎至金黄色即可。

适合人群 一般人都可食用，尤其适合老年人食用。

北京锅贴

材料 锅贴皮20个，猪肉100克

调料 葱10克，姜、盐、葱油、料酒各5克，香油3克

做法 ①猪肉洗净剁成肉泥；葱切花；姜切末。②将姜、葱及剩余用料调入猪肉泥中拌匀，包入锅贴皮中。③锅中注油烧热，放入锅贴，煎5分钟至金黄色即可。

适合人群 一般人都可食用，尤其适合儿童食用。

专家点评 开胃消食。

重点提示 煎的时候油温要控制在四五成热。

榨菜鲜肉煎饺

材料 肉末300克，榨菜60克，饺子皮500克

调料 盐4克，淀粉少许

做法 ①榨菜洗净，切成碎末，再加入肉末、盐、淀粉一起拌匀成馅。②取一水饺皮，内放20克馅料，将饺子皮对折包好，然后挤压成形，再将封口处捏紧。③做好的饺子入锅蒸熟后取出，再入煎锅煎至金黄色即可。

适合人群 一般人都可食用，尤其适合女性食用。

冬笋鲜肉煎饺

材料 肉末400克，冬笋100克，饺子皮500克

调料 盐6克，淀粉少许

做法 ①冬笋洗净，切成碎末，加入肉末、盐、淀粉一起拌匀成馅。②取一饺子皮，内放20克馅料。③再取一面皮，将馅料盖好，饺子皮边缘扭成螺旋形。④做好的饺子入锅蒸熟后取出，再入煎锅煎至金黄色即可。

适合人群 一般人都可食用，尤其适合女性食用。

专家点评 排毒瘦身

菜脯煎饺

材料 饺子皮200克，菜脯150克，马蹄100克，胡萝卜30克，猪肉150克

调料 盐3克，糖7克，淀粉25克，鸡精5克，油少许

做法 ①猪肉切成肉蓉，加入盐拌至起胶。加入鸡精、糖拌匀，然后加入淀粉拌匀。马蹄、菜脯、胡萝卜切粒加入再拌匀。②加入生油、麻油拌匀成馅。用饺子皮包入馅料，将包口捏紧成形。③均匀排入蒸笼，用猛火蒸约8分钟蒸熟，待凉冻后下油锅煎至金黄色即可。

锅贴饺

材料 猪肉、面粉各400克

调料 葱花、姜末各少许，盐、酱油、醋各10克

做法 ①猪肉切薄片，再剁成馅，加入盐、葱花、姜末、酱油拌匀待用。②将揉好的面粉放在案板上擀成饺皮，包入调好的馅料待用。③取煎锅，放油，摆入包好的饺子，煎熟至底焦硬即可，装盘和醋一同上桌。

适合人群 一般人都可食用，尤其适合女性食用。

专家点评 补血养颜。

杭州煎饺

材料 面粉300克，鸡蛋3个，猪腿肉、芹菜、猪皮冻各适量

调料 盐3克，鸡精2克

做法 ①面粉加开水烫成雪花状，凉透后加鸡蛋和成面团。②芹菜烫熟切粒备用；猪腿肉绞细加盐、鸡精，加水打成胶，拌入芹菜粒及猪皮冻，做成饺馅。③面团搓条，切剂，擀薄包入肉馅，包成月牙形生坯。④不粘锅预热，刷油，放入生坯煎至底金黄，装盘。

豆沙酥饺

材料 中筋面粉250克，猪油70克，全蛋50克，清水100克，猪油65克，低筋面粉130克，细糖40克，豆沙适量

做法 ①中筋面粉过筛开窝，加糖、猪油、蛋、清水后拌匀，入面粉，搓至纯滑。油心部材料搓匀。②将水皮、油心按3:2的比例切成小面团，用水皮包入油心，擀成薄酥皮，然后卷成条状，折成三折，擀成薄片酥皮状。③用酥皮包入豆沙馅，捏成角形，排入烤盘，扫上蛋液，撒上芝麻，入烘烤至金黄即可。

花边酥饺

材料 面粉1000克，猪油400克，水200克，猪油250克，莲蓉150克

调料 糖25克

做法 ①油心部分混合拌匀。水皮部面粉开窝，加其余材料拌匀，入面粉搓至纯滑。②将水皮擀开包入油酥，擀成长圆形，卷成筒状，将卷起的酥皮分切后擀成圆薄片形。③包入馅料，收口捏紧。收口处一上一下捏出形状，入烤盘内烤至金黄色熟透即可。

大眼鱼饺

材料 饺子皮100克，玉米粒100克，胡萝卜50克，贡菜、猪肉各150克

调料 盐5克，鸡精6克，糖9克，蟹子适量

做法 ①猪肉、胡萝卜、贡菜切碎，将各料混合拌匀。②加入调味料拌匀即成馅料。用饺子皮将馅包入，将收口捏紧成形。③均匀排入蒸笼内，放入胡萝卜粒、玉米粒、蟹子作装饰，以旺火蒸约6分钟即可。

适合人群 一般人都可食用，尤其适合儿童食用。

玉米馄饨

材料 玉米250克，猪肉末150克，葱20克，馄饨皮100克

调料 盐6克，味精4克，白糖10克，香油10克

做法 ①玉米剥粒洗净，葱洗净切花。②将玉米粒、猪肉末、葱花放入碗中，调入调味料拌匀。③将馅料放入馄饨皮中央。④将馄饨皮两边对折，将馄饨皮边缘捏紧。⑤将捏过的边缘前后折起。⑥捏成鸡冠形状即可。⑦锅中注水烧开，放入包好的馄饨。⑧盖上锅盖煮3分钟即可。

适合人群 一般人都可食用，尤其适合老年人食用。

专家点评 防癌抗癌。

重点提示 玉米先入锅煮一下再调入馅料里，吃起来就不会硬。

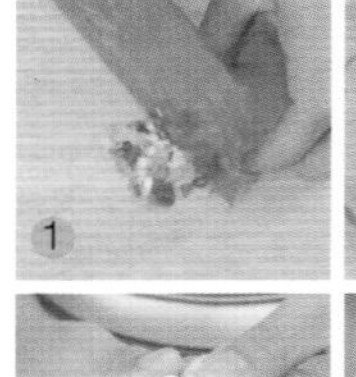

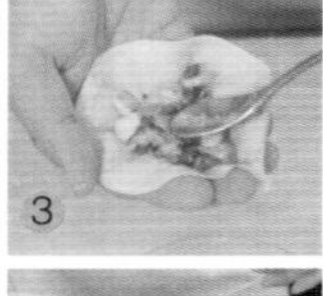
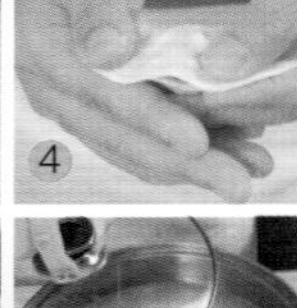
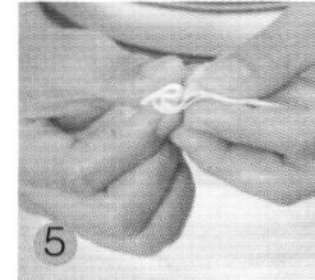
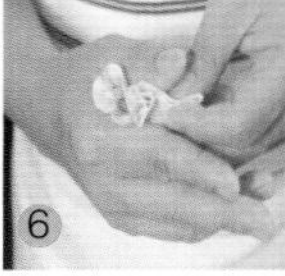

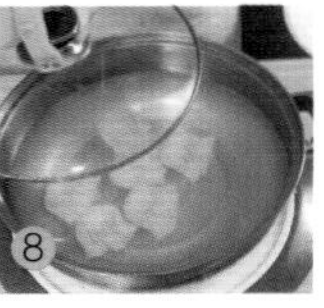

萝卜馄饨

材料 白萝卜250克，猪肉末150克，葱20克，馄饨皮100克

调料 盐5克，味精4克，白糖10克，香油10克

做法 ①白萝卜去皮洗净切丝，葱洗净切花。②将白萝卜、猪肉末、葱花放入碗中，调入调味料拌匀。③将馅料放入馄饨皮中央，将馄饨皮两边对折。④将馄饨皮边缘捏紧。⑤将捏过的边缘前后折起。⑥捏成鸡冠形状即可。⑦锅中注水烧开，放入包好的馄饨。⑧盖上锅盖煮3分钟即可。

适合人群 一般人都可食用，尤其适合儿童食用。

专家点评 增强免疫力。

重点提示 馅料制好后要马上包起来，以免时间长了萝卜出水。

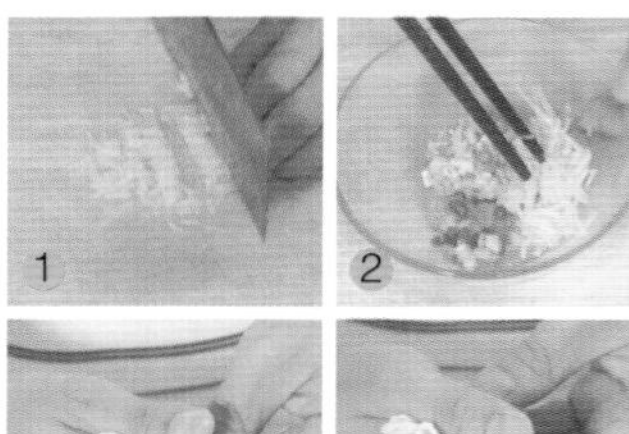
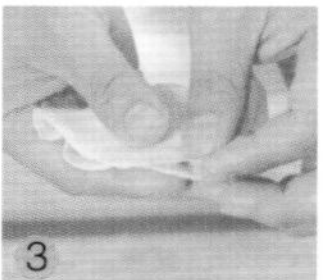
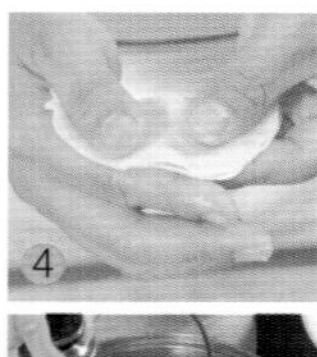
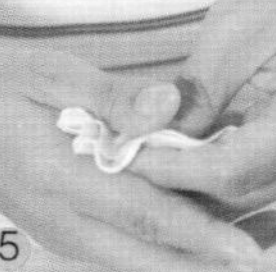
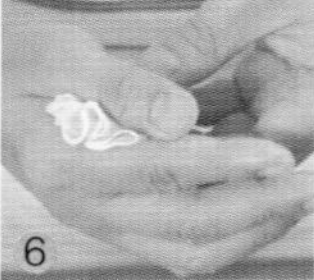

花素馄饨

材料 胡萝卜丁200克，韭黄、泡发香菇各50克，馄饨皮100克

调料 盐5克，味精3克，白糖8克，香油少许

做法 ①胡萝卜丁切粒，韭黄切粒，泡发香菇切粒。②将所有原材料放入碗中，调入调味料拌匀。③将馅料放入馄饨皮中央。④慢慢折起，使皮四周向中央靠拢。⑤直至看不见馅料，再将馄饨皮捏紧。⑥捏至底部呈圆形。⑦锅中注水烧开，放入包好的馄饨。⑧盖上锅盖煮3分钟即可。

适合人群 一般人都可食用，尤其适合老年人食用。

专家点评 降低血压。

重点提示 煮馄饨的过程中，用锅铲轻轻翻动馄饨，馄饨就不会粘锅。

韭菜猪肉馄饨

材料 韭菜100克，猪肉末500克，馄饨皮100克

调料 盐5克，味精3克，白糖10克，香油20克

做法 ①韭菜洗净切粒。②将韭菜粒、猪肉末放入碗中，调入调味料拌匀。③将馅料放入馄饨皮中央。④取一角向对边折起。⑤折成三角形状。⑥将边缘捏紧即成。⑦锅中注水烧开，放入包好的馄饨。⑧盖上锅盖煮3分钟即可。

适合人群 一般人都可食用，尤其适合男性食用。

专家点评 保肝护肾。

重点提示 若在馅料中加入少许猪油会更香。

梅菜猪肉馄饨

材料 梅菜100克，猪肉末150克，馄饨皮100克

调料 盐5克，味精5克，白糖18克

做法 ①梅菜洗净切碎。②将梅菜、猪肉末放入碗中，调入调味料拌匀。③将馅料放入馄饨皮中央。④将皮边缘从一端向中间卷起。⑤卷至皮的一半处。⑥再将两端捏紧。⑦锅中注水烧开，放入包好的馄饨。⑧盖上锅盖煮3分钟即可。

适合人群 一般人都可食用，尤其适合儿童食用。

专家点评 提神健脑。

重点提示 因梅菜有咸味，要先用水洗去多余的盐分，才不至于过咸。

猪肉馄饨

材料 五花肉馅200克，葱50克，馄饨皮100克

调料 盐4克，味精5克，白糖10克，香油少许

做法 ①肉馅中加少许水剁至黏稠状，葱切花。②将肉馅放入碗中，加入葱花，调入调味料拌匀。③将馅料放入馄饨皮中央。④慢慢折起，使皮四周向中央靠拢。⑤直至看不见馅料，再将馄饨皮捏紧。⑥捏至底部呈圆形。⑦锅中注水烧开，放入包好的馄饨。⑧盖上锅盖煮3分钟即可。

适合人群 一般人都可食用，尤其适合女性食用。

专家点评 补血养颜。

重点提示 剁肉馅时加少许水，吃时有汁、润口。

鸡蛋馄饨

材料 鸡蛋1个，韭菜50克，馄饨皮50克

调料 盐5克，味精4克，白糖8克，香油少许

做法 ①韭菜洗净切粒，鸡蛋煎成蛋皮切丝。②将韭菜、蛋丝放入碗中，调入调味料拌匀。③将馅料放入馄饨皮中央。④取一角向对边折起。⑤折至三角形状。⑥将边缘捏紧即成。⑦锅中注水烧开，放入包好的馄饨。⑧盖上锅盖煮3分钟即可。

适合人群 一般人都可食用，尤其适合儿童食用。

专家点评 增强免疫力。

重点提示 鸡蛋不要煎得太久，煎至成形即可。

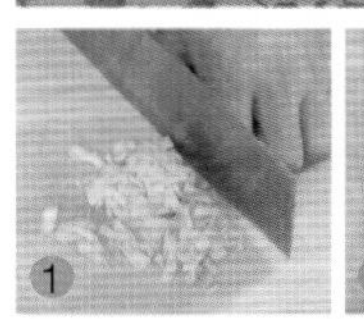
1

2

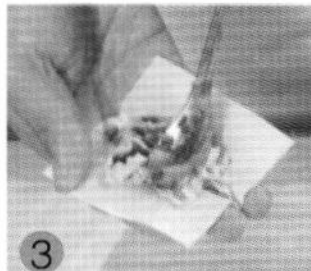
3

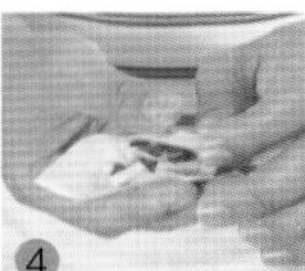
4

5

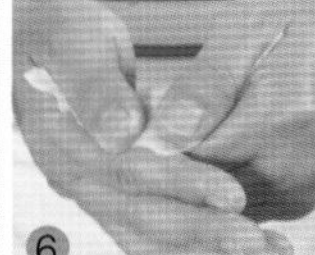
6

7

8

鸡肉馄饨

材料 鸡脯肉100克，葱20克，馄饨皮50克

调料 盐5克，味精4克，白糖10克，香油少许

做法 ①鸡脯肉洗净剁碎，葱洗净切花。②将鸡脯肉放入碗中，加入葱花，调入调味料拌匀。③将馅料放入馄饨皮中央。④慢慢折起，使皮四周向中央靠拢。⑤直至看不见馅料，再将馄饨皮捏紧。⑥捏至底部呈圆形。⑦锅中注水烧开，放入包好的馄饨。⑧盖上锅盖煮3分钟即可。

适合人群 一般人都可食用，尤其适合女性食用。

专家点评 补血养颜。

重点提示 调制馅料时加少许油，鸡肉会更香滑。

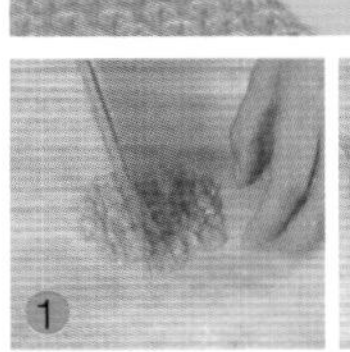
1

2

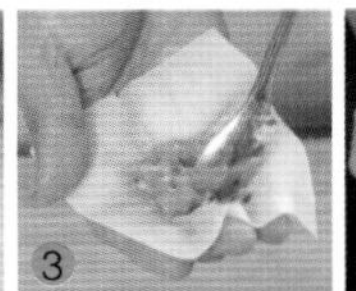
3

4

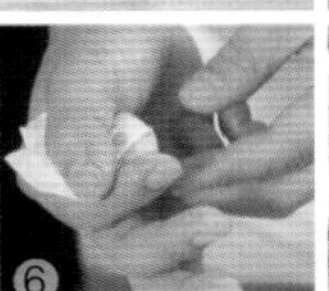
5

6

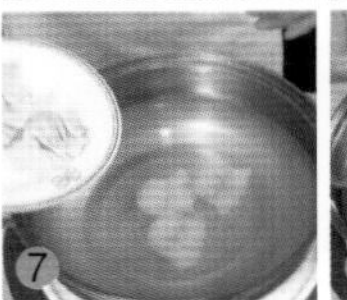
7

8

牛肉馄饨

材料 牛肉200克，葱40克，馄饨皮100克

调料 盐5克，味精4克，白糖10克，香油10克

做法 ①牛肉切碎，葱切花。②将牛肉放入碗中，加入葱花，调入调味料拌匀。③将馅料放入馄饨皮中央。④慢慢折起，使皮四周向中央靠拢。⑤直至看不见馅料，再将馄饨皮捏紧。⑥捏至底部呈圆形。⑦锅中注水烧开，放入包好的馄饨。⑧盖上锅盖煮3分钟即可。

适合人群 一般人都可食用，尤其适合老年人食用。

专家点评 增强免疫力。

重点提示 制馅时加入少许水，牛肉吃起来就不会老硬。

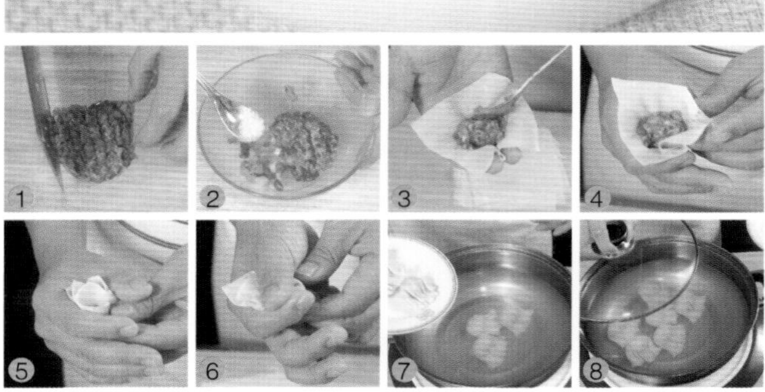

孜然牛肉馄饨

材料 牛肉200克，葱40克，馄饨皮100克，孜然粉5克

调料 盐5克，味精4克，白糖10克，香油10克

做法 ①肉切碎，葱切花。②牛肉放入碗中，加入葱花、孜然粉，调入调味料拌匀。③将馅料放入馄饨皮中央。④慢慢折起，使皮四周向中央靠拢。⑤直至看不见馅料，再将馄饨皮捏紧。⑥捏至底部呈圆形。⑦锅中注水烧开，放入包好的馄饨。⑧盖上锅盖煮3分钟即可。

适合人群 一般人都可食用，尤其适合儿童食用。

专家点评 开胃消食。

重点提示 牛肉馅料不要腌太久，否则葱会变烂而影响口感。

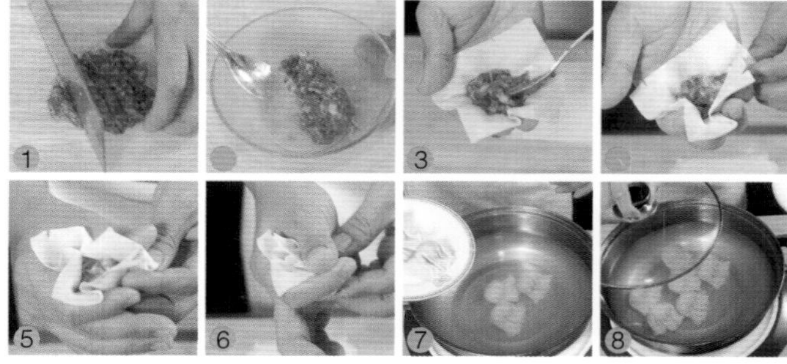

羊肉馄饨

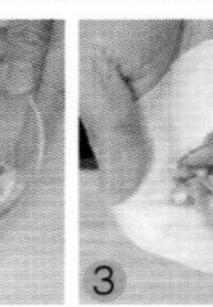
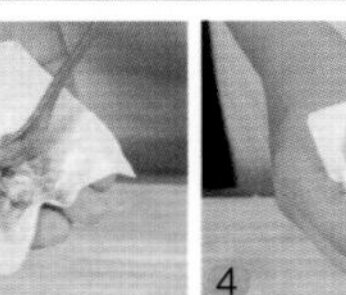
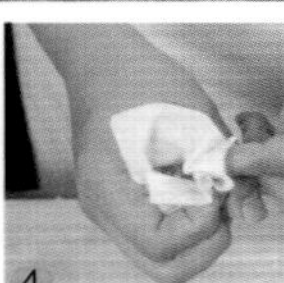

材料 羊肉片100克，葱50克，馄饨皮100克

调料 食盐5克，味精4克，白糖16克，香油少许

做法 ①羊肉片剁碎，葱择洗净切花。②将羊肉放入碗中,加入葱花,调入调味料拌匀。③将馅料放入馄饨皮中央。④慢慢折起，使皮四周向中央靠拢。⑤直至看不见馅料，再将馄饨皮捏紧。⑥将头部稍微拉长，使底部呈圆形。⑦锅中注水烧开，放入包好的馄饨。⑧盖上锅盖煮3分钟即可。

适合人群 一般人都可食用，尤其适合男性食用。

专家点评 保肝护肾。

重点提示 馄饨入锅不要煮太久，否则会煮烂。

鲜虾馄饨

材料 鲜虾仁200克，韭黄20克，馄饨皮100克

调料 盐6克，味精4克，白糖8克，香油少许

做法 ①鲜虾仁洗净，每个剖成两半，韭黄切粒。②将虾仁放入碗中，加入韭黄粒，调入调味料拌匀。③将馅料放入馄饨皮中央。④慢慢折起，使皮四周向中央靠拢。⑤直至看不见馅料，再将馄饨皮捏紧。⑥将头部稍微拉长，使底部呈圆形。⑦锅中注水烧开，放入包好的馄饨。⑧盖上锅盖煮3分钟即可。

适合人群 一般人都可食用，尤其适合孕产妇食用。

专家点评 增强免疫力。

重点提示 包馄饨时要将边缘捏紧，以免煮时散开。

包菜馄饨

材料 鲜肉馅200克，包菜、馄饨皮各100克

调料 葱花15克，盐各适量

做法 ①包菜洗净后切粒，加入盐略腌。②包菜挤干水分加盐后与肉馅及葱花拌匀成馅料。③取一馄饨皮，内放适量包菜肉馅，再将饨馄皮对折起来。④从两端向中间弯拢后，即可下入沸水中煮熟食用。

适合人群 一般人都可食用，尤其适合孕产妇食用。

专家点评 补血养颜。

冬瓜馄饨

材料 鲜肉馅150克，冬瓜1000克，馄饨皮100克

调料 盐、味精、葱花各适量

做法 ①将冬瓜洗净，剁成细粒，加盐腌一下，挤干水分，加入盐、味精，再与肉馅及葱花拌匀。②取一馄饨皮，内放适量冬瓜馅，再将饨馄皮对折起来。③从两端向中间弯拢后，即可下入沸水中煮熟食用。

适合人群 一般人都可食用，尤其适合老年人食用。

专家点评 降低血糖。

荠菜馄饨

材料 荠菜350克，夹心肉180克，馄饨皮300克，紫菜50克

调料 姜10克，葱15克，黄酒、鸡汤各适量

做法 ①夹心肉绞碎，加入鸡汤、姜、葱、黄酒拌匀。②再加入切好的荠菜拌匀，馄饨皮内包入荠菜肉馅。③锅中加水烧开，下入馄饨、洗净的紫菜煮熟即可。

适合人群 一般人都可食用，尤其适合老年人食用。

专家点评 降低血糖。

蒜薹馄饨

材料 鲜肉馅300克，蒜薹500克，馄饨皮100克

调料 盐、味精、油各适量

做法 ①蒜薹洗净去除根部较老的部分，再切成粒。②将蒜薹粒的水分挤干，加盐、味精、油与肉馅拌匀。③取一馄饨皮，内放适量蒜薹馅，再将饨馄皮对折起来。④从两端向中间弯拢后，即可下入沸水中煮熟食用。

适合人群 一般人都可食用，尤其适合儿童食用。

枸杞馄饨

材料 鲜肉馅600克，枸杞50克，馄饨皮100克

调料 盐5克，味精3克

做法 ①枸杞用温水泡开洗净，滤去杂质，加入肉馅、盐、味精拌匀成馅。②取一馄饨皮，中间放入馅料。③对折，捏紧，再折成花形，放入快沸的水中煮熟即可。

适合人群 一般人都可食用，尤其适合男性食用。

专家点评 降低血糖。

蘑菇馄饨

材料 鲜肉馅300克，蘑菇500克

调料 葱10克，盐、味精、油各适量

做法 ①先将蘑菇用水洗净，氽烫后捞起；葱切花。②将已冷却的蘑菇切粒，加入葱花及盐、味精、油与肉馅拌匀。③取一馄饨皮，内放适量蘑菇肉馅，再将馄饨皮对折起来。④从两端向中间弯拢后下入沸水中煮熟即可食用。

适合人群 一般人都可食用，尤其适合老年人食用。

三鲜小馄饨

材料 猪肉、馄饨皮各500克，蛋皮、虾皮、香菜各50克，紫菜25克

调料 盐5克，味精1克，麻油少许，高汤适量

做法 ①猪肉搅碎和盐、味精拌成馅。把馄饨皮擀成薄纸状，包入馅，捏成团即可。②在沸水中下入馄饨，加一次冷水即可，捞起放在碗中。③在碗中放下蛋皮、虾皮、紫菜、香菜末，加入盐、煮沸的高汤，淋上香油即可。

菜肉馄饨汤

材料 油菜120克，猪绞肉300克，馄饨皮、豆腐各100克，芹菜末、榨菜丝

调料 盐2克，米酒6克，油葱酥5克，香油、姜末各3克

做法 ①油菜切碎，与猪绞肉、姜末和盐、米酒混合拌匀成肉馅，包入馄炖皮内。豆腐切小块备用。②高汤放入锅中，加热煮沸，放入馄饨煮至浮起，再加入嫩豆腐块、芹菜末、榨菜丝和油葱酥、香油、白胡椒粉和盐，稍煮即可。

红油馄饨

材料 馄饨皮100克，肉末150克

调料 姜、葱、红油、香菜、盐各适量

做法 ①姜、葱切末，与肉末、盐一起拌成黏稠状。②取肉馅放于馄饨皮中央，将皮对角折叠成三角形，用手捏紧，馅朝上翻卷，两手将饺皮向内压紧，逐个包好。③锅中加水煮开，放入馄饨，用勺轻推馄饨，用大火煮至馄饨浮起时，加入红油即可。

适合人群 一般人都可食用，尤其适合女性食用。

韭黄鸡蛋馄饨

材料 馄饨皮100克，韭黄150克，鸡蛋2个

调料 盐3克

做法 ①韭黄切末；鸡蛋磕入碗中，加入韭黄末、盐搅拌匀，下入锅中炒散制成馅。②取1小勺馅放于馄饨皮中央，用手对折捏紧。③逐个包好，入锅煮熟，加盐调味即可。

适合人群 一般人都可食用，尤其适合儿童食用。

专家点评 提神健脑。

鸡蛋猪肉馄饨

材料 面粉500克，猪肉50克，鸡蛋1个

调料 葱10克，盐5克

做法 ①将面粉加入清水做成馄饨皮。②将猪肉剁成泥，加入盐、鸡蛋做成馅，把盐、葱花放在碗里做成调味料，加入高汤。③最后把馄饨皮包上肉馅，再用开水煮熟，捞入调味料碗里即可。

适合人群 一般人都可食用，尤其适合女性食用。

专家点评 补血养颜。

芹菜牛肉馄饨

材料 馄饨皮、牛肉、芹菜各100克

调料 姜、葱、鲜汤、盐、各适量

做法 ①芹菜、牛肉切末后，在其中放入盐、姜末、葱末，用筷子按顺时针方向拌匀成黏稠状。②取适量肉馅放于馄饨皮中央，用手对折捏紧，逐个包好。③锅中加水煮开，放入生馄饨，大火煮至馄饨浮起时，重复加水煮开，至馄饨再次浮起时即可。

鱼肉雪里蕻馄饨

材料 鱼肉250克，雪里蕻、馄饨皮各100克

调料 盐3克，味精3克，白糖18克，香油10毫升

做法 ①鱼肉洗净剁成末，雪里蕻洗净切碎。将鱼肉、雪里蕻放入碗中，调入盐、味精、白糖、香油拌匀。②将馅料放入馄饨皮中央，取一角向对边折起，呈三角形状，将边缘捏紧即成。③锅中注水烧开，放入包好的馄饨，盖上锅盖煮3分钟即可。

适合人群 一般人都可食用，尤其适合男性食用。

双色馄饨

材料 菠菜250克，胡萝卜1条，馄饨皮300克

调料 盐1小匙，橄榄油适量

做法 ①胡萝卜削皮洗净，切成四半，入沸水中煮至熟软。②将煮熟的胡萝卜捣成泥，加橄榄油和盐和匀制成馅，包成馄饨。③菠菜去根洗净，切段。④锅里加4碗水煮沸，放进馄饨，煮至浮出水面，放入菠菜煮熟，加盐调味即成。

适合人群 一般人都可食用，尤其适合老年人食用。

鱼馄饨

材料 鲜肉馅250克，鱼肉200克，韭菜50克，馄饨皮100克

调料 盐、淀粉各适量

做法 ①鱼肉洗净后切粒，加入盐调味，仔细搅拌均匀。②加入淀粉，顺同一方向搅上劲，与已切粒的韭菜及鲜肉馅拌匀成鱼肉馅。③取一馄饨皮，内放适量鱼肉馅，再将饨馄皮对折起来，从两端向中间弯拢，即可下入沸水中煮熟食用。

干贝馄饨

材料 鲜肉馅500克，干贝50克，馄饨皮100克

调料 姜10克，葱15克，盐、黄酒适量

做法 ①将干贝切粒，加入盐、姜、葱花及黄酒，再与肉馅拌匀。②取一馄饨皮，内放适量干贝馅，再将饨馄皮对折起来。③从两端向中间弯拢后即可下入沸水中煮熟食用。

适合人群 一般人都可食用，尤其适合男性食用。

专家点评 保肝护肾。

淮园馄饨

材料 馄饨皮100克，五花肉末200克，韭黄、冬笋各30克

调料 盐、姜、葱、鲜汤各适量

做法 ①香菜、姜、葱切末；韭黄切段；冬笋切粒。②盐、姜、葱放入肉末内，拌成黏稠状。③馄饨皮取出，取肉馅放于馄饨皮中央，逐个包好。④锅中鲜汤烧开，下韭黄段、冬笋粒煮入味，盛入碗中。锅烧开水，下入馄饨煮开后，反复加水煮开，待馄饨浮起后，捞出盛入汤碗中即成。

酸辣馄饨

材料 馄饨皮100克，肉末200克，香菜3克

调料 盐、红油、醋、姜、葱、蒜、麻油、鲜汤各适量

做法 ①香菜切末，姜、葱、蒜切末，加醋、红油、麻油、盐调成味料，备用。②盐、肉末放入碗内，拌成黏稠状。③将馄饨逐个包好。④净锅烧开水，下入馄饨煮至浮起，捞出盛入有鲜汤的碗中，加入味料拌匀即可。

适合人群 一般人都可食用，尤其适合女性食用。

清汤馄饨

材料 馄饨皮100克，肉末200克，榨菜20克，紫菜、香菜各少许

调料 盐、姜末、葱末、鲜汤各适量

做法 ①肉末、姜末、葱末、盐，倒入碗中，拌成黏稠状。②馄饨皮取出，中央放1小勺肉馅，逐个包好。③紫菜泡发好，锅中鲜汤烧开，加入紫菜、榨菜煮入味，盛入碗中。④净锅烧开水，入馄饨煮熟后捞出，放入盛有榨菜、紫菜的汤碗中，加少许香菜即成。

上海小馄饨

材料 馄饨皮100克，鸡脯肉150克，虾皮50克，榨菜30克

调料 紫菜、葱各少许，盐、味精、香菜、鲜汤各适量

做法 ①鸡脯肉、葱切末，加入虾皮、榨菜、盐、味精调匀，用筷子顺时针拌成黏稠状。②馄饨皮取出，中央放适量鸡脯肉馅，逐个包好。③净锅烧开水，下入馄饨煮熟后，捞出盛入有鲜汤的碗中，再加入香菜、葱即成。

打卤面

材料 面条200克，茄子100克，瘦肉20克

调料 盐5克，味精2克，香油20克

做法 ①茄子洗净切丁；瘦肉切末。②面条入锅中煮熟，捞出焯凉水后，放入碗中。③锅中油烧热，放入肉末炒香，加入茄丁炒熟，放入盐、味精炒匀，盛出放在面上即可。

适合人群 一般人都可食用，尤其适合男性食用。

专家点评 开胃消食。

酸菜肉丝面

材料 碱水面100克，瘦肉50克，酸菜30克，包菜15克，上汤250克，鸡蛋清30克

调料 鸡精5克，盐2克，淀粉3克，姜10克，葱20克

做法 ①瘦肉洗净切细丝，加入淀粉、鸡蛋清、盐调匀；酸菜切丝；姜洗净切丝；葱洗净切花；包菜洗净。②油烧热，放入姜、葱、包菜、酸菜丝炒香，加入上汤，放入肉丝、鸡精制成汤料后盛出。③将面放入锅中煮熟，捞出盛入碗中，淋上汤料即可。

榨菜肉丝面

材料 拉面250克，瘦肉40克，榨菜30克

调料 盐2克，味精1克，香菜、葱、姜各少许，牛骨汤200克

做法 ①香菜、葱、姜均洗净切末；瘦肉、榨菜均洗净切丝。②炒锅置火上，将肉丝下锅滑炒，调入盐、味精，再倒入榨菜炒至熟。③右手提起拉面，下入开水锅中煮至浮起，用筷子捞出，装入盛有牛骨汤的碗中，再将炒好的榨菜肉丝和香菜、葱、姜加入拉面中即可。

雪里蕻肉面

材料 面200克，雪里蕻20克，肉100克

调料 酱油3克，香油5克，香菜10克

做法 ①雪里蕻清洗干净后切成段；肉洗净切丝；香菜洗净切段。②锅内注适量清水，水沸后将面放入焯熟，捞出装入碗内，另一锅注少许油烧热，放入雪里蕻、肉丝炒香盛出。③面碗内注入面汤，将炒好的雪里蕻、肉丝倒在面上，撒上香菜，淋上香油即可。

适合人群 一般人都可食用，尤其适合男性食用。

粉蒸排骨面

材料 碱水面100克，排骨100克，米粉5克，葱20克，上汤250毫升

调料 盐3克，糖2克，料酒1毫升，酱油3毫升，豆瓣酱10克，红油10毫升，醪糟3克，豆腐乳5克

做法 ①排骨洗净剁成小块；葱切细。②将剁好的排骨加入米粉、豆瓣酱、醪糟、料酒、糖拌匀，上蒸笼蒸熟。面煮好，加入盐、酱油、红油上汤、豆腐乳拌匀。③将蒸熟的排骨盖于面上，撒上葱花即可。

鲜虾云吞面

材料 鲜虾云吞100克，面条150克，生菜30克

调料 葱少许，牛骨汤200克

做法 ①将云吞下入开水中煮熟待用；葱切成花。②面条下锅煮熟，捞出倒入鲜牛骨汤中。③面条中加入云吞及葱花、生菜即成。

适合人群 一般人都可食用，尤其适合儿童食用。

专家点评 提神健脑。

鱼皮饺汤面

材料 鱼皮饺100克，面条150克，生菜30克

调料 葱少许，牛骨汤200克

做法 ①将成品鱼皮饺下开水煮熟待用；葱切成花。②面条下锅煮熟，捞出倒入牛骨汤中。③面条中加入鱼皮饺、生菜、葱花即成。

适合人群 一般人都可食用，尤其适合老年人食用。

专家点评 增强免疫力。

炖鸡面

材料 鸡肉、面条各100克，鸡汤料适量

调料 味精2克，盐3克，葱、姜各10克，胡椒粉4克

做法 ①鸡肉洗净剁块；葱洗净切段；姜切末。②锅置火上，放入清水，下入鸡块、胡椒粉、味精、盐、姜末烧开，用小火炖制30分钟，盛碗备用。③将面下锅煮熟，盛入碗中，淋上炖好的鸡汤料，撒上葱段即可。

适合人群 一般人都可食用，尤其适合女性食用。

担担面

材料 碱水面120克，猪肉100克

调料 姜、葱、辣椒油、料酒各10克，盐2克，味精3克，甜面酱、花椒粉各适量，上汤250克

做法 ①将猪肉洗净剁成蓉；姜切成末；葱切成花。②锅置火上，下油烧热，放入碎肉炒熟，再加除上汤、葱花、面条外的全部用料炒至干香，盛碗备用。③将面煮熟，盛入放有上汤的碗内，加入炒好的猪肉，撒上葱花即可。

排骨汤面

材料 面200克，排骨100克，香菜10克

调料 盐3克，鸡精1克，酱油少许，香油5克，八角3克

做法 ①排骨洗净切段；香菜洗净切段。②锅上火，注适量水，待水沸下入面条，煮至熟后捞出沥干水分，装入碗内。③净锅上火，注适量清水，水开后放入排骨，调入盐、鸡精、酱油、八角，煮约10分钟至熟，捞出摆在面上，撒上香菜即可。

红烧排骨面

材料 碱水面120克，排骨100克

调料 盐3克，味精2克，糖1克，红油10克，葱花15克，姜丝5克，蒜片10克，花椒、豆瓣酱、香料各适量，原汤200克

做法 ①排骨洗净，斩成小段，汆水后捞出。②油锅烧热，爆香姜丝、蒜片，加入汆烫过的排骨，调入其余材料炒香至熟后盛出。面汤烧开将面煮熟。③面条捞出装入碗中，放上炒香的排骨料，撒上葱花即可。

红烧牛肉面

材料 碱水面200克，牛肉200克

调料 盐3克，酱油5克，香料、豆瓣酱、香菜、鲜汤各适量，蒜20克，葱花、红油各10克

做法 ①牛肉洗净切块；香菜洗净切段；蒜去皮切片。②锅上火烧开水，牛肉汆烫，油烧热，爆香香料、豆瓣酱、蒜片，加牛肉炒香，调入鲜汤和剩余调料，下面条煮熟。③面条捞出盛入碗中，调入烧好的牛肉原汤，撒上香菜段和葱花即可。

牛肉清汤面

材料 牛肉200克，面条300克

调料 盐2克，葱5克，味精3克，卤水适量

做法 ①将牛肉放入卤水中卤熟；葱切花。②将卤熟后的牛肉块捞出，切成片。③锅中加水烧开，下入面条煮沸，再放入盐、味精，装入碗中，盖上牛肉片，撒上葱花即可。

适合人群 一般人都可食用，尤其适合女性食用。

专家点评 增强免疫力。

尖椒牛肉面

材料 拉面250克，牛肉40克

调料 盐3克，味精2克，青、红椒各40克，香菜、葱各少许，牛骨汤200克

做法 ①香菜、葱均洗净切末；青、红椒均洗净切菱形片。②炒锅置火上，将青、红椒下锅炒香，再倒入牛肉炒匀，加盐、味精，一起炒至熟。锅烧开水，拉面摆入开水锅中。③拉面煮熟后，捞入盛有牛骨汤的碗中，再将炒好的尖椒牛肉和香菜、葱加入拉面中即可。

茯苓家常面

材料 面、胡萝卜块、牛蒡段、小白菜各100克，猪里脊、黑香菇、芹菜段各75克，茯苓10克，栀子5克

调料 盐4克，淀粉8克

做法 ①清水煮沸，胡萝卜、牛蒡、芹菜、黑香菇小火煮30分钟，去渣即为高汤。②小白菜洗净切小段；猪里脊两面抹上淀粉。③面煮熟，盛入碗内。药膳高汤烧开，下小白菜、猪里脊肉片煮熟，捞出放于面上，再倒入高汤和盐即可。

排骨面

材料 面条200克，大排骨5片，青菜250克，红薯粉100克

调料 盐1克，胡椒粉少许，酱油2克，酒5克，葱2根

做法 ①排骨洗净、去筋，两面拍松，用酱油、酒、盐、胡椒粉腌约15分钟后蘸裹红薯粉。②油烧热，将排骨以中火炸至表面金黄后捞出。③面煮熟，青菜亦烫熟捞出，置于碗内。④面碗内加入葱花、高汤，再加上排骨即可。

雪里蕻肉丝面

材料 雪里蕻、面各200克，肉50克，榨菜丝20克

调料 盐、生抽、胡椒粉、干椒、葱花各适量

做法 ①雪里蕻洗净剁成末；干椒洗净切段；肉洗净切丝。②将面稍过水煮熟后捞出，冲凉，装入碗内。锅中烧油，放入雪里蕻、干椒、肉丝、榨菜炒熟，注入面汤煮沸。③面汤中调入盐、生抽、胡椒粉拌匀，倒在面上，撒上葱花即可。

适合人群 一般人都可食用，尤其适合男性食用。

麻辣过桥面

材料 面100克，熟牛肉50克

调料 花椒油50克，红油10克，味精1克，盐2克，酱油、醋各少许，香菜3根，蒜4瓣

做法 ①蒜制成蓉；牛肉切成片；香菜洗净备用。②面条先煮熟，盛入碗内，放入牛肉片，撒上香菜。③取一碗，调入盐、花椒油、红油、味精、酱油、醋、蒜泥拌匀，淋在面上即可。

适合人群 一般人都可食用，尤其适合男性食用。

牛肉烩面

材料 牛肉片100克，海带丝50克，豆腐皮丝10克，面150克，西红柿片15克，香菇4朵

调料 盐3克，味精1克，胡椒粉2克，葱花、香菜段各10克，牛肉汤250克

做法 ①将面煮至七成熟捞出，冲凉，沥干水分。②锅内注入牛肉汤，放入除面外的所有原材料，调入盐、味精、胡椒粉。③最后将面条下入锅内，调味，放入葱、香菜即可。

金牌牛腩汤面

材料 蛋面200克，生菜50克，牛腩100克

调料 盐3克，鸡精2克，香油5克，葱5克

做法 ①先将生菜、葱洗净后，葱切花。②将面焯熟放入碗内，加入面汤；生菜焯水。③将过好水的生菜放置在面上，加入熟牛腩，拌入盐、香油及撒上葱花即可。

适合人群 一般人都可食用，尤其适合女性食用。

专家点评 补血养颜。

爽脆肉丸面

材料 面200克，肉丸100克，生菜50克，韭菜10克，面汤适量

调料 盐3克，鸡精2克，香油5克，葱8克

做法 ①先将生菜、韭菜、葱洗净，韭菜切长段，葱切花备用。②将面、生菜焯熟，放在碗内。肉丸放入面汤内加热1～2分钟，放在面的上面。③拌入盐、香油，加入韭菜、葱花，最后加入烧沸的汤即可。

适合人群 一般人都可食用，尤其适合儿童食用。

猪蹄幼面

材料 幼面、猪蹄各100克，生菜、上汤各适量

调料 盐、糖、老抽、蚝油、鲍汁、红椒、蒜、葱花各适量

做法 ①蒜去皮剁蓉；猪蹄洗净切大块；生菜洗净。②猪蹄先汆水，再放入盐、糖、老抽、蚝油、鲍汁煮8分钟，加入上汤，放入蒜蓉、葱、红椒，焖熟备用。生菜焯水备用。③将面煮熟捞出，沥干水分，装入碗中，加入已备好的原材料，撒上葱花即可。

香菇竹笋清汤面

材料 面条250克，香菇、竹笋、瘦肉各30克

调料 鲜汤40克，红油5克，蒜末、姜、葱、香菜各少许

做法 ①竹笋、香菇、瘦肉切成丝；姜、葱分别切末；姜末、葱末、蒜末、红油调和成味料。②锅置火上，下入竹笋、香菇、瘦肉炒香，加鲜汤煮熟。③锅烧开水，下入面条煮熟，捞出盛入碗中，将香菇、竹笋、瘦肉及调好的味料拌匀即可。

片儿汆面

材料 自制面条120克，猪腿肉片50克，笋片100克，雪里蕻20克

调料 盐、味精、高汤、猪油、麻油各适量

做法 ①面条焯水，冲凉备用。②锅内加入油烧热，炒熟雪里蕻、笋片、肉片，再加少许高汤，略滚，捞出成菜料。③锅内再加入高汤、盐、味精、猪油煮沸后下面条，装碗，盖上菜料，淋上麻油即可。

适合人群 一般人都可食用，尤其适合老年人食用。

真味荞麦面

材料 荞麦面150克，熟牛肉30克，黄豆芽20克，青菜30克，圣女果20克

调料 盐3克，味精2克

做法 ①熟牛肉切片；黄豆芽洗净；青菜洗净；圣女果洗净对切开。②锅中加水烧开，下入黄豆芽、青菜稍焯后捞出。③荞麦面入沸水中煮熟，捞出装入碗中，加入盐、味精及黄豆芽、青菜，摆上牛肉片、圣女果即可。

香菇烧肉面

材料 碱水面、五花肉各200克，干香菇50克，包菜适量，鲜汤200克

调料 盐、白糖、鸡精、胡椒粉、葱、姜各适量

做法 ①五花肉洗净切小块，入沸水中焯烫；香菇浸水泡发切丁；姜洗净切丝；葱洗净切花。②油锅烧热，入白糖炒至浅红色，倒入五花肉炒上色，加鲜汤和香菇、姜丝、包菜及其余用料烧熟。③面入锅中煮熟，盛入碗中，五花肉带汁浇在面上，撒上葱花即可。

虾爆鳝面

材料 自制面条100克，黄鳝1条，虾仁20克

调料 盐5克，蒜头粒、葱段、姜片各适量

做法 ①黄鳝烫至八成熟，去骨（鳝骨加水熬成鳝骨汤）切段，入油锅中炸至结壳捞出；虾仁汆水备用。②锅加油烧热，下蒜头粒、葱段、姜片爆香，加入盐、鳝骨汤煮沸，入黄鳝条，略煮后捞出，汤备用。③黄鳝汤烧沸，下入面条、盐煮沸，装碗，加入鳝段，撒上虾仁即可。

川味鸡杂面

材料 面120克，鸡杂100克，包菜20克

调料 上汤250克，豆瓣酱、淀粉、酱油、盐、泡红椒、泡姜片、葱花各适量

做法 ①鸡杂洗净切片；泡椒切段；包菜洗净切片。②鸡杂均匀裹上淀粉，入油锅中爆炒，加入包菜，调入其余用料制成汤料。面入烧开水的锅中煮熟。③面条捞出盛入装有上汤的碗内，加入烧好的汤料，撒上葱花即可。

川味肥肠面

材料 碱水面、肥肠各200克

调料 酱油、盐、豆瓣酱、味精、姜末、红油辣椒、葱花、鲜汤各适量

做法 ①肥肠洗净汆水，切成滚刀块。②油锅烧热，下肥肠加豆瓣酱、姜末、红油辣椒、酱油、盐、味精炒香，肥肠吐油起泡后加鲜汤烧开备用。③面下锅煮熟，盛入碗中，浇上做好的肥肠料，再撒上葱花即可。

和味牛杂面

材料 生面条150克，牛肚20克，牛膀15克，牛肠10克

调料 牛骨汤300克

做法 ①牛肚、牛膀、牛肠洗净切块，于火上煲1个小时至烂。②下牛骨汤烧开，放入面条煮熟。③面条盛入碗中，盖上烧好的牛杂即可。

适合人群 一般人都可食用，尤其适合男性食用。

专家点评 保肝护肾。

辣汤浆水面

材料 手工面150克，荠菜50克

调料 盐3克，面汤、辣椒酱各适量

做法 ①先将荠菜洗净后，放入开水中焯水，再将荠菜倒在面汤内自然发酵7天，取出切丁。②锅内放水烧热，将面放入锅中焯熟，取出沥干水分，倒入碗内。③锅内放油烧热，放入辣椒酱，再加入荠菜丁炒匀，调入盐，注入汤煮熟，倒在面上即可。

适合人群 一般人都可食用，尤其适合儿童食用。

金牌牛腩捞面

材料 蛋面200克，卤牛腩100克，韭黄10克，生菜50克

调料 盐3克，鸡精2克，熟生油适量

做法 ①先将韭黄、生菜洗净，韭黄切段备用。②将蛋面、生菜、韭黄焯熟放在碟上。③加入熟生油、盐、鸡精，将卤牛腩铺在蛋面上即可。

适合人群 一般人都可食用，尤其适合女性食用。

专家点评 补血养颜。

金牌油鸡面

材料 蛋面200克，油鸡1只，生菜50克

调料 盐3克，鸡精2克，上汤适量，香油、葱各5克

做法 ①先将生菜洗净，将油鸡砍成件。②将面、生菜加盐、鸡精、香油焯熟后放入碗内，加入上汤。③将油鸡放入微波炉，加热30秒后放在面上，撒上葱花即可。

适合人群 一般人都可食用，尤其适合孕产妇食用。

专家点评 增强免疫力。

金牌烧鹅面

材料 蛋面200克，烧鹅100克，生菜100克

调料 盐3克，鸡精2克，上汤适量

做法 ①生菜洗净，烧鹅砍成件备用。②将面、生菜加盐、鸡精焯熟放在碗内，加入上汤。③将烧鹅放入微波炉，加热30秒后放在面上即可。

适合人群 一般人都可食用，尤其适合男性食用。

专家点评 保肝护肾。

岐山臊子面

材料 面150克，豆干、肉各50克

调料 盐3克，料酒、葱花、香菜段、豆瓣酱各8克，辣椒油20克，干椒5个，姜块10克，鲜汤适量

做法 ①干椒洗净切段；豆腐干、肉均洗净切丁。②面煮熟捞出，装入碗内；锅中烧油，加入豆瓣酱，炒上色后加入干椒、豆腐干、肉、姜一起爆炒，加入鲜汤。③锅中放入盐、料酒、辣椒油煮匀定味，倒在面上，撒上香菜、葱花即可。

青蔬油豆腐汤面

材料 全麦拉面88克，小三角油豆腐70克，豌豆苗70克，鲜香菇20克，胡萝卜10克

调料 盐适量，味精少许

做法 ①胡萝卜洗净，去皮，切小块；豌豆苗、鲜香菇、油豆腐等洗净。②将油豆腐、鲜香菇放入水中，开大火熬煮成汤头，待水滚后放入全麦拉面。③待面条煮熟后再加入胡萝卜、豌豆苗煮至熟，再加入盐、味精调味。

雪里蕻榨菜肉丝面

材料 面150克，雪里蕻50克，干椒3只，白菜2根，肉50克，榨菜30克

调料 盐3克，醋少许，味精1克，胡椒粉2克

做法 ①雪里蕻洗净切成段；肉洗净切丝；榨菜洗净切丝；干椒洗净切段；白菜洗净备用。②面煮熟放入碗内。锅中放油烧热，放入雪里蕻、干椒、白菜、肉丝、榨菜清炒。③锅中加盐、味精、胡椒粉，注入清汤，将味调匀，烧开后倒在面上，淋少许醋即可。

砂锅鱼头面

材料 鱼头1个，面100克

调料 盐2克，味精1克，胡椒粉1克，鲜汤150克，葱1根，姜1块

做法 ①将葱洗净切花；姜切片；鱼头洗净，备用。②将面焯水，煮熟捞出。再将锅内入油，加入葱、姜爆香，放入鱼头，调入盐后略炒。③再注入鲜汤，放入盐、味精、胡椒粉定味，倒在面上，撒上葱花即可。

适合人群 一般人都可食用，尤其适合老年人食用。

三鲜面

材料 火腿肠2根，黄瓜半根，面200克，香菇4个，肉50克

调料 盐、胡椒粉、香油、葱、香菜各适量

做法 ①将火腿肠、黄瓜切斜片；肉切片；香菇、香菜洗净；葱切花，备用。②将面煮熟，放入碗内。锅中加油烧热，放入肉片炒熟，加入鲜汤，放入香菇、火腿、黄瓜。③调入盐、胡椒粉、葱花，淋入香油定味，倒入面条上，撒上香菜即可。

酸汤面

材料 紫菜15克，火腿肠1根，萝卜干3根，面200克

调料 盐2克，香油8克，味精1克，醋3克，葱1根，香菜2根，面汤150克

做法 ①火腿肠切长条；紫菜泡在水中洗净；葱洗净切花；香菜洗净切末；萝卜干切末。②锅中下面煮熟捞出。面汤烧热，放入紫菜、火腿肠、萝卜干末。③将盐、醋、味精放入锅内拌匀，放入面条，淋上香油，起锅即可。

辣鸡肉面

材料 面200克，鸡肉、青菜各100克

调料 酱油少许，香菜10克，盐3克，香油5克

做法 ①鸡肉洗净切块；青菜洗净；香菜洗净切段。②锅置旺火上，放适量清水，水开后放入面，至熟捞出放入碗内。鸡块、青菜倒入另一烧热油的锅内，加入盐、酱油翻炒均匀后盛出。③炒好的鸡块、青菜摆在面上，撒上香菜，倒入面汤，淋上香油即可。

二味面

材料 面200克，木耳20克，西红柿1个，鸡蛋1个

调料 油15克，酱油少许，盐2克，香菜10克，炸酱适量

做法 ①木耳洗净切块；西红柿洗净切片；香菜洗净切段；鸡蛋打入碗内调入少许盐搅拌均匀。②锅内放油烧热，放入蛋液稍炒，再放入西红柿、木耳，调盐、酱油，和蛋翻炒至熟后起锅。③面煮熟后捞出入碗，注入面汤，放入炒好的蛋、西红柿、木耳，撒上香菜，拌入炸酱即可。

乌冬肉丸面

材料 乌冬面100克，鱼3条，肉丸4个，生菜1根

调料 盐3克，糖少许，鸡精2克，淀粉10克，上汤200克，红椒1个，葱花8克

做法 ①红椒洗净去蒂、去籽、切碎；鱼洗净。②鱼身裹上淀粉，加盐、鸡精、料酒腌渍。油锅烧热，入鱼炸至两面金黄。肉丸、生菜入沸水焯熟。③将面煮熟捞出，沥干水分，装入碗内，放入所有备好的材料，注入上汤，调入少许糖即可。

臊子面

材料 面200克，猪肉100克，萝卜50克，青菜80克

调料 盐2克，香油5克，香菜10克

做法 ①萝卜洗净切片；猪肉洗净切丁；香菜洗净切段；青菜洗净备用。②锅上火，注适量水，水开后下入面，焯熟后起锅盛入碗内。③将萝卜、猪肉、青菜放入烧开水的锅内焯一下取出，摆在盛面的碗里，调入盐，放入香菜，淋上香油即可。

适合人群 一般人都可食用，尤其适合女性食用。

鲜笋面

材料 魔芋面条200克，茭白100克，玉米笋100克，花菜30克，白芝麻5克

调料 盐2克，鲍鱼风味酱油5克，高汤适量

做法 ①茭白洗净切片，玉米笋洗净切对半，花菜洗净，所有材料焯烫熟。②魔芋面条放入开水中焯烫去味，捞出放入面碗内，加入茭白、玉米笋、花菜及剩余用料。③高汤加热煮沸，倒入面碗中即可食用。

清炖牛肉面

材料 牛腩70克，面条240克，小白菜25克

调料 盐少许，葱1根，姜1片

做法 ①牛腩洗净切块，汆烫后捞出备用；葱洗净切段；小白菜洗净切段；姜洗净切片。②将烫过的牛腩、葱段、姜片放入滚水锅中，以小火焖煮约1小时至烂，加盐调味。③面条煮熟，捞出盛碗；小白菜烫熟，捞出盛入碗中，再加入牛肉及汤汁即可食用。

适合人群 一般人都可食用，尤其适合孕产妇食用。

西红柿秋葵面

材料 面条90克，西红柿、秋葵各100克，火腿60克

调料 盐2克，香油2克，胡椒粉1克，高汤300克

做法 ①西红柿去蒂头洗净切片；秋葵去蒂头洗净切开；火腿肉切丝。②面条煮熟后放在碗中，加入盐、胡椒粉。③高汤放入锅中加热，加入西红柿、秋葵煮熟，倒入面碗中，搭配火腿丝，淋上香油。

蔬菜面

材料 蔬菜面80克，胡萝卜40克，猪后腿肉35克，蛋1个

调料 盐、高汤各适量

做法 ①将猪后腿肉洗净，加盐稍腌，再入开水中烫熟，切片备用。②胡萝卜洗净削皮切丝，与蔬菜面一起放入高汤中煮开，再将鸡蛋打入，调入盐后放入切片后腿肉即可。

适合人群 一般人都可食用，尤其适合女性食用。

鸡肉手擀面

材料 鸡肉75克，手擀面150克，酸菜20克

调料 盐5克，鸡精2克，葱15克，香油10克，胡椒粉2克，上汤400克

做法 ①鸡肉洗净切条；葱洗净切花；酸菜洗净切丝。②锅中注油烧热，放入鸡肉、酸菜丝炒熟，调入盐、鸡精、胡椒粉、上汤煮入味。③锅中水烧开，放入手擀面，用筷子搅散，大火煮熟；用漏勺捞出，沥干水分后放入盛有上汤的碗中，撒上葱花，淋上香油即可。

红烧牛腩面

材料 拉面250克，牛腩50克

调料 盐3克，味精2克，香菜、姜、葱各少许，牛骨汤200克

做法 ①香菜、葱、姜均洗净切末；牛腩洗净切丁。②炒锅置火上，将姜末下锅炒香，加入牛腩炒至熟，再调入盐、味精炒匀。锅中水烧开，右手提起拉面，轻轻向前摆入开水锅中。③待拉面煮熟，捞入盛有牛骨汤的碗中，再将炒香的牛腩、香菜、葱加入拉面中即可。

生菜鸡丝面

材料 生菜50克，鸡肉20克，龙须面50克

调料 盐、味精各少许

做法 ①生菜洗净后切成末。②将鸡肉煮熟，用手撕成细丝，并切成1厘米长的小段。③将所有材料混合后煮熟即可。

适合人群 一般人都可食用，尤其适合女性食用。

专家点评 补血养颜。

什锦面

材料 油面200克，鱼板3片，虾2只，蛤蜊5个，肉片2片，香菇2片，青菜2棵

调料 盐2克，柴鱼味精3克，高汤1500克

做法 ①虾去泥肠洗净；蛤蜊泡水吐沙；香菇泡软对切成半备用。②将高汤、盐、柴鱼味精烧开，放入油面、肉片、鱼、虾、蛤蜊、香菇，待汤汁滚时将汤上浮沫除去，再撒上青菜段即可。

适合人群 一般人都可食用，尤其适合儿童食用。

手工臊子揪面片

材料 面片150克，胡萝卜1个，土豆1个，青菜2根，肉50克

调料 盐2克，味精1克，葱花8克

做法 ①胡萝卜、土豆均去皮洗净切丁；肉洗净切丁。②锅中加水烧开，下面片煮熟；把胡萝卜、土豆、肉、青菜炒熟，放入碗内。③锅内留少许油，放入臊子炒熟，调入盐、味精，注入清汤，淋在面片上，撒上葱花即可。

豌豆肥肠面

材料 面200克，肥肠100克，豌豆50克

调料 盐5克，味精2克，红油8克，蒜蓉5克，葱15克，姜10克，上汤适量

做法 ①肥肠洗净切块；豌豆洗净；葱洗净切花；姜洗净切末。②豌豆、肥肠入锅煮熟；葱花、姜末、蒜蓉、盐、味精放入碗中，加入上汤。③锅中注水烧开，放入面煮熟，捞出放入汤碗中，加入肥肠、豌豆，调入红油即可。

红烧牛筋面

材料 面条250克，牛筋500克，小白菜150克

调料 盐1克，香油少许，葱2根，蒜10瓣，姜1小块，酱油5克，酒2克，牛肉汤汁适量

做法 ①葱洗净切末；小白菜切段焯烫；姜洗净切片。②牛筋切大块，加水、大蒜、酱油、酒、盐、姜烧开后，转小火续焖煮至牛筋软烂。③面先煮熟，置于碗内，加入牛筋、牛肉汤汁、小白菜、葱末、香油即可。

火腿鸡丝面

材料 阳春面250克，鸡肉200克，火腿4片，韭菜花200克

调料 酱油、淀粉、柴鱼粉、盐、高汤各适量

做法 ①火腿切丝；韭菜花洗净切段。②鸡肉切丝，加酱油、淀粉腌10分钟。③起油锅，放入韭菜花稍炒后，再加火腿拌炒，加柴鱼粉、盐一起炒好。④高汤烧开，将面条煮熟，再加入炒好的材料即可。

适合人群 一般人都可食用，尤其适合女性食用。

虾仁打卤面

材料 面条90克，蛋1个，五花肉片、香菇片、虾仁、木耳片、大白菜、胡萝卜丝各适量

调料 酱油、淀粉、盐、醋、葱段、高汤各适量

做法 ①大白菜洗净切段；虾仁洗净，用盐抓洗、沥干；肉片以酱油、淀粉腌5分钟；面条煮熟备用。②起油锅，下香菇、葱、肉片、木耳、胡萝卜炒香，加大白菜、虾仁、高汤及酱油、盐、醋烧开后倒入淀粉勾芡，淋下蛋汁至凝固，加面条即可。

叉烧面

材料 面条、叉烧各200克，鱼板半块，青菜适量

调料 香油、酱油各适量，盐、胡椒粉各少许，葱2根，高汤300克

做法 ①叉烧、鱼板切片；青菜洗净切段；葱洗净切末。②面先煮熟，青菜、鱼板汆烫一下。③碗内放入葱花、酱油、盐、高汤，再放入面条、青菜、鱼板，续摆叉烧，加入胡椒粉，淋上香油即可。

适合人群 一般人都可食用，尤其适合儿童食用。

锅烧面

材料 乌龙面250克，五花肉片、虾、鱼板、香菇、蛋、高汤、青菜各适量

调料 酱油10克，淀粉5克，鸡精3克，盐少许，胡椒粉2克，香油、葱末各适量

做法 ①香菇泡软洗净切丝；鱼板切片；肉片以酱油、淀粉腌约10分钟；虾治净；青菜、鱼板汆烫。②另用小锅水煮蛋包。③高汤煮开，放乌龙面、肉片、鱼板、虾、香菇丝煮熟，加剩余用料，放入蛋包，撒上葱末。

三鲜烩面

材料 面条250克，虾仁200克，海参 1 条，肉片150克，香菇 4 朵，青菜适量

调料 酱油、淀粉、盐、葱、姜、高汤各适量

做法 ①香菇泡发洗净切片；葱洗净切段；青菜洗净；肉片加酱油、淀粉腌渍；虾治净，再拌少许淀粉；海参治净，加葱、姜、水煮约 5 分钟；面条煮熟捞出。②起油锅，放入香菇、肉片、青菜、葱、海参拌炒，加虾仁、高汤及酱油、盐煮开，再加上面条即可。

鸡丝菠汁面

材料 鸡肉75克，韭黄50克，菠汁面150克

调料 盐3克，味精2克，香油少许，胡椒粉1克，上汤400克

做法 ①鸡肉洗净切丝；韭黄洗净切段。②锅中注油烧热，放入鸡肉丝，调入盐、味精、胡椒粉、上汤煮入味，盛入碗中。③锅中水烧开，放入菠汁面，用筷子搅散，煮熟，用漏勺捞出，沥干水分后放入盛有上汤的碗中，撒上韭黄，淋上香油即可。

香菇西红柿面

材料 香菇、西红柿各30克，切面100克

调料 盐少许

做法 ①将香菇洗净，切成小丁，放入清水中浸泡5分钟。②将西红柿洗净，切成小块。③将香菇、西红柿和切面一起煮熟，加盐调味即可。

适合人群 一般人都可食用，尤其适合老年人食用。

专家点评 开胃消食。

什锦菠菜面

材料 菠菜面80克，虾仁40克，旗鱼40克，鸡肉40克，青菜30克，胡萝卜10克

调料 盐1克，酱油2克，奶油4克

做法 ①胡萝卜去皮切丝；青菜洗净，切小段。②鸡肉、旗鱼洗净，切薄片状；虾仁洗净沥干备用。③锅内加水煮滚，放入面条煮熟，再加入所有食材煮滚即可。

适合人群 一般人都可食用，尤其适合男性食用。

西红柿猪肝菠菜面

材料 鸡蛋面120克，西红柿1个，菠菜25克，猪肝60克

调料 盐5克，胡椒粉3克

做法 ①猪肝洗净切成小片；菠菜洗净；西红柿洗净切成小片。②锅中加油烧热，下入猪肝、菠菜，炒熟盛出。③锅中加水烧开，下入面条，待面条熟后，再下入炒好的猪肝、菠菜，放入西红柿调味即可。

适合人群 一般人都可食用，尤其适合男性食用。

卤猪肝龙须面

材料 卤猪肝200克，龙须面100克

调料 盐4克，鸡精5克，香油8克，胡椒粉2克，上汤400克，花椒八角油少许，葱20克

做法 ①葱择洗净切花；上汤煮开，调入盐、鸡精、胡椒粉、花椒八角油，盛入碗中。②锅中注水烧开，放入龙须面，盖上锅盖煮开，用筷子将面条搅散，熟后捞出沥干水分，放入盛有上汤的碗中。③撒上葱花，摆上卤猪肝，淋上香油即可。

香葱牛肚龙须面

材料 牛肚150克，龙须面100克

调料 盐4克，鸡精3克，胡椒粉2克，上汤400克，香油10克，葱20克

做法 ①葱洗净切花；牛肚治净切块；上汤煮开，调入盐、鸡精、胡椒粉，盛入碗中。②锅中注水烧开，放入龙须面，盖上锅盖煮开，用筷子将面条搅散。③捞出沥干水分，放入盛有上汤的碗中，撒上葱花，摆上牛肚，淋入香油即可。

卤猪蹄龙须面

材料 卤猪蹄200克，龙须面100克

调料 盐4克，鸡精2克，胡椒粉2克，上汤400克，香油10克，葱20克

做法 ①葱择洗净切花；上汤煮开，调入盐、鸡精、胡椒粉，盛入碗中；猪蹄改刀。②锅中注水烧开，放入龙须面，盖上锅盖煮开，用筷子将面条搅散，捞出沥干水分，放入盛有上汤的碗中。③撒上葱花，摆上猪蹄，淋上香油即可。

上汤鸡丝蛋面

材料 鸡肉75克，韭黄50克，蛋面150克

调料 盐3克，味精2克，香油少许，胡椒粉1克，上汤400克

做法 ①鸡肉洗净切丝，韭黄洗净切段。②锅中注油烧热，放入鸡肉丝，调入盐、味精、胡椒粉、上汤煮入味，盛入碗中。③锅中水烧开，放入蛋面煮熟，用漏勺捞出，沥干水分，放入盛有上汤的碗中，撒上韭黄，淋上香油即可。

烤鸭蛋面

材料 烤鸭腿1个，蛋面150克

调料 盐4克，味精2克，蚝油15克，上汤400克，葱10克

做法 1 鸭腿切块，葱择洗净切花；上汤煮开，调入盐、味精、蚝油，盛入碗中。2 锅中水烧开，放入蛋面，用筷子搅散。3 将蛋面煮熟，用漏勺捞出，沥干水分后放入盛有上汤的碗中，撒上葱花，摆上烤鸭腿即可。

卤鸭翅蛋面

材料 卤鸭翅3个，蛋面150克

调料 盐4克，葱10克，味精2克，生抽10克，上汤400克

做法 1 将卤鸭翅切成两半；葱择洗净切斜段；上汤煮开，调入盐、味精、生抽，盛入碗中。2 锅中水烧开，放入蛋面煮熟，用漏勺捞出。3 沥干水分后放入盛有上汤的碗中，摆上卤鸭翅，撒上葱段即可。

适合人群 一般人都可食用，尤其适合老年人食用。

叉烧韭黄蛋面

材料 叉烧150克，韭黄50克，蛋面150克

调料 盐4克，味精2克，上汤400克

做法 1 叉烧切片；韭黄洗净切段；上汤煮开，调入盐、味精，撒上韭黄，盛在碗中。2 锅中水烧开，放入蛋面，用筷子搅散。3 将蛋面煮熟，用漏勺捞出，沥干水分后放入盛有上汤的碗中，摆上叉烧即可。

适合人群 一般人都可食用，尤其适合孕产妇食用。

专家点评 增强免疫力。

西红柿蛋面

材料 拉面250克，西红柿40克，鸡蛋1个

调料 盐3克，味精2克，香菜、葱各少许，牛骨汤200克

做法 1 香菜、葱均洗净切末；西红柿洗净切丁；鸡蛋打入碗中，加少许盐、味精搅拌匀。2 炒锅置火上，将鸡蛋下锅滑炒，再倒入西红柿，加入盐、味精一起炒至熟。3 拉面入锅煮熟，装入盛有牛骨汤的碗中，将炒好的西红柿、鸡蛋、香菜、葱加入拉面中。

卤猪肚冷面

材料 卤猪肚50克，冷面150克

调料 盐4克，鸡精2克，葱20克，香油10克，胡椒粉2克，上汤400克

做法 ①卤猪肚斩件；葱洗净切花；上汤煮开，调入盐、鸡精、胡椒粉，盛入碗中。②锅中注水烧开，放入冷面，用筷子搅散，煮熟后捞出，沥干水分后放入盛有上汤的碗中。③摆上卤猪肚，撒上葱花，淋入香油即可。

白切鸡冷面

材料 白切鸡腿1个，冷面150克

调料 盐4克，葱20克，鸡精2克，香油10克，胡椒粉2克，上汤400克

做法 ①白切鸡斩件；葱洗净切花；上汤煮开，调入盐、鸡精、胡椒粉，盛入碗中。②锅中注水烧开，放入冷面，用筷子搅散，煮熟后捞出，沥干水分后放入盛有上汤的碗中。③摆上白切鸡，撒上葱花，淋上香油即可。

上汤鸡丝冷面

材料 鸡肉75克，韭黄50克，冷面150克

调料 盐3克，味精2克，香油少许，胡椒粉1克，淀粉10克，上汤400克

做法 ①鸡肉洗净切丝；韭黄洗净切段。②油锅烧热，放入鸡肉丝，调入盐、味精、胡椒粉、上汤烧入味，放入韭黄，用淀粉勾薄芡，盛入碗中。③锅中水烧开，放冷面煮熟，用漏勺捞出，沥干水分后放入盛有鸡丝的碗中，淋上香油即可。

卤鸭掌冷面

材料 卤鸭掌3个，冷面150克

调料 盐4克，味精2克，葱20克，香油10克，胡椒粉2克，香菜末10克，上汤400克

做法 ①卤鸭掌去趾甲；葱洗净切花；上汤煮开，调入盐、味精、胡椒粉，盛入碗中。②锅中注水烧开，放入冷面，用筷子搅散，煮熟后捞出，沥干水分后放入盛有上汤的碗中。③撒上葱花、香菜末，摆上鸭掌，淋上香油即可。

肉羹面线

材料 鸡丝面1包，猪里脊肉50克，豌豆苗少许

调料 酱油5克，蒜泥4克，葱头末、五香粉、淀粉各少许，高汤200克

做法 ①里脊肉切小薄片，用酱油、蒜泥、五香粉腌渍约30分钟。②取出肉片蘸裹淀粉，鸡丝面剪段。③将高汤煮滚，放入肉片煮至熟软，加入鸡丝面、豌豆苗与葱头末煮熟即可。

适合人群 一般人都可食用，尤其适合老年人食用。

鲑鱼面线

材料 鲑鱼50克，面线30克

调料 鲜鱼汤200克

做法 ①鲑鱼洗净，用滚水汆汤至熟，取出后用筷子剥成小片，并将鱼刺去除干净；面线用剪刀剪成段状，备用。②将鲜鱼汤放入锅中加热，再放入鲑鱼煮滚。③将面线放入滤网中，用水冲洗后放入锅中，等面线煮熟后即完成。

适合人群 一般人都可食用，尤其适合老年人食用。

当归面线

材料 面线300克，当归2片，枸杞少许，黄花菜10克，青菜2棵

调料 高汤500克

做法 ①黄花菜洗净打结；高汤内放入当归煮一下。②将水煮开后，加入面线煮约5分钟后，将面线捞起。③再把煮好的面线及枸杞、青菜、黄花菜放入高汤即成。

适合人群 一般人都可食用。

菠菜牛肉面线

材料 菠菜1根，牛肉丝30克，面线30克

调料 大骨汤200克

做法 ①菠菜洗净后切末；牛肉丝切小段；面线用剪刀剪成段状备用。②将大骨汤放入锅中加热，再放入牛肉丝、菠菜一起煮熟。③将面线放入滤网中，用水冲洗后放入锅中，等面线煮熟后即可。

适合人群 一般人都可食用，尤其适合男性食用。

专家点评 增强免疫力。

红凤菜素面线

材料 面线70克，红凤菜120克，素面肠35克

调料 盐3克，米酒、嫩姜丝各10克，高汤适量

做法 ①素面肠入清水中浸泡至软化，取出挤干水分，切小块；红凤菜洗净，撕成小段。②高汤入锅加热，放入面线煮沸，加入红凤菜和素面肠再次煮沸，放入米酒、嫩姜丝和盐拌匀即可。

鸡肉西蓝花面线

材料 鸡胸肉30克，西兰花20克，面线30克

调料 鸡骨汤200克

做法 ①西蓝花洗净切成段；鸡胸肉洗净切小片；面线用剪刀剪成段。②将鸡骨汤放入锅中加热，再放入西蓝花、鸡肉一起熬煮至熟软。③将面线放入滤网中，用水冲洗后放入锅中，等面线煮熟后即完成。

适合人群 一般人都可食用，尤其适合女性食用。

专家点评 排毒瘦身。

九层塔面线

材料 九层塔茎100克，排骨240克，面线160克

调料 盐少许，排骨汤适量

做法 ①九层塔茎洗净，改成段状；排骨洗净汆烫去血水，沥干。②锅内加水至八成满，放入九层塔茎与排骨，以慢火炖1小时，捞出九层塔茎。③另将面线煮熟，再倒入排骨汤即可。

适合人群 一般人都可食用，尤其适合儿童食用。

专家点评 增强免疫力。

小鱼丝瓜面线

材料 银鱼10克，丝瓜30克，面线50克

调料 大骨汤200克

做法 ①丝瓜去皮后切细丝；面线用剪刀剪成段。②将大骨汤放入锅中加热，再放入银鱼、丝瓜煮滚。③将面线放入滤网中，用水冲洗后放入锅中，等面线煮熟后即完成。

适合人群 一般人都可食用，尤其适合食用。

专家点评 排毒瘦身。

猪蹄面线

材料 猪蹄1个，面线100克，青菜30克

调料 酱油、胡椒粉、葱、姜、高汤、料酒各适量

做法 ①猪蹄治净，放入加了葱、姜、料酒的沸水中汆烫，捞出备用。②锅中加油烧热，爆香葱段和姜片，加入猪脚翻炒数下，再加酱油、料酒、胡椒粉、水，大火煮滚后转小火熬约1小时即可熄火。③烧开半锅水，将面线煮熟捞至碗内，加入煮好的高汤、猪脚，并烫些青菜加在里面即可。

蚝仔大肠面线

材料 红面线250克，蚝、熟大肠各100克，虾米、熟笋丝各15克，红薯粉5克

调料 盐、酱油、糖、水淀粉、乌醋、蒜末、高汤各适量

做法 ①起油锅爆香蒜末、虾米续加笋丝拌炒，倒入高汤及大肠、酱油、糖、水淀粉煮开；面线焯烫捞出。②蚝用盐轻轻抓洗，冲净杂质，沥水，蘸上红薯粉，投入备好的汤中烧沸，再将面线下入煮熟，最后再以水淀粉勾芡，食用时加醋即可。

刀削面

材料 牛肉100克，刀削面200克

调料 盐3克，味精1克，生抽5克，豆瓣酱10克，香菜3根

做法 ①牛肉洗净切块；香菜洗净切段备用。②将面煮熟，放入碗内；锅中放少许油，将牛肉炒熟，放入豆瓣酱、生抽炒上色。③将锅中再放入盐、味精，和牛肉炒匀，倒在面上，撒上香菜即可。

适合人群 一般人都可食用，尤其适合男性食用。

炸酱刀削面

材料 猪肉100克，刀削面100克

调料 甜面酱、干黄酱各适量，花椒粉、胡椒粉、盐2克，味精2克，牛肉汤50克

做法 ①猪肉洗净剁成肉末。②油下锅，当油温达至180℃时，放入干黄酱、甜面酱炒出味，再放肉末炒熟，加花椒粉、胡椒粉、盐、味精，制成炸酱。③刀削面过水煮熟捞出，加炸酱和汤即成。

适合人群 一般人都可食用，尤其适合男性食用。

牛肉拉面

材料 拉面200克，牛肉100克，胡萝卜10克，白萝卜10克

调料 盐3克，味精2克，香油5克

做法 ①胡萝卜、白萝卜均切成丁；牛肉切成丁状后，放进开水锅内汆熟，捞出备用。②锅上火，加水烧开后放入面，焯熟捞出装入碗内。③把焯熟的牛肉及胡萝卜、白萝卜摆在面上，调入盐、味精拌匀，淋上香油即可。

适合人群 一般人都可食用，尤其适合女性食用。

兰州拉面

材料 拉面200克，熟牛肉50克

调料 香菜4根，上汤200克

做法 ①将牛肉切片；香菜洗净，备用。②锅中烧水，水开将面煮熟，捞出沥干水分，盛入碗内，将牛肉放在面条上。③面碗内注入调制好的上汤，撒上香菜，即可食用。

适合人群 一般人都可食用，尤其适合儿童食用。

专家点评 开胃消食。

真味臊子拉面

材料 拉面500克，瘦肉、胡萝卜、土豆、香干丁、干木耳、菜心、豆角、火腿各适量

调料 红油15克，盐、味精各3克，牛骨汤适量

做法 ①瘦肉洗净切丁；胡萝卜、土豆均去皮洗净切丁；木耳泡发；菜心、长豆角洗净焯水；火腿切片。②油烧热，上述备好的材料炒香，调盐、味精炒成臊子。③面入开水锅中煮熟，捞出放入碗中，倒入烧开的牛骨汤，放上臊子、菜心、豆角，淋上红油。

猪蹄拉面

材料 拉面450克，猪蹄200克，菜心20克，圣女果20克

调料 盐3克，味精2克，牛骨汤600克，卤汁适量

做法 ①猪蹄治净，斩块；圣女果洗净对剖；菜心洗净入沸水中焯熟。②卤汁倒锅中烧开，放猪蹄卤制熟；牛骨汤入锅烧开。③拉面入开水锅中煮熟，捞出，装入碗中，调入盐、味精，倒入牛骨汤，放上猪蹄、圣女果、菜心即可。

真味招牌拉面

材料 拉面100克，熟牛肉、萝卜、圣女果各适量

调料 盐2克，味精3克，红油20克，香菜5克，牛骨汤500克，蒜苗10克

做法 ①熟牛肉切丁；萝卜洗净切片；蒜苗、香菜均洗净切末；圣女果洗净对剖开。②锅中加水烧开，放入萝卜片焯熟后捞出；牛骨汤煮开。③拉面入沸水中煮熟捞出，倒入牛骨汤，调入盐、味精，放上备好的材料，淋上红油即可。

红烧肉兰州拉面

材料 面粉150克，猪肉100克，生菜10克

调料 盐2克，拉面剂15克，味精3克，白糖3克，食用油10克，香料少许，辣椒丝5克

做法 ①面粉加盐及拉面剂揉成面团，用手揉成条状，制成拉面；生菜焯水。②猪肉洗净切成丁状，下油锅和调味料一起烧好成红烧肉。③拉面加水于锅中煮5分钟，加入红烧肉、生菜即成。

适合人群 一般人都可食用，尤其适合老年人食用。

香辣鱿鱼拉面

材料 青椒和红椒各1个，鱿鱼须1根，生菜1根，面100克

调料 盐、糖、酱油、红油、葱、上汤各适量

做法 ①将青椒和红椒洗净去蒂、去籽后切成小粒；生菜洗净；鱿鱼须洗净。②锅中放油烧热，放入鱿鱼过油，将青椒、红椒、酱油、红油、盐、糖一起放入，炒香备用。③将面煮熟捞出沥干水分，盛入碗内，放入炒好的原材料，注入上汤即可。

雪里蕻烧鹅丝拉面

材料 雪里蕻15克，烧鹅丝60克，拉面150克，青菜50克

调料 盐2克，糖8克，辣椒粉10克，淀粉3克，葱花5克，鸡汤100克

做法 ①将辣椒粉放入碗中做底料，青菜焯熟后沥水。②拉面放入已烧有鸡汤的锅中煮熟，捞出后放碗中。③雪里蕻、烧鹅丝入盐水中煮熟，倒入鸡汤，用淀粉勾芡，放入盐、糖，倒在面上，撒上葱花，围上青菜即可。

魔女酸辣面

材料 面110克，葱1棵，玉米25克，鲜笋25克，叉烧20克，卤蛋半个，豆芽20克

调料 魔女酱35克、酸辣酱25克、白醋50毫升、豆瓣酱100克、鸡精5克

做法 ①笋去皮洗净；叉烧切片；葱洗净切花。②锅中加水烧开，放入笋、豆芽、玉米烫熟；面煮熟，盛出装入碗内。③面汤中放入魔女酱、酸辣酱、白醋、豆瓣酱、鸡精后，烧开，加入玉米、鲜笋、叉烧、豆芽、卤蛋，倒在面碗中食用。

鱼片肥牛拉面

材料 拉面150克，鱼4块，肥牛3块，生菜1棵

调料 盐2克，鸡精2克，葱1根，蒜3瓣，上汤250克

做法 ①鱼洗净切薄片；生菜洗净；肥牛切片；葱洗净切花；大蒜去皮洗净剁蓉。②鱼片、肥牛放入盐、鸡精腌渍；锅中注水烧热，放入鱼片、肥牛烫熟备用。③将面煮熟捞出盛入碗内，放上鱼片、肥牛、蒜蓉、生菜，注入上汤，撒上葱花即可。

适合人群 一般人都可食用，尤其适合老年人食用。

吉列猪扒面

材料 面110克，豆芽、包菜各20克，木耳25克，熟鸭蛋半个，熟猪扒80克，葱、调味油各适量

调料 中华调味粉、盐、沙律酱、白汤各适量

做法 ①包菜洗净切块；木耳泡发洗净切丝；葱洗净切花；猪扒切开五刀，放上沙律酱。②水烧开，面煮熟，盛碗，调入调味粉、调味油、盐。③将已烧开的白汤注入碗中拌匀，放上焯熟的木耳、豆芽、包菜，撒上葱花，放上熟猪扒、咸鸭蛋即可。

肥牛拉面

材料 拉面100克，豆芽20克，包菜30克，木耳丝25克，肥牛40克，玉米20克

调料 盐5克，味精2克，咖喱粉8克，葱花6克，面汤400克

做法 ①包菜洗净切块；肥牛切小薄片。②锅中加水烧开，放面煮熟，捞出沥水，放入碗内。③面汤中加入豆芽、包菜、木耳、肥牛、玉米一起煮熟，再调入盐、味精、咖喱粉拌匀，倒入面中，撒上葱花即可食用。

香葱腊肉面

材料 面150克，腊肉40克，豆芽、包菜各20克，木耳丝25克，卤蛋半个

调料 盐、生抽、香葱、咖喱粉、辣椒油各适量

做法 ①包菜洗净切块；腊肉洗净剁末；葱洗净切花。②锅中放油烧热，放入腊肉，加入辣椒油、盐、生抽一起爆炒，至熟盛出。③锅中加水烧开，放入面煮熟，加入焯烫过的豆芽、包菜、木耳，调入咖喱粉拌匀后，放入腊肉、卤蛋，撒上葱花即可。

火腿丸子面

材料 面100克，火腿条15克，肉丸子5个，包菜20克，卤蛋半个，金针菇50克

调料 盐水、葱、中华调味粉、白汤各适量

做法 ①包菜洗净切块；葱洗净切花；金针菇洗净备用。②锅中放油烧热，放入肉丸子炸至金黄色；面入沸水中煮熟，盛入碗中，盖上火腿、卤蛋、包菜、金针菇、肉丸。③白汤烧沸，调入调味粉、盐水，搅匀倒入面碗内，撒上葱花即可。

卤肉面

材料 面、五花肉各100克，包菜片20克，豆芽25克，玉米30克，卤蛋半个

调料 调味油、白汤、中华调味粉、料酒、盐、葱、酱油、八角、葱花各适量

做法 ①包菜片、豆芽、玉米均洗净焯水；五花肉洗净切块。②锅中放水烧开，放五花肉，调入盐、酱油、八角、料酒卤入味后取出；把面煮熟。③锅中白汤烧开，调入油、调味粉搅匀，倒在面碗中，加入面，铺上包菜、豆芽、玉米、卤蛋和五花肉即可。

笋尖拉面

材料 拉面120克，叉烧100块，包菜50克，玉米笋3根，金针菇50克

调料 盐、糖、鸡精、花生酱、葱、上汤各适量

做法 ①包菜洗净切成块状；叉烧洗净切成薄片；金针菇洗净；葱洗净切花。②金针菇、包菜、叉烧、玉米笋入开水中焯熟备用。③将面放入锅中煮熟，捞出沥干水分，盛入碗内，再将所有备好的材料放入，调入盐、糖、鸡精、花生酱，注入上汤，撒上葱花即可。

韩式冷面

材料 冷面200克，鸡蛋1个，梨1个，黄瓜半个，西红柿两片，熟牛肉1片，白萝卜20克

调料 盐3克，味精2克，香油5克

做法 ①梨洗净切成小薄片；黄瓜切条；白萝卜切小片；鸡蛋煮熟取半个备用。②锅中注入适量水烧开，放入面煮熟，捞出用冷水冲凉，装入碗中，放上备好的材料。③调入盐、味精、香油拌匀即可食用。

适合人群 一般人都可食用，尤其适合男性食用。

东京肉酱面

材料 拉面120克，豆芽20克，老人头菇1个，肉酱50克，木耳丝25克，包菜片15克

调料 盐、调味粉、调味油、白汤、葱花各适量

做法 ①豆芽洗净；老人头菇洗净，在背上打上十字花刀，与木耳、包菜均入沸水中焯熟备用。②锅中加水烧开，放面煮熟，捞出沥干放碗内。③锅中注入白汤，调入盐、调味粉、调味油拌匀烧开，倒入面碗中，摆上豆芽、木耳、包菜、肉酱、老人头菇，撒上葱花即可。

小丸子拉面

材料 拉面150克，豆芽20克，包菜片20克，木耳丝25克，卤蛋半个，肉丸子90克

调料 盐、面汤、葱花、咖喱粉各适量

做法 ①豆芽洗净；肉丸子洗净，入油锅炸至金黄色。②锅中加水烧开，放入面煮熟后捞出，沥水，装入碗内。面汤内调入盐、咖喱粉，放入肉丸子煮熟，倒在面碗内。②锅中烧水，水开后放入豆芽、包菜、木耳焯熟，放在面上，加上卤蛋，撒上葱花即可。

一番拉面

材料 拉面100克，豆芽、包菜、海带丝、玉米各25克，叉烧50克，卤蛋半个

调料 盐5克，葱花8克，白汤400克

做法 ①豆芽洗净；包菜、叉烧均洗净切块。②锅中注水烧开，放入面煮熟，捞出装入碗中，注入面汤。③水烧开，放入盐煮匀，放入叉烧、豆芽、玉米、包菜、海带丝稍焯后捞出放在面上，再放上卤蛋即可。

适合人群 一般人都可食用，尤其适合老年人食用。

鳗鱼拉面

材料 拉面110克，豆芽、包菜各30克，木耳25克，鳗鱼60克

调料 调味粉、盐水、调味油、葱、白汤各适量

做法 ①豆芽洗净；包菜洗净切块；木耳切丝；鳗鱼切块入微波炉烤熟；葱切花。②水烧开，面煮熟，捞出，放入碗中；锅中加入豆芽、包菜、木耳焯熟，捞出放在面上。③白汤煮两分钟，调入调味粉、盐水，调匀倒面碗中，放上鳗鱼，淋上调味油即可。

咖喱牛肉面

材料 面、牛肉各100克，包菜片25克，白萝卜片50克，豆芽30克

调料 盐、咖喱粉、葱花、调味油、白汤各适量

做法 ①豆芽洗净，与白萝卜、包菜放入沸水焯熟；葱洗净切花；牛肉切丁。②锅中注水烧开，把面煮熟，盛起放入碗中，再用面汤将牛肉煮熟，捞出铺在面上。③锅中调入咖喱粉、盐和调味油拌匀煮沸，倒在面上，铺上白萝卜、豆芽、包菜，撒上葱花。

猪软骨拉面

材料 拉面200克，猪软骨80克，包菜30克，胡萝卜1个

调料 盐5克，酱油20克，葱2棵，料酒3克

做法 ①猪软骨切块；包菜洗净切大块；胡萝卜洗净切片；葱洗净切花。②锅中放水烧开，调入盐、酱油，放入猪软骨，调入料酒，卤制半小时取出。③水烧开，放入面煮熟，加入包菜、胡萝卜稍煮片刻即可出锅，铺上猪软骨，撒上葱花即可。

适合人群 一般人都可食用，尤其适合女性食用。

味噌拉面

材料 拉面110克，叉烧15克，包菜20克，金针菇20克，豆芽10克，卤蛋半个，玉米25克

调料 味噌汤360克，葱2克

做法 ①叉烧切成片；葱洗净切花；包菜切成片；金针菇、玉米、豆芽洗净备用。②锅中注水烧开，放入面煮熟，捞出沥水后装碗。③所有蔬菜入沸水中焯熟后放在面上，将味噌汤注入配好的面碗内即可食用。

适合人群 一般人都可食用，尤其适合儿童食用。

山野菜拉面

材料 拉面150克，包菜片、豆芽、木耳、玉米各20克，金针菇10克，胡萝卜30克，冬菇1个

调料 盐、调味油、面汤、咖喱粉、葱各适量

做法 ①胡萝卜洗净切条；木耳泡发，洗净切丝；葱洗净切花；玉米、金针菇、豆芽、冬菇均洗净。②面煮熟，沥干，装入碗内。③锅中放入面汤，加入豆芽、包菜、木耳、玉米、金针菇、胡萝卜、冬菇煮熟，调入盐、咖喱粉、淋调味油，倒在面碗内，撒上葱花即可。

九州牛肉面

材料 面120克，牛腩块80克，包菜片、木耳丝、豆芽各30克，卤蛋半个

调料 盐、料酒、酱油、泡椒、指天椒各适量

做法 ①豆芽洗净；锅中水烧开，放入牛腩、盐、酱油卤半小时，取出沥水。②锅中放油烧热，放入牛腩、泡椒、指天椒、料酒炒匀。③水烧开，加入面煮熟，捞出盛入碗内，注入面汤，将豆芽、木耳、包菜、姜焯烫后放在面上，再放上牛腩、卤蛋即可。

泡菜拉面

材料 拉面150克，泡包菜20克，海带结20克，包菜3块，卤蛋半个，玉米笋2根

调料 鸡精2克，葱8克，白汤400克

做法 ①泡包菜切成大块；葱洗净切花。②锅中白汤烧开，放入面煮熟，加入海带结、包菜、玉米笋、泡包菜煮3分钟。③最后调入鸡精拌匀，撒上葱花即可出锅，放上卤蛋即可食用。

适合人群 一般人都可食用，尤其适合女性食用。

肥牛咖喱乌冬面

材料 乌冬面200克，包菜片、豆芽、木耳、玉米各25克，肥牛片40克

调料 盐水、咖喱粉、葱、红油各适量

做法 ①豆芽、玉米洗净，与包菜、木耳同入沸水焯熟备用；葱洗净切花。②锅中加水烧开，放乌冬面煮熟，捞出，装入碗内。③锅中再注水烧开，调入盐水、调味油、红油、咖喱粉调匀，倒在面碗内，加入豆芽、木耳、玉米、包菜、肥牛，撒上葱花即可。

日式乌冬面

材料 乌冬面200克，鸣门卷2片，豆芽30克，玉米2条，包菜、木耳各20克，炒制鱿鱼15克，蟹腿1条，八爪鱼25克，墨鱼仔30克

调料 中华调味粉2克，盐水15克，调味油15克

做法 ①包菜切块，木耳切丝，其余原材料洗净备用。②锅中注水烧开，放入面煮熟，捞出沥水后装入碗内；面汤内调入中华调味粉、盐水、调味油。③水烧开，放入所有洗好、切好的材料焯熟，盛入面碗内，倒入调好味的面汤即可。

金针菇肥牛面

材料 面110克，肥牛50克，金针菇150克，胡萝卜30克，玉米25克，包菜15克，豆芽20克

调料 盐5克，酱油10克，调味粉2克，白汤350克

做法 ①肥牛切片；胡萝卜洗净切条；包菜切块；金针菇、玉米、豆芽洗净备用。②用肥牛片将金针菇卷起，分成4份；白汤放锅中煮开，放入金针菇卷，调入酱油煮1分钟。③再放入面，加入包菜、豆芽、玉米、胡萝卜条，调入盐、酱油、调味粉煮匀即可。

炸酱凉面

材料 面200克，炸酱50克，黄瓜1个，豆芽20克

调料 盐3克，味精2克，香油5克

做法 ①黄瓜洗净切丝；豆芽洗净备用。②锅置旺火上，注适量水，水沸后下面，至熟捞出沥干水分，放入碗内。将黄瓜、豆芽放入烧热油的锅内，调入盐、味精翻炒至均匀入味。③将炒好的黄瓜、豆芽摆在面上，调入炸酱拌匀，淋上香油即可。

适合人群 一般人都可食用，尤其适合老年人食用。

炸酱面

材料 面200克，青菜20克，炸酱适量

调料 盐1克，香油5克

做法 ①青菜洗净，放入烧开的水里焯一下，捞出备用。②锅上火，放入水，待水沸后下面，煮至熟，捞出放入碗内。③最后将青菜、炸酱放入面碗内，调入少许盐，淋入香油拌匀即可。

适合人群 一般人都可食用，尤其适合儿童食用。

专家点评 增强免疫力。

真味炸酱拉面

材料 拉面500克，猪肉150克，洋葱50克，黄瓜丝30克，豆角30克，圣女果50克

调料 盐3克，干黄酱20克，甜面酱30克

做法 ①猪肉、洋葱均洗净切末；豆角洗净切段；圣女果洗净对剖。②锅中油烧热，放入猪肉末、洋葱末、干黄酱、甜面酱炒香制成炸酱；豆角入沸水中焯熟。③拉面入开水锅中煮熟，放入碗中，放上炸酱，调入盐，再摆上黄瓜丝、豆角、圣女果即可。

京都炸酱拉面

材料 面条200克，猪肉30克，香菇、木耳、莴笋各5克，菜心30克

调料 香菇酱、红油、调和油、蚝油各适量

做法 ①猪肉、香菇、木耳、莴笋洗净切粒，下油锅中与香菇酱、红油一起炒香成炸酱。②面条于锅中煮熟，捞出盛盘，加少许蚝油拌匀。③菜心焯水至熟，摆于盘侧，将炒好的炸酱盖于面条上即可。

适合人群 一般人都可食用，尤其适合儿童食用。

北京炸酱面

材料 面300克，黄瓜20克

调料 炸酱20克

做法 ①黄瓜洗净，切细丝备用。②锅中注入水烧开，放入面煮熟，捞出放入冰水中浸泡5分钟，将面捞出沥水后放入碗中。③炸酱入油锅炒香，放在面上，再放上黄瓜丝即可。

适合人群 一般人都可食用，尤其适合男性食用。

专家点评 保肝护肾。

家常杂酱面

材料 碱水面200克，瘦肉200克

调料 盐3克，酱油少许，味精2克，葱适量，白糖4克，甜面酱20克，红油10克

做法 ①将瘦肉剁碎，葱切成花。②将碎肉加甜面酱炒香至金黄色，盛碗备用；将除面、葱花外的其他调料也一并倒入碗中，拌匀成杂酱。③面下锅煮熟，盛入碗中，淋上杂酱，撒上葱花即可。

适合人群 一般人都可食用，尤其适合儿童食用。

三色凉面

材料 小黄瓜1条，豆芽菜150克，油面250克，蛋1个，火腿3片，青椒1个

调料 盐2克，酱油、乌醋各10克，蒜泥1克，糖4克，麻油3克，高汤500克，芝麻酱5克

做法 ①蛋打散，煎成2片蛋皮；青椒、豆芽菜洗净焯水；小黄瓜、蛋皮、火腿、青椒切丝。②芝麻酱加高汤调匀，再加剩余调料拌匀成酱料。③盘中放面，摆饰火腿、小黄瓜、蛋皮、青椒、豆芽，淋上酱料即可。

鸡丝凉面

材料 碱水面100克，鸡肉100克，黄瓜50克

调料 红油20克，芝麻酱12克，醋10克，盐3克，糖8克，味精、花椒粉、酱油各5克，葱15克

做法 ①将鸡肉煮熟后，切成丝；黄瓜切丝；葱切成花。②面下开水中煮熟，过水沥干。③面条盛入碗中，加入鸡肉、黄瓜丝及其余用料，撒上葱花，拌匀即可。

适合人群 一般人都可食用，尤其适合女性食用。

素凉面

材料 手工拉面250克，西红柿1个，黄瓜1条，青菜10克

调料 盐、红油、香油、芝麻酱、葱、红醋各适量

做法 ①手工拉面入沸水中煮熟，沥干水分，装盘。②西红柿洗净切片；黄瓜洗净切丝；青菜洗净，入沸水焯熟；葱洗净切花。③盐、红油、香油、芝麻酱、红醋调成料汁，浇入面盘中，摆上西红柿片、黄瓜丝、青菜，撒上葱花即可。

凉拌面

材料 切面100克，黄瓜1根，胡萝卜1根

调料 花生酱15克，红油20克，生抽10克，指天椒2个，香菜5克

做法 ①将黄瓜、胡萝卜、指天椒洗净，均切成丝；香菜切段。②锅中注水烧开，放入面煮熟，捞出沥水，调入花生酱、红油、生抽后拌匀。③将切好的材料盖在面条上即可。

适合人群 一般人都可食用，尤其适合女性食用。

真味凉卤面

材料 拉面150克，熟牛肉30克，胡萝卜30克，香干20克，花菜30克，豆角20克

调料 盐3克，淀粉5克，卤汁适量

做法 ①熟牛肉切片；胡萝卜、香干均洗净切片；花菜洗净切朵；豆角洗净切段，下沸水焯熟。②锅中放油烧热，放入胡萝卜、香干、花菜炒香，倒入卤汁，调入盐，用淀粉勾芡。②拉面入沸水中煮熟，捞出过凉水后装盘，放上炒好的卤料，再摆上牛肉片即可。

牛肉凉面

材料 手工拉面250克，熟牛肉50克，西红柿1个，黄瓜1条

调料 盐、味精、芝麻酱、香油、红油、红醋各2克，香菜5克

做法 ①手工拉面煮熟装盘。②西红柿切片，黄瓜切丝，熟牛肉切片，均摆盘。③盐、味精、鸡精、香油、红油、红醋、芝麻酱调好，浇入面盘中即可。

适合人群 一般人都可食用，尤其适合男性食用。

芥末凉面

材料 黄瓜半条，面150克，芥末油适量

调料 醋、香油、麻酱、红椒各适量

做法 ①黄瓜、红椒均洗净，均切成细丝后备用。②锅内放水烧热，将面焯熟后冲凉，沥干水分后装盘；锅中放油烧热，将黄瓜、红椒略炒后起锅，摆入面盘中。③将芥末油、麻酱、醋调入盘中，淋上香油即可。

适合人群 一般人都可食用，尤其适合男性食用。

酸菜牛肉凉面

材料 面200克，牛肉100克，酸菜、黄瓜丝、豆芽各20克

调料 盐3克，鸡精2克，香油5克

做法 ①酸菜洗净切末，豆芽洗净，牛肉洗净切片。②锅置旺火上，注入适量水，待水沸放入面煮至熟，捞出沥干水分，装入碗内。③锅上火，放适量油，油热后放入牛肉、黄瓜、豆芽、酸菜，调入盐、鸡精翻炒，至均匀入味起锅，摆在面上，淋入香油即可。

茗荷荞麦凉面

材料 荞麦面70克，茗荷30克，紫生菜30克，青紫苏10克

调料 鲣鱼风味酱油、白芝麻、柠檬汁、高汤各适量

做法 ①荞麦面烫熟，沥干，排在盘中。②茗荷剥开洗净，切小片；紫生菜和青紫苏洗净切丝，排盘边；高汤与酱油、白芝麻、柠檬汁混合放酱料碗内，与荞麦面以及其余材料搭配即可。

真味荞麦凉面

材料 荞麦面150克，熟牛肉30克，胡萝卜30克，香干20克，花菜30克

调料 盐3克，淀粉5克，卤汁适量

做法 ①熟牛肉切片；胡萝卜、香干均洗净切片；花菜洗净切朵。②锅中油烧热，放入胡萝卜、香干、花菜炒香，加入卤汁烧开，调入盐，用淀粉勾芡。③荞麦面入沸水中煮熟，捞出过冰水后装盘，摆上炒好的原材料，放上熟牛肉即可。

泡菜肉末面

材料 面150克，肉100克，泡包菜50克，酸豆角50克，白菜3根，泡椒50克

调料 盐1克，生抽少许

做法 ①泡包菜、酸豆角、泡椒切成末；肉洗净切丝；白菜洗净备用。②将面煮熟捞出装入碗中。锅内放少许油，下入泡包菜、酸豆角、泡椒、肉丝炒熟。②加盐、生抽炒匀，倒在面上，再将焯好水的白菜铺上，拌匀即可。

武汉热干面

材料 碱水面300克，萝卜干10克

调料 盐、味精、芝麻酱、香油、生抽各5克，葱3根，蒜3瓣

做法 ①葱、萝卜干、蒜均切末。②锅中烧水，水开后放入碱水面，煮至断生捞出。③面中加入盐、味精、芝麻酱、香油、生抽、蒜、萝卜干、葱花拌匀即可。

适合人群 一般人都可食用，尤其适合女性食用。

专家点评 排毒瘦身。

热干面

材料 油面300克，萝卜干200克，火腿100克

调料 芝麻酱15克，葱10克

做法 ①萝卜干切成小粒；火腿切粒；葱切花。②油面入沸水中烫一下取出。③撒上萝卜干、火腿丝、芝麻酱、葱花即可。

适合人群 一般人都可食用，尤其适合男性食用。

专家点评 开胃消食。

新疆拌面

材料 拌面300克，羊肉、西红柿各20克，洋葱10克，豆角10克

调料 醋、味精、番茄酱、辣椒、蒜米各适量

做法 ①将西红柿洗净切成薄片；羊肉切成片；洋葱切小片；豆角切小段；辣椒切丝。②将拌面下入烧沸的水中烫熟后，捞入碗中，其他切好的原材料炒熟备用。③再将拌面与炒好的原料及调味料一起拌匀即可。

适合人群 一般人都可食用，尤其适合女性食用。

鱼香肉丝面

材料 面150克，木耳丝、肉各50克

调料 盐2克，醋少许，酱油3克，水淀粉适量，泡椒末20克，葱1根，姜1块，蒜末8克，豆瓣酱10克，鲜汤100克

做法 ①肉洗净切丝；葱洗净切段；姜洗净切末。②将面煮熟，装盘。锅中加油烧热，将肉丝炒熟，放入姜、蒜、泡椒、豆瓣酱，将肉丝炒上色，再加入木耳丝、葱段炒匀，注入鲜汤，调入盐、醋、酱油调入锅内，用水淀粉勾芡，盖于面条上即可。

油泼扯面

材料 面200克

调料 盐3克，味精2克，酱油1克，陈醋2克，葱1根，干辣椒粉50克

做法 ①将葱洗净切花。再将面条煮熟，焯水冲凉，捞入碗内，调入盐、味精、酱油、陈醋，拌匀。②将锅内放油烧热，面条上加入蒜蓉、葱花、辣椒粉。③将烧好的热油淋在面上，拌匀即可食用。

适合人群 一般人都可食用，尤其适合女性食用。

西安拌面

材料 肉酱100克，胡萝卜1个，酱干丁30克，土豆1个，西红柿1个

调料 盐、味精、胡椒粉、酱油、香菜、葱各适量

做法 ①葱洗净切花；胡萝卜、土豆均洗净切丁；西红柿洗净切丁；香菜切段。②将面煮熟，捞出，装入碗中；油锅烧热，放入肉酱、胡萝卜丁、酱干、土豆、西红柿炒熟。③调入盐、胡椒粉、酱油、味精，炒匀入味，倒在面上，撒上香菜、葱花即可。

酱拌面

材料 西红柿2个，黄瓜1根，面、炸酱各100克

调料 盐3克，味精1克，生抽15克，葱1根，香菜2根

做法 ①西红柿切片；黄瓜切丝；葱切花；香菜留叶备用。②将面煮熟，盛入碗中；黄瓜焯水；再将锅中放油，将炸酱炒熟，调入盐、味精、生抽。③将炸酱放在面上，撒上葱花、香菜，放入黄瓜、西红柿，拌匀即可食用。

适合人群 一般人都可食用，尤其适合男性食用

大盘鸡面

材料 面、鸡肉、土豆、洋葱各适量

调料 盐、豆瓣酱、麻油、青椒、红椒各适量

做法 ①所有原材料治净。②将面煮熟后捞出，沥干水分，装盘。锅中加少许油，烧热，加入豆瓣酱，炒熟鸡块，再加入土豆、洋葱、青椒一块翻炒。③将盐、红椒末一起放入锅内，炒匀熟透后，淋上少许麻油并盛出，再盖于面条上即可。

适合人群 一般人都可食用，尤其适合孕产妇食用。

牛肉丸面

材料 牛肉丸7个，面150克

调料 盐、味精各2克，香油4克，胡椒粉3克，香菜3根

做法 ①将牛肉丸划十字刀开口；香菜洗净备用。②锅中烧水，将面煮熟捞出，盛入碗内，留面汤将牛肉丸煮透。③锅中放盐、味精、胡椒粉煮匀，倒在面上，淋上香油，撒上香菜，放上牛肉丸即可。

适合人群 一般人都可食用，尤其适合男性食用。

虾米葱油拌面

材料 干虾米25克，小葱15克，切面100克

调料 生抽10克，葱油15克，黄酒适量

做法 ①先将干虾米加入黄酒中，入锅蒸30分钟，葱切花。②锅中油烧热，放蒸好的虾米炸香，捞出沥油备用。③切面入沸水中煮熟，调入葱油、干虾米、生抽，撒上葱花即可。

适合人群 一般人都可食用，尤其适合儿童食用。

专家点评 提神健脑。

砂锅羊肉面

材料 面条150克，羊肉50克，豆皮20克，海带丝10克，香菇5朵，金针菇15克

调料 盐、胡椒粉、鸡精、花椒粉、姜各适量

做法 ①将姜切片；豆皮切块；羊肉切片；香菇切块，金针菇洗净，备用。②将面条煮熟备用。砂锅中加入汤和羊肉，放入姜片、花椒粉、豆皮、海带、香菇、金针菇。③调入盐、胡椒粉、鸡精定味，煮熟后再下入面条，拌匀即可食用。

油泼扯面皮

材料 面皮、青菜各100克

调料 盐3克，鸡精2克，香油5克，芝麻4克，葱花5克，辣椒粉3克，蒜末3克

做法 ①青菜洗净，放入开水里焯一下捞出。②另起锅上火，注入清水烧开，入面煮熟，捞出放入碗内，浇上面汤。③油锅烧热，爆香葱花、蒜末，加入芝麻略炒。将焯过的青菜摆在面皮上，调入盐、鸡精、辣椒粉、爆香的葱花、蒜末、芝麻拌匀，淋上香油即可。

牛腩幼面

材料 幼面100克，牛腩50克，生菜2根

调料 葱1根，上汤200克，柱候酱5克，蒜4瓣，蚝油、老抽、盐、鸡精、红椒各适量

做法 ①牛腩洗净切成块；生菜洗净；红椒洗净切丁；葱洗净切花。②锅中放油烧热，放入柱候酱爆香，将牛腩放入锅中炒熟，加红椒和所有切好的用料炒香。③面煮熟捞出，沥干水分，注入上汤和蚝油、老抽、盐、鸡精拌匀，加入已炒好的用料即可。

牛腩捞粗面

材料 面150克，牛腩50克，青菜4根

调料 盐3克，糖2克，味精1克，柱候酱5克，葱1根，姜1块，蚝油10克，老抽5克

做法 ①牛腩洗净切块；葱洗净切花；姜洗净切片；青菜洗净切除根部。②炒锅烧红放油，将牛腩、姜炒熟，加少许水，用慢火煮熟后，再加青菜和剩余用料拌匀。③将面放入锅中过水焯熟捞出，沥干水分，装入碗内，加上炒好的牛腩，摆上青菜，撒上葱花即可。

猪扒拌菠汁面

材料 猪扒200克，菜心100克，菠汁面100克

调料 盐4克，味精2克，香油10克，胡椒粉2克，红油30克，葱花20克，姜末15克

做法 ①油烧热，放入猪扒，用微火煎至八成熟盛出，切成块状；菜心洗净，焯烫后放入碗底。②将除菠汁面的其余用料放入碗中，浇热油拌匀。③锅中水烧开，放入菠汁面，用筷子搅散煮熟，捞出，放入冷水中过凉，放入盛有菜心的碗中，淋上拌好的料汁即可。

凉拌通心面

材料 火腿片2片，通心面1碗，生菜叶2片，鸡蛋1个

调料 橄榄油10克

做法 ①锅中加水煮开后，下通心面煮沸，转中火续煮5分钟，将面捞起倒入冷开水中浸凉后捞起。②鸡蛋置于水中煮熟后捞起待凉，蛋白切丁，蛋黄碾碎；火腿切细丝；生菜洗净拭干后切细丝。③通心面、蛋白、蛋黄、火腿、生菜加橄榄油拌匀即成。

适合人群 一般人都可食用，尤其适合女性食用。

什锦拌面

材料 墨鱼130克，剑虾、木耳、旗鱼、鲍菇、甜豆、香菇、油面各适量

调料 醋5克，酱油3克，姜片、葱段各适量

做法 ①墨鱼洗净，在两面划交叉斜线，切片状；剑虾剥壳去沙肠，洗净备用；木耳及菇类切片；油面过水焯烫后捞起。②锅内加水煮开，加入葱段、姜片、木耳及菇类后煮滚，再依序加入旗鱼、墨鱼及剑虾煮，加入甜豆、油面，煮滚后，加入醋、酱油拌匀即可。

姜葱捞鸡蛋面

材料 鸡蛋面100克，生菜150克，姜30克，葱40克

调料 盐4克，香油10克，胡椒粉2克

做法 ①姜去皮切末；葱洗净切花；生菜洗净，入沸水中焯烫，捞出切丝。②锅中水烧开，放入鸡蛋面，用筷子搅散煮熟，用漏勺捞出，放入冷水中过凉，装入盘中。③葱花、姜末浇上盐、烧热的油拌匀，制成葱姜汁，淋在鸡蛋面上，摆上生菜丝即可。

适合人群 一般人都可食用，尤其适合儿童食用。

凉拌擀面

材料 擀面250克，五花肉末40克

调料 葱、姜、蒜末、香菜各少许，红椒1个，豆瓣酱、酱油、盐、味精、淀粉各适量

做法 ①香菜、葱、姜、红椒均洗净切末。油锅烧热，炒香红椒、姜、葱、蒜、豆瓣酱，再下入肉末炒匀，调酱油、盐、味精，勾芡出锅待用。②另起锅下擀面煮至浮起，捞出，放入冷水中冲凉，再捞出沥干水分，盛入碗中，加入炒香的酱料和香菜拌匀即可。

三色冷面

材料 梅子面条、抹茶面条、鸡蛋面条各30克，土豆100克

调料 芝麻酱、白醋、糖、酱油、米酒、高汤各适量

做法 ①取适量高汤与芝麻酱、白醋、糖、酱油、米酒拌成拌面酱料。②三种面条依序放入开水中分次煮熟，捞起浸泡在冰水中冰镇，约1分钟后沥干水分，放置在盘中。③土豆去皮，切细条状，煮熟后摆在盘子中间，食用时将材料蘸取拌面酱料即成。

巴盟面筋

材料 面粉600克

调料 十三香、香油各少许，醋10克，红油8克，香菜30克

做法 ①将面粉加水揉成团，洗去面粉，剩下面筋。②将面筋用开水烫熟，香菜切末。③将面筋切条，与剩余用料拌匀，撒上香菜即可。

适合人群 一般人都可食用，尤其适合老年人食用。

专家点评 开胃消食。

凉面

材料 油面250克，豆芽菜150克，小黄瓜1条，胡萝卜20克

调料 芝麻酱3克，酱油5克，糖1克，乌醋20克，香油5克，盐3克，高汤200克

做法 ①油面焯烫，待凉；小黄瓜、胡萝卜切丝，加盐略腌；豆芽菜去头、尾后焯烫。②芝麻酱先以高汤调开，再拌入其他调料成酱汁。③油面上放小黄瓜丝、胡萝卜丝、豆芽菜，再淋上调好的酱汁即可。

鳗鱼拌天使幼面

材料 鳗鱼200克，天使幼面150克，菠菜适量

调料 盐5克，胡椒粉适量，蛋奶20克，白酒1克，牛油2克

做法 ①鳗鱼洗净去骨后切块。②水煮沸，放入天使幼面煮4分钟，捞起沥干；菠菜用搅拌机搅成汁，倒出，加牛油、蛋奶、白酒拌匀。③鳗鱼放入扒炉煎熟后盛出摆入盘中。起油锅，放入天使幼面，加入盐、胡椒粉炒入味，盛出放入鳗鱼盘中，淋上菠菜汁即可。

麻辣面

材料 面条250克

调料 高汤500克，辣椒酱15克，麻油10克，盐少许，辣椒3个，葱2棵

做法 ①辣椒、葱均洗净后切末。②将辣椒酱、麻油、盐、辣椒末加高汤拌匀，即为酱料。③面煮熟，捞出，置于盘中，加上酱料、葱末即可。

适合人群 一般人都可食用，尤其适合男性食用。

专家点评 开胃消食。

鲜虾奶油意大利面

材料 意大利面半包，虾仁200克，西芹1/2根

调料 盐2克，胡椒粉少许，大蒜3瓣，奶油、白酒、番茄酱各10克，吉士粉适量

做法 ①虾仁洗净；大蒜去皮，洗净切末；西芹洗净切碎。②锅烧热，放奶油、蒜末炒香，入虾仁，炒至变色后，加入白酒、番茄酱、盐、胡椒粉煮至汤汁收干。③烧半锅水，放少许盐，将意大利面煮熟后捞出装盘，淋上虾仁酱汁，并撒些吉士粉、芹菜末即可。

干拌面

材料 油面、肉末各500克，韭菜、豆芽各100克

调料 酱油8克，酒5克，糖3克，盐2克，红葱酥30克，大蒜酥10克

做法 ①油锅烧热，放油炒散肉末，接着下大蒜酥、红葱酥，再加酱油、酒、糖、盐、水煮开后，转小火熬煮成肉臊。②油面、豆芽、韭菜焯烫备用。③面条置于碗内，淋上肉臊和豆芽菜、韭菜即可。

适合人群 一般人都可食用，尤其适合儿童食用。

XO酱捞面

材料 面150克，生菜2根，火腿5克，虾米3克，干贝2个

调料 盐、辣椒酱、糖、蒜、XO酱、葱各适量

做法 ①生菜洗净；葱洗净取葱白切段；蒜剁蓉；火腿切末；虾切末；干贝切末。②以上原材料下入油锅中过油，加入盐、辣椒酱、糖炒匀，捞出沥干油分备用。③将面过水焯熟，捞出沥干水分，装入碗内，淋上XO酱和所有炒好的材料即可。

猪蹄捞面

材料 猪蹄100克，菜心4根，面150克

调料 生抽5克，老抽4克，盐2克，冰糖1块，葱1根，蚝油10克

做法 ①猪蹄治净切块；菜心洗净；葱洗净切花。②将猪蹄汆水烫熟，再下入油锅炸香，下蚝油、生抽、老抽、盐、冰糖入锅中一起炒香，加水用慢火焖熟。菜心焯水备用。③将面煮熟捞出沥干水分，装入碗内，放入已焖熟的猪蹄、菜心，撒上葱花即可。

意大利肉酱面

材料 意大利面半包，牛肉末250克，猪肉2片，洋葱1个，西芹1/2根，洋菇半罐

调料 番茄酱、酱油、盐、蒜末、淀粉、糖、胡椒粉、辣椒粉、吉士粉各适量

做法 ①猪肉、洋葱、西芹均洗净切末；洋菇切片；牛肉末加酱油、淀粉、少许水略腌。②起油锅，炒香蒜末、肉片、洋葱、洋菇、西芹，再入牛肉炒散，加剩余用料（面除外）拌匀成面酱。③水烧沸，加盐，入意大利面煮熟装盘，淋上面酱即可。

炸酱捞粗面

材料 粗面、炸酱、菜心、肥肉、瘦肉、冬笋各适量

调料 蒜2瓣，番茄酱100克，糖5克，醋3克

做法 ❶菜心洗净；冬笋、瘦肉、肥肉剁末；蒜制蓉。❷锅中放油烧热，将冬笋、瘦肉、肥肉、蒜、番茄酱一起放入锅中过油后捞出。❸锅中加水烧开，将面煮熟后捞出，沥干水分，装盘，放入炸酱、菜心和已过油的冬笋、瘦肉、肥肉、蒜、番茄酱拌匀，调入少许糖、醋即可。

驰名牛杂捞面

材料 面条200克，牛肚10克，牛膀10克，牛肠10克，菜心30克

调料 蚝油、调和油、盐各5克，味精3克

做法 ❶面条于锅中煮熟，捞出盛盘，加少许油拌匀。❷牛肚、牛膀、牛肠加水、盐、味精、蚝油于火上煲熟后，切块盖于面条上。❸菜心洗净，焯水至熟，摆于盘侧即成。

适合人群 一般人都可食用，尤其适合男性食用。

鲍汁捞面

材料 蛋面200克，生菜、肉各50克，韭黄10克

调料 盐3克，冰糖少许，熟生油5克，鲍汁适量

做法 ❶生菜洗净；韭黄洗净，切成小段；肉剁成肉末，与韭黄段、盐、冰糖一起入油锅中炒香备用。❷锅内放水烧热，将面和生菜稍过水，焯熟上碟。❸面条上放上熟生油、生菜、炒好的肉末，淋上鲍汁即可。

适合人群 一般人都可食用，尤其适合男性食用。

姜葱捞面

材料 面50克，生菜少许

调料 盐、糖、麻油、味精、葱、姜各适量

做法 ❶先将葱、姜洗净，葱切成粒，姜剁成蓉备用。❷锅上火，放水烧热，加入糖、盐、味精、麻油调匀，再放入面焯熟，上碟。❸面上撒上姜、葱及焯熟的生菜即可。

适合人群 一般人都可食用，尤其适合男性食用。

专家点评 开胃消食。

云吞水饺捞面

材料 面条200克，云吞、水饺各50克，菜心30克

调料 蚝油5克

做法 ①面条于锅中煮熟，捞出盛盘，加少许蚝油拌匀。②云吞、水饺下开水煮熟，盖于面条上。③菜心焯水至熟，摆于盘侧即可。

适合人群 一般人都可食用，尤其适合儿童食用。

专家点评 提神健脑。

南乳猪蹄捞面

材料 面条、猪蹄各200克，菜心30克

调料 蚝油、调和油、盐、味精、酱油、南乳各适量

做法 ①猪蹄洗净斩断，加盐、味精、酱油、南乳于锅中煲半个小时后待用。②面条于锅中煮熟捞出盛盘，加少许蚝油拌匀。③菜心焯水至熟，摆于盘侧，猪蹄盖于面条上即可。

适合人群 一般人都可食用，尤其适合女性食用。

专家点评 补血养颜。

荞麦面

材料 荞麦面200克，黄瓜1条，红椒1个

调料 盐3克，香油5克，味精2克，油10克

做法 ①先将黄瓜洗净后切成丝，红椒洗净，切丝备用。②锅中放水烧开，先将荞麦面用开水泡开后冲凉水，捞出沥干水分。锅中放油，将黄瓜、红椒炒熟后放入盐、味精。③将荞麦面装盘，调入味精，将黄瓜、红椒放在荞麦面上，淋上少许香油即可。

适合人群 一般人都可食用，尤其适合女性食用。

肉丝黄瓜拌荞麦面

材料 瘦肉200克，黄瓜100克，荞麦面150克

调料 盐3克，味精2克，香麻油5克，红椒1个

做法 ①黄瓜洗净切成丝；瘦肉洗净切丝，入沸水中汆熟；红椒洗净切丝。②锅中加水烧开，下荞麦面烫软后捞出。③将荞麦面、瘦肉丝、黄瓜丝、红椒丝和盐、味精、香麻油一起拌匀即可。

适合人群 一般人都可食用，尤其适合女性食用。

专家点评 补血养颜。

西芹炒蛋面

材料 蛋面200克，西芹50克，三明治1块，鸡蛋1个

调料 盐5克，鸡精2克，蚝油10克，老抽5克

做法 ①将西芹洗净切丝；三明治切丝；鸡蛋打散入锅中煎熟后，切成丝。②蛋面泡发后，入烧热的锅中炒开。③将三丝和盐、鸡精、蚝油、老抽加入蛋面中炒至有香味即可。

适合人群 一般人都可食用，尤其适合老年人食用。

专家点评 降低血压。

肉丝炒面

材料 面条200克，瘦肉30克，榨菜25克

调料 生抽、老抽、盐、味精、蒜、葱、红椒各适量

做法 ①瘦肉洗净，切丝；蒜去皮洗净切片；葱洗净切长段；红椒洗净切丝；榨菜洗净焯水。②面条下锅煮熟，捞出盛盘。③锅中加油烧热，放瘦肉、椒丝、蒜片、葱段炒熟，再下榨菜，加剩余用料炒匀，起锅盛于面条上，吃时拌匀即可。

适合人群 一般人都可食用，尤其适合儿童食用。

蚝仔意大利面

材料 生蚝200克，西蓝花300克，意大利面条100克

调料 蒜头3粒，盐5克，吉士粉适量

做法 ①生蚝洗净杂质，以沸水氽烫后捞起；西兰花剥小朵，去除梗部硬皮，洗净，以烧滚的淡盐水焯烫后捞起。②另起一锅沸水煮意大利面，熟软后捞起沥干。③蒜头去膜，切薄片。油锅烧热，煎香蒜片，再下生蚝、西蓝花、面，加盐拌匀盛盘，撒吉士粉即成。

适合人群 一般人都可食用，尤其适合男性食用。

牛肉炒面

材料 牛肉50克，面150克，洋葱1个

调料 盐、酱油、陈醋、料酒、青椒、青蒜节各适量

做法 ①牛肉洗净切成块；青椒洗净切块；洋葱洗净切丝。②将锅烧水，水开后将面焯熟，捞出冲凉，沥干水分。锅内放油烧热，下入青椒丝、洋葱、青蒜炒香，放入面条、牛肉炒匀。③锅内再调入盐、酱油、陈醋、料酒炒匀，起锅装盘即可。

适合人群 一般人都可食用，尤其适合男性食用。

三丝炒面

材料 生面条400克，肉丝100克，火腿丝、鲜鱿鱼丝、豆芽各50克，韭黄段20克

调料 盐、味精、生抽、葱段、老抽各适量

做法 ①生面条放入锅中用开水焯熟，搅散，沥水。将肉丝、火腿丝、鲜鱿鱼丝用开水焯熟。②烧锅下油，将豆芽和焯熟的面条加入锅中，用中火炒香，然后加入肉丝、火腿丝、鲜鱿鱼丝翻炒1分钟。③将葱段、韭黄段加入锅内翻炒，放入其余用料炒匀入味即可。

豉油皇炒面

材料 面条200克，豆芽、三明治火腿各25克

调料 生抽、豉油、盐、味精、葱各适量

做法 ①豆芽洗净；三明治火腿洗净切丝；葱洗净切段。②面条下锅煮熟捞出。③下油热锅，放豆芽、三明治火腿、葱炒熟，再倒入面条，加生抽、豉油、盐、味精炒1分钟即可。

适合人群 一般人都可食用，尤其适合儿童食用。

专家点评 增强免疫力。

小炒拌面

材料 面200克，肉丝50克，豆干2块，芹菜3根，青菜1根

调料 红椒、香菜、盐、胡椒粉、鲜汤各适量

做法 ①豆干、芹菜均洗净切段；红椒洗净切丝；青菜取茎洗净切段；面煮熟后装入碗内。②锅中放油烧热，放入肉丝炒熟，再下入青菜茎、芹菜、豆干、红椒、香菜后略炒。③调入盐、胡椒粉，注入鲜汤烧开，倒在面上即可。

鸡肉打卤面

材料 面、鸡肉、洋葱各适量

调料 盐、尖椒、青蒜、醋、番茄酱各适量

做法 ①鸡肉洗净切块；尖椒洗净切丝；洋葱洗净切块；青蒜取蒜白洗净，切段。②面煮熟后放入碗内。锅中放油，放入鸡块，炸至金黄色后捞出。热锅留油，加番茄酱炒上色，下入鸡块、洋葱翻炒。③下入盐、醋，再下入蒜白段后炒匀，倒在面上拌匀即可。

适合人群 一般人都可食用，尤其适合男性食用。

肉片炒素面

材料 瘦肉100克，菠菜素面200克

调料 盐3克，葱5克

做法 ①将瘦肉洗净切片；葱洗净切成圈。②菠菜素面放入开水中泡发后，捞出沥水。③锅中加油烧热，下入肉片稍炒，再加入素面炒熟，调入盐，撒上葱花即可。

适合人群 一般人都可食用，尤其适合老年人食用。

专家点评 增强免疫力。

干贝金菇焖伊面

材料 干贝10克，金针菇100克，伊面200克

调料 蚝油10克，生抽5克，盐3克，味精2克

做法 ①干贝泡软后，入锅蒸3小时，撕碎备用。②伊面放入沸水中烫熟后捞出。③锅上火，油烧热，放入伊面、干贝、金针菇，加入少许水，调入蚝油、生抽、盐、味精，焖熟入味即成。

适合人群 一般人都可食用，尤其适合老年人食用。

专家点评 防癌抗癌。

三丝炒蛋面

材料 鸡蛋面250克，猪肉50克，火腿15克，豆芽15克

调料 老抽、生抽、味精、糖、葱段各适量

做法 ①猪肉、火腿洗净切丝。②肉丝先过油，然后下火腿丝、豆芽爆炒一会，再下蛋面、葱段、老抽、生抽、味精、糖。③所有材料一起炒匀后上碟即可。

适合人群 一般人都可食用，尤其适合儿童食用。

专家点评 增强免疫力。

素什锦炒手擀面

材料 面150克，白菜15克，洋葱1个，西红柿1个，鸡蛋1个

调料 酱油10克，盐3克，味精1克

做法 ①白菜洗净；洋葱、西红柿均洗净切块；蛋打散搅匀；锅中水烧开将面煮熟，捞出过凉水。②锅中油烧热，放入蛋液炸香，加入白菜、洋葱、西红柿爆炒，调入盐、味精炒匀。③锅中加入煮熟的面，调入酱油炒匀即可装盘食用。

蛋炒面

材料 面200克，鸡蛋、西红柿、洋葱、蒜薹各适量

调料 盐2克，味精1克，香油3克，红辣椒1个

做法 ①红辣椒、洋葱洗净切丝；蒜薹洗净切条；西红柿洗净切片。②鸡蛋打入碗内，放入少许盐、味精搅拌均匀，倒入烧热油的锅中煎炒，至熟盛出。③将面在烧开水的锅内焯熟捞出，沥干水分。另锅上火，注入适量油，烧热，放入面、蒜薹、红辣椒、洋葱、盐、味精稍炒，淋入香油后装盘即可。

一番炒面

材料 面条120克，包菜20克，豆芽30克，胡萝卜30克，洋葱30克，肉35克

调料 盐3克，料酒5克，味精、白糖各2克，生抽8克，蚝油2克，香油6克，圆椒30克，葱1棵

做法 ①肉、圆椒、洋葱、胡萝卜均洗净切丝；包菜洗净切块；葱洗净切花。②锅中放油烧热，加入已切好的所有蔬菜，再加入面条，猛火快速翻炒至熟。③锅中再加剩余用料炒匀，即可出锅装盘。

肉炒面

材料 面200克，猪肉100克，大洋葱1个，西红柿1个

调料 盐3克，酱油2克，味精、红辣椒、葱段各适量

做法 ①猪肉、红辣椒、洋葱洗净切丝；西红柿洗净切片。②肉丝、红辣椒丝、洋葱丝、葱段、西红柿片放入烧开的水里焯烫。面放入烧开的水里煮熟，捞出沥干水分。把上述所有材料放入锅中翻炒。③调入盐、味精，淋入酱油炒拌均匀。

适合人群 一般人都可食用，尤其适合老年人食用。

咖喱烩面

材料 面70克，土豆丁72克，胡萝卜丁45克，青豆20克，素肉块12克，咖喱块1块

调料 盐少许

做法 ①青豆洗净，与土豆、胡萝卜均焯熟后备用。②油锅烧热，将土豆丁、胡萝卜丁、青豆入锅中略炒，加水煮沸，再加入素肉块、咖喱块，煮熟后调味成咖喱烩料。③水开后加入面、盐、油，待面煮熟后捞起放入冰水中略冷却，沥干，淋上咖喱烩料即可。

西红柿意大利青蔬面

材料 西红柿、节瓜、茄子、意大利面各110克

调料 盐5克，黑胡椒粉3克，白酒10克，高汤适量

做法 ①西红柿洗净切丁。②节瓜、茄子洗净去蒂头，切小丁；意大利面放入滚水中水煮约6分钟，捞起备用；油锅烧热，放入西红柿、节瓜和茄子翻炒，倒入高汤和意大利面煮至略收汁，加入白酒、盐、黑胡椒粉拌匀即可食用。

炒酸枣仁面

材料 大白菜80克，乌龙面1包，肉片200克，洋葱、胡萝卜、炒酸枣仁各适量

调料 酱油、盐、胡椒粉、大蒜、葱各适量

做法 ①炒酸枣仁加水熬成汤汁；肉片以酱油、油腌渍。②热锅，放肉片、洋葱、大蒜、胡萝卜爆炒。③余油再炒大白菜，随即倒入汤汁焖煮5分钟，再将乌龙面倒入一起炒至汤汁稍干，放入炒好的肉片、洋葱等，加盐及胡椒粉，并撒入葱段。

排毒鲜蔬炒面

材料 胡萝卜面条250克，绿豆芽、包菜各100克，肉200克

调料 盐4克

做法 ①胡萝卜面条入沸水中煮熟，捞起沥干。②绿豆芽去根须和杂质，洗净沥干，包菜洗净切粗丝；肉洗净切丝。③炒锅加热下油，先下肉丝炒匀，再下包菜、豆芽拌炒，最后下面条炒匀加盐即成。

适合人群 一般人都可食用，尤其适合女性食用。

西红柿肉酱面

材料 绞肉、洋葱末、蘑菇片、西红柿、意大利面、西红柿蔬菜面酱各适量

调料 盐、糖、黑胡椒粉、香菜末、蒜末各少许

做法 ①西红柿洗净，切小丁；锅中加水、盐，煮开，放入意大利面煮至熟软后，捞出备用。②将油放入锅中，待油热后放入蒜末、洋葱末爆香，再放入绞肉、西红柿丁、蘑菇片、西红柿蔬菜面酱拌匀，加盐、糖适量调味，撒黑胡椒粉、香菜末与意大利面拌匀。

虾仁通心面

材料 虾仁150克，洋葱片75克，洋菇75克，通心面1包，胡萝卜条75克

调料 盐2克，酱油8克，淀粉5克，高汤1200克

做法 ①通心面用滚水煮熟，捞起冲冷开水，沥干备用。②起油锅依次将洋葱、胡萝卜、洋菇爆香，倒入高汤和盐、酱油，再加入虾仁、通心面于锅中煮熟。③待虾仁变红，以淀粉勾芡即可。

适合人群 一般人都可食用，尤其适合儿童食用。

鲑鱼意大利面

材料 鲑鱼150克，意大利面150克，洋菇75克，洋葱35克

调料 姜片3克，酱油5克，奶油7克，盐2克

做法 ①鲑鱼洗净，加姜片和酱油先腌渍5分钟，再放入烤箱中烤热，取出压碎备用。②意大利面用滚水煮沸，沥干备用。③用奶油起油锅，将洋葱、洋菇爆香，加盐调味。④将炒好的洋菇、洋葱连同鲑鱼一起加入意大利面中，拌匀即可。

卤水素鸡炒菠汁面

材料 卤水素鸡120克，生菜50克，菠汁面150克，火腿丝15克

调料 盐4克，味精3克，胡椒粉2克

做法 ①卤水素鸡切丝；生菜洗净，焯烫后放入碗中。②锅中水烧开，放入菠汁面，用筷子搅散煮熟，用漏勺捞出，放入冷水中过凉。③油烧热，放入素鸡炒香，加入面，调入盐、味精、胡椒粉炒匀。④加火腿丝炒匀，盛在装有生菜的碗中即可。

豆芽冬菇炒蛋面

材料 豆芽100克，泡发冬菇30克，韭黄15克，蛋面150克

调料 盐4克，味精2克，蚝油10克，葱花8克

做法 ①泡发冬菇洗净切丝；豆芽洗净；韭黄洗净切段。②锅中水烧开，放入蛋面，用筷子搅散。③蛋面煮熟后捞出，放入冷水中过凉。④将锅中油烧热，放入冬菇丝，调入蚝油炒香，加入蛋面、豆芽，调入盐、味精炒匀，再放入韭黄、葱花炒匀即可。

猪蹄烩手擀面

材料 猪蹄1个，手擀面150克，韭黄10克

调料 盐、蚝油、生抽、淀粉、上汤、香油各适量

做法 ①猪蹄斩件；韭黄洗净切段；锅中水烧开，放入手擀面，用筷子搅散，大火煮熟，用漏勺捞出。②手擀面放入冷水中过凉。锅中油烧热，放入面、猪蹄略炒，调入盐、生抽，加入韭黄炒入味。③上汤入锅煮开，调入蚝油，用淀粉勾薄芡，淋在碗中，浇上香油。

牛扒炒鸡蛋面

材料 牛扒250克，菜心100克，鸡蛋面100克

调料 盐、生抽、蚝油、白糖、淀粉各适量

做法 ①油烧热，放入牛扒煎至金黄色；菜心洗净。②水烧开，放入鸡蛋面，用筷子搅散煮熟，捞出后放入冷水中过凉。③油烧热，放菜心和煮好的面，调入盐，再调入蚝油炒匀，盛入盘中，放上牛扒。④锅中烧少许水至沸，调入生抽、白糖、淀粉勾芡，淋在牛扒上即可。

猪大肠炒手擀面

材料 猪大肠200克，韭黄10克，手擀面150克

调料 盐4克，鸡精3克，蚝油20克，生抽10克，胡椒粉2克，香油8克

做法 ①猪大肠治净切件；韭黄洗净切段；锅中水烧开，放入手擀面，用筷子搅散，大火煮熟。②用漏勺捞出手擀面，沥干水分，放入冷水中过凉。③锅中油烧热，放入面、猪大肠略炒，加入韭黄炒匀，调入剩余调料炒入味即可。

老乡炒莜面

材料 莜面300克

调料 盐5克，葱花10克，尖椒100克

做法 ①莜面入锅中煮熟后，捞出过凉水，沥干备用。②尖椒切丝。③用葱花炝锅，加莜面、尖椒、盐翻炒即成。

适合人群 一般人都可食用，尤其适合老年人食用。

专家点评 开胃消食。

7天学会
家常主食

李鹏 主编

下 卷

長江出版傳媒 湖北科学技术出版社

第三部分

米饭、粥

米饭和粥可以说是人们日常饮食中绝对的主角。米饭和粥的营养虽然普通，但是胜在全面，它几乎可以提供我们人体所需的全部营养。特别对于南方人来说，米饭和粥是日常饮食中必不可少的一部分。米饭除了可以搭配各种炒菜食用外，只要稍加辅料拌炒便可以成为一道单独的美味，例如家喻户晓的蛋炒饭。而粥更可以搭配一些肉类、蔬菜等食材一起煲煮，营养更全面，是人们十分喜爱的食物之一。本章节将告诉你如何做出美味营养的米饭和粥。

扬州炒饭

材料 米饭500克，鸡蛋2个，青豆50克，粟米粒40克，鲜虾仁40克，三明治火腿粒40克

调料 盐、白糖、生抽、麻油、葱花各适量

做法 ①鸡蛋打散后均匀地拌入米饭中，青豆、鲜玉米粒、鲜虾仁、三明治火腿粒用开水焯熟捞起。②烧锅下油，放入拌有鸡蛋的米饭，在锅中翻炒，加入焯熟的青豆、玉米粒、虾仁、三明治火腿粒，在锅中翻炒。③把所有调味料加入饭中炒匀，加入葱花翻炒即可。

包菜烧肉饭

材料 饭200克，辣白菜、五花肉片、洋葱片、胡萝卜丝、豆芽、包菜丝、熟芝麻各适量

调料 盐2克，青椒丝、葱、料酒、凉面汁各适量

做法 ①豆芽洗净；葱洗净切花。②油锅烧热，入五花肉稍炒，加入青椒、洋葱、胡萝卜、豆芽、包菜炒匀，调入料酒、盐炒匀。③将已炒好的菜装入碗内，撒上熟芝麻、葱花，配上辣白菜、凉面汁即可食用。

专家点评 增强免疫力。

芙蓉煎蛋饭

材料 米150克，青菜100克，鸡蛋3个

调料 盐3克

做法 ①米加适量水于锅中，煲40分钟至熟。②青菜焯熟；鸡蛋打匀，加盐调成鸡蛋汁。③油下锅，倒入鸡蛋汁，用慢火煎熟，与米饭、青菜装盘即可。

适合人群 一般人都可食用，尤其适合儿童食用。

专家点评 提神健脑。

重点提示 煎鸡蛋的时候火不宜太大，要嫩点才好吃。

平菇鸡肾饭

材料 米150克，平菇100克，鸡肾150克

调料 盐、葱、姜、蒜、淀粉各适量

做法 ①平菇去头洗净，焯水；鸡肾洗净，汆水后切片；葱洗净切段；姜洗净切片；大蒜去皮；米加水煲40分钟至熟。②油锅烧热，加入鸡肾炒入味后盛出，再热油锅，爆香葱、姜、蒜，放入鸡肾、平菇炒1分钟，加调味料炒匀，出锅前勾薄芡，摆于饭旁即可。

适合人群 一般人都可食用，尤其适合男性食用。

芋头饭

材料 泰国香米200克，芋头50克，猪肉、虾仁、鱿鱼丝、香菇、干贝、胡萝卜各10克

调料 酱油5毫升，盐3克，糖5克

做法 ①香米洗净泡30分钟捞出；芋头去皮切小丁；胡萝卜去皮切丁；香菇泡发切丝；猪肉切小丁；虾仁、鱿鱼丝、干贝洗净。②锅烧热，放猪肉炒出油，入香菇、虾仁、鱿鱼丝、干贝爆香；加胡萝卜丁、米炒干炒透；加芋头和开水，调盐、糖、酱煮干焖透后拌匀。

农家芋头饭

材料 米300克，芋头250克，泡发好的香菇5克，花生米10克

调料 盐、胡辣粉、香油、蒜苗、九里香各适量

做法 ①芋头去皮洗净切粒；蒜苗切段；香菇切粒。②芋头蒸熟，用中油温炸至表层变硬；蒜苗、香菇入油锅炒香，调入调味料炒匀。③米洗净入锅煲至八成熟，再放入其余原材料煲至熟，最后放入九里香即可。

豌豆糙米饭

材料 糙米200克，新鲜豌豆100克

调料 香油15克

做法 ①糙米洗净，用温水浸泡2小时，豌豆洗净。②糙米、豌豆加适量水和15毫升的油后一起入蒸锅。③蒸30分钟至豌豆、米饭熟烂即可。

适合人群 一般人都可食用，尤其适合男性食用。

专家点评 开胃消食。

重点提示 豌豆炒至熟透，口感会更好。

蜜汁叉烧饭

材料 梅肉、米各150克，青菜100克

调料 盐、味精、沙姜粉、甘草粉、五香粉、麦芽糖、蒜蓉各适量

做法 ①将梅肉与盐、味精、沙姜粉、甘草粉、五香粉、蒜蓉腌渍1个小时，再加入麦芽糖于烤箱中烤30分钟，制成叉烧。②米洗净，加水倒入锅中煮40分钟至熟后盛出。③青菜焯盐水至熟，叉烧扫油切块，摆于饭旁即可。

豉椒鲜鱿饭

材料 青椒、洋葱各50克，鲜鱿100克，米150克

调料 豆豉、姜、葱段、蒜蓉、淀粉各适量

做法 ①鲜鱿入油锅中汆熟后盛出，锅中留油，下姜、葱、蒜、豆豉爆炒香，加青椒、洋葱炒至七成熟，下鲜鱿片，加调味料炒匀。②出锅前勾薄芡，盛于米饭旁即可。

专家点评 补血养颜。

油鸡腿饭

材料 米150克，小鸡腿1个，青菜100克

调料 生抽、老抽、草果、桂皮、陈皮、甘草、八角、香叶、姜蓉各适量

做法 ①米加适量水于锅中煲40分钟至熟。②另在锅中放入清水，加草果、桂皮、陈皮、甘草、八角、香叶煲半个小时，放入鸡腿煲熟，加生抽、老抽煲1分钟后，取出切块。③青菜焯水至熟，姜蓉一碟配于旁，作调味料食用。

咖喱牛腩饭

材料 土豆块、牛腩各100克，米150克

调料 椰酱、盐、南乳、柱候酱、八角、香叶、草果、咖喱油、花奶、青椒、红椒片各适量

做法 ①米加100克水于锅中煮40分钟至熟。②盐、南乳、柱候酱、八角、香叶、草果加水制成卤水，牛腩放入煲熟，取出切片。土豆焯水后入油锅炸熟。③油留少许于锅中，下辣椒、牛腩和土豆翻炒，加少许水、盐，加咖喱油、花奶、椰酱炒匀即成。

卤鹅饭

材料 鹅肉200克，米100克，青菜适量

调料 葱10克，卤汁适量

做法 ①米洗净；葱择洗净切花；青菜洗净。②鹅肉洗净，同卤汁一起入锅卤8小时至入味，捞出切片。③米加适量水煮熟，放上鹅肉片，围上焯熟的青菜，再撒上葱花即可。

适合人群 一般人都可食用，尤其适合女性食用。

专家点评 降低血压。

卤水拼饭

材料 卤鹅、卤鹅肝、卤猪蹄各50克，米100克，菜心适量

做法 ①米洗净；卤鹅切片；卤鹅肝切片；卤猪脚斩成块；菜心洗净，焯熟备用。②米加入适量水入锅煮成饭后盛出。③拼上卤鹅片、卤鹅肝、卤猪蹄，放上菜心即成。

适合人群 一般人都可食用，尤其适合男性食用。

专家点评 开胃消食。

海南鸡饭

材料 鸡1只，肉羹100克，香米200克

调料 椰汁、青葱、香菜、鸡上汤、盐、香茅、鸡油各适量

做法 ①鸡治净后上汤注入煲中，加入肉羹、青葱、香菜煲开，改慢火再煲，至出味成浸鸡水。②香米洗净，加鸡上汤、椰汁、盐、香茅，入锅隔水蒸熟，取出后加鸡油拌匀。③浸鸡水煲开后，放入鸡，改用慢火，捞起沥干水后，将鸡砍件摆好，伴于鸡油饭即可。

印尼炒饭

材料 火腿2克，叉烧2克，胡萝卜2克，粟米2克，青豆2克，虾仁2克，米饭150克，鸡蛋1个

调料 咖喱油、咖喱粉、盐、味精各适量

做法 ①火腿、叉烧、胡萝卜、粟米、青豆、虾仁切粒，过水过油至熟；鸡蛋打散，加盐入味；米加水煮熟。②油锅烧热，倒入熟米饭，加火腿、叉烧、胡萝卜、粟米、青豆、虾仁及各调味料炒1分钟后起锅。③下2毫升油于煎锅上，将鸡蛋煎半熟即可。

西湖炒饭

材料 米饭1碗，虾仁50克，笋丁20克，甜豆20克，火腿5片，鸡蛋2个

调料 葱花1根，盐5克，味精2克

做法 ①甜豆、虾仁均洗净；鸡蛋打散。②炒锅置火上，下虾仁、笋丁、甜豆、火腿、鸡蛋液炒透。③再加米饭炒熟，入调味料翻匀即可。

适合人群 一般人都可食用，尤其适合男性食用。

专家点评 开胃消食。

干贝蛋炒饭

材料 白饭1碗，干贝3粒，鸡蛋1个

调料 盐2克，葱1根

做法 ①干贝以清水泡软，剥成细丝。②油锅加热，下干贝丝炒至酥黄，再将白饭、蛋液倒入炒散，并加盐调味。③炒至饭粒变干且晶莹发亮。将葱洗净，切成葱花撒在饭上即可。

适合人群 一般人都可食用，尤其适合儿童食用。

专家点评 开胃消食。

鱼丁炒饭

材料 白北鱼1片，鸡蛋1个，白饭1碗

调料 盐2克，葱2根

做法 ①鱼片冲净，去骨切丁；蛋打成蛋汁；葱去根须和老叶，洗净后切葱花。②炒锅加热，鱼丁过油，再下白饭炒散，加盐、葱花提味。③淋上蛋汁，炒至收干即成。

专家点评 增强免疫力。

重点提示 把鱼放在盐水里浸泡片刻，可去腥。

西式炒饭

材料 米150克，胡萝卜、青豆、粟米、火腿、叉烧各25克

调料 茄汁、糖、味精、盐各适量

做法 ①米加水煮熟成米饭；胡萝卜切粒；火腿切粒；叉烧切粒后焯水；青豆、粟米洗净。②油倒入锅中，将胡萝卜、青豆、粟米、火腿、叉烧过油炒，加入茄汁、糖、味精、盐调入味。③再下入熟米饭一起炒匀即可。

香芹炒饭

材料 熟米饭150克，芹菜100克，青豆20克，鸡蛋1个，胡萝卜80克

调料 盐5克，鸡精3克，姜10克

做法 ①先将熟米饭下油锅中炒匀待用。②胡萝卜、芹菜、姜分别切粒；鸡蛋磕壳，加盐打散。③炒锅烧热，下油，倒入鸡蛋液炒熟后捞起。锅再烧热，下油炒香姜、青豆、芹菜、胡萝卜，翻炒2分钟后，倒入熟的鸡蛋和米饭，再炒匀，加调味料即可。

干贝蛋白炒饭

材料 干贝50克，蛋清3个分量，白菜50克，白米饭1碗

调料 盐3克，料酒、葱各5克，姜片3片

做法 ①干贝泡软后加入料酒、姜片蒸5个小时后取出，撕碎备用。②蛋清加入少许盐、味精搅匀，炒熟。白菜叶洗净切成细丝，葱择洗净切成花。③炒锅上火，油烧热，放入白菜丝、蛋清、干贝，调入盐炒香，加入白米饭炒匀，撒上葱花即成。

碧绿蟹子炒饭

材料 菜心50克，鸡蛋2个，蟹子20克，米饭1碗

调料 盐3克，味精2克

做法 ①菜心留梗洗净切成粒，炒熟备用。②鸡蛋打入碗中，调入些许盐、味精搅匀。③锅上火，油烧热，放入蛋液炒至七成熟，放入饭炒干，调入味，放入蟹子、菜粒炒匀入味即成。

专家点评 开胃消食。

重点提示 炒饭以饭粒炒至金黄即可，不宜久炒。

泰皇炒饭

材料 饭1碗，虾仁50克，蟹柳50克，菠萝1块，芥蓝2根，洋葱1个，鸡蛋1个

调料 青椒1个，红椒1个，泰皇酱适量

做法 ①青红椒去蒂洗净切粒，洋葱洗净切粒，菠萝去皮切粒，芥蓝洗净切碎备用。②锅中油烧热，放入鸡蛋液炸成蛋花，再将青红椒、洋葱、菠萝、蟹柳、芥蓝、虾仁一起爆炒至熟。③倒入饭一起炒香，加入泰皇酱炒匀即可。

三文鱼紫菜炒饭

材料 饭、三文鱼各100克，紫菜20克，菜粒30克

调料 盐3克，鸡精5克，生抽6克，姜10克

做法 ①姜洗净切末；紫菜洗净切丝；菜粒入沸水中焯烫，捞出沥水。②锅上火，油烧热，放入三文鱼炸至金黄色，捞出沥油。③锅中留少许油，放入饭炒香，调入盐、鸡精，加入三文鱼、菜粒、紫菜、姜末炒香，调入生抽即可。

专家点评 保肝护肾。

福建海鲜饭

材料 干贝、香菇、火腿各20克，饭1碗，虾仁、蟹柳、鲜鱿、菜心粒、胡萝卜粒各25克

调料 水淀粉、鸡汤、盐、麻油、蛋清各适量

做法 ①锅中水烧开，放入干贝、香菇、火腿、虾仁、蟹柳、鲜鱿、菜心粒、胡萝卜焯烫，捞出沥干水分。②将焯烫过的原材料再加入鸡汤煮2分钟，调入盐、麻油。③将水淀粉放入锅中勾芡，再加入蛋清捞混，盛出铺在饭上食用。

海鲜炒饭

材料 咸蛋黄2个，露笋、虾仁、鲜鱿各50克，石斑鱼、带子各25克，鸡蛋1个，米饭200克

调料 盐3克，鸡精5克，胡椒粉少许

做法 ①将咸蛋黄蒸熟后取出，搅成蛋碎；将所有海鲜洗净切粒，过油；露笋洗净，切段焯水。②鸡蛋去壳打散成为蛋汁。③烧热锅，加入油炒鸡蛋汁，加入米饭略炒后，再加入咸蛋黄及所有原材料，大火炒匀至干后，加调味料炒匀即可。

什锦炒饭

材料 米150克，腊肉、腊肠、叉烧、虾仁、牛肉各25克，生菜10克，鸡蛋1个

调料 盐3克，鸡精2克，葱10克

做法 ①腊肉、腊肠、叉烧、牛肉、虾仁切粒，先过水过油至熟；生菜切丝；葱切段；鸡蛋打匀。②米洗净加水煮熟。③油下锅，放生菜丝、葱段热锅，加鸡蛋炒熟，下熟米饭、腊肉粒、腊肠粒、叉烧粒、牛肉粒、虾仁粒一起用中火炒1分钟后，加盐、鸡精调味即可。

手抓饭

材料 大米、羊肉各100克，胡萝卜、洋葱各15克

调料 盐、味精、白糖、胡椒粉、孜然各适量

做法 ①大米洗净，泡水2小时；羊肉切块滑油；胡萝卜、洋葱切丝。②油烧热，放入羊肉、胡萝卜、洋葱炒香，加水及调味料、大米。③焖至熟即可食用。

适合人群 一般人都可食用，尤其适合男性食用。

专家点评 开胃消食。

重点提示 烹饪时放数个山楂可去羊肉的膻味。

墨鱼汁炒饭

材料 白饭1碗，墨鱼汁、松仁各适量

调料 盐2克

做法 ①炒锅加热加油，先将白饭倒入，拌炒均匀。②加入墨鱼汁、松仁炒匀，加盐调味。

适合人群 一般人都可食用，尤其适合女性食用。

专家点评 防癌抗癌。

重点提示 腹部颜色均匀的才是鲜墨鱼。

奶汁鲑鱼炖饭

材料 白米100克，洋葱碎50克，鲑鱼碎300克，西兰花适量

调料 牛奶、高汤各200克

做法 ①白米洗净沥干水分；西蓝花切成小朵备用。②起油锅，爆香洋葱碎，放入鲑鱼碎稍微拌炒，加入白米、牛奶和高汤，用中小火炖煮至熟软，再加入西蓝花续煮至汤汁收干即可。

专家点评 开胃消食。

酱汁鸡丝饭

材料 鸡肉300克，胡萝卜1/4根，大头菜1/2棵，米饭1碗

调料 姜2片，葱1支，盐2克，芝麻酱适量

做法 ①鸡肉洗净，用姜片、葱段、盐1茶匙调味。②将鸡肉蒸熟，取出放凉再用手撕成丝状。③胡萝卜、大头菜洗净，去皮切丝状，加盐抓匀，再拧干去水分。④将所有食材调入芝麻酱拌匀即可。

专家点评 提神健脑。

彩色饭团

材料 白饭1碗

调料 绿茶粉、黄豆粉、芝麻粉各适量

做法 ①双手洗净，将白饭捏成小圆球，约一口的量。②将三色粉分别倒在平盘上，小饭团在粉上均匀滚过。③也可在白饭内包豆沙馅，外层再裹绿茶粉等材料。

适合人群 一般人都可食用，尤其适合儿童食用。

专家点评 开胃消食。

彩色虾仁饭

材料 当归、黄芪、枸杞、红枣各8克，白米150克，虾仁、冷冻三色蔬菜各100克，蛋1个

调料 葱末6克，盐、米酒、柴鱼粉各适量

做法 ❶将黄芪、枸杞、红枣、当归洗净，加水煮滚，过滤后取汤汁；米洗净，和汤汁入锅煮熟。❷虾仁洗净加调味料略腌。鸡蛋打入锅中炒熟盛出。再热油锅，虾仁入锅炒熟盛出，以余油爆香葱末，白饭下锅，再加盐、柴鱼粉、虾仁、三色蔬菜、蛋炒匀。

柏子仁玉米饭

材料 胚芽米100克，玉米、柏子仁、香菇、青豆、萝卜干、胡萝卜、芹菜、土豆、肉丁各适量

做法 ❶柏子仁压碎包入布包，用4杯水煎煮成1杯水；胚芽米饭煮熟；青豆烫一下。❷爆香菇再捞出；肉丁用油及酱油拌一下，入锅爆香。❸将玉米、胡萝卜、土豆和少许水煮至水干，加香菇、肉丁、青豆、胡椒粉拌炒，倒入冷饭炒香，撒入萝卜干及芹菜即可。

鱼丁花生糙米饭

材料 糙米100克，花生米50克，鳕鱼片200克

调料 盐2克

做法 ❶糙米、花生米分别淘净，以清水浸泡2小时后沥干，盛入锅内，锅内加3杯半水。❷鱼洗净切丁，加入电锅中，并加盐调味。❸入锅煮饭，至开关跳起，续焖10分钟即成。

适合人群 一般人都可食用，尤其适合女性食用。

专家点评 降低血脂。

蛤蜊牛奶饭

材料 蛤蜊250克，鲜奶150克，白饭1碗

调料 盐2克，香料少许

做法 ❶蛤蜊泡薄盐水，吐沙后，入锅煮至开口，挑起蛤肉备用。❷白饭倒入煮锅，加入鲜奶和盐，以大火煮至快收汁，将蛤肉加入同煮至收汁，盛起后撒上香料即成。

适合人群 一般人都可食用，尤其适合老年人食用。

专家点评 降低血压。

竹叶菜饭

材料 干竹叶3叶，白米100克，油菜2株，胡萝卜20克，海藻干适量

做法 ①竹叶刷净，入沸水中烫一下后捞起，铺于电锅内锅底层。②油菜去头，洗净切细；胡萝卜削皮洗净，切丝。③白米淘净，与油菜、胡萝卜和海藻干混和，倒入电锅中，加1杯半水，入锅煮饭，至开关跳起即成。

八宝高纤饭

材料 黑糯米4克，长糯米10克，糙米10克，白米20克，大豆8克，黄豆10克，燕麦8克，莲子5克，薏仁5克，红豆5克

做法 ①全部材料洗净放入锅，加水盖满材料，浸泡1小时后沥干。②加入一碗半的水（外锅1杯水），放入电锅煮熟即成。

专家点评 排毒瘦身。

水果拌饭

材料 草莓1粒，猕猴桃、香蕉、芒果各1片，白粥3/4碗

做法 ①草莓洗净后去蒂，切成细丁，其他水果也切成丁备用。②将水果丁、白粥一起拌匀即可。

专家点评 增强免疫力。

重点提示 水果要选用新鲜的，久放冰箱里的水果口味不佳。

什锦炊饭

材料 糙米1杯，燕麦1/4杯，生香菇4朵，猪肉丝50克，豌豆仁少许

调料 高汤2杯

做法 ①糙米和燕麦洗净，浸泡于足量清水中约1小时，洗净后沥干水分；香菇切小丁备用。②锅中倒入高汤，加入糙米、燕麦、香菇丁、猪肉丝与豌豆仁，拌匀蒸熟即可。

专家点评 开胃消食。

紫米菜饭

材料 紫米1杯，包菜200克，胡萝卜1小段，鸡蛋1个

调料 葱花适量

做法 1 紫米淘净，放进电锅内锅，加水浸泡；包菜洗净切粗丝；胡萝卜削皮、洗净切丝。将包菜、胡萝卜在米里和匀，外锅加1杯半水煮饭。2 鸡蛋打匀，用平底锅分次煎成蛋皮，切丝。2 待电锅开关跳起，续焖10分钟再掀盖，将饭菜和匀盛起，撒上蛋丝、葱花即成。

蒲烧鳗鱼饭

材料 蒲烧鳗1段，热白饭1碗，鸡蛋1个

调料 醋姜片适量

做法 1 将鳗鱼以微波炉加热。2 将白饭盛碗，铺上鳗鱼。3 鸡蛋打匀成蛋汁，入锅煎蛋卷，切长条状，与醋姜片搭配饭即可食用。

适合人群 一般人都可食用，尤其适合男性食用。

专家点评 保肝护肾。

重点提示 加工鳗鱼时应注意，其血有毒。

贝母蒸梨饭

材料 川贝母10克，水梨1个，糯米1/2杯

调料 盐适量

做法 1 梨子洗净，切成两半，挖掉梨心和部分果肉。2 贝母和糯米淘净，挖出的果肉切丁，混合倒入梨内，盛在容器里移入电锅。3 外锅加1杯水，蒸到开关跳起即可食用。

适合人群 一般人都可食用，尤其适合男性食用。

专家点评 润肺养阴。

双枣八宝饭

材料 江苏圆糯米、豆沙各200克，红枣、蜜枣、瓜仁、枸杞、葡萄干各30克

调料 白糖100克

做法 1 将糯米洗净，用清水浸泡12小时，捞出入锅蒸熟。2 取一圆碗，涮上猪油，在碗底放上红枣、蜜枣、瓜仁、枸杞和葡萄干，铺上一层糯米饭。3 再放入豆沙，盖上一层糯米饭，上笼蒸30分钟，取出后翻转碗倒在碟上即可。

八宝饭

材料 糯米200克，香菇30克，海蛎干、干贝、虾仁、鱿鱼丝、板栗、鸭蛋、猪肉各10克，竹筒1个

调料 家酿酱油、盐各适量

做法 ①糯米洗净泡1小时；香菇、海蛎干泡发；虾仁、干贝洗净；鱿鱼丝、板栗、鸭蛋煮熟；猪肉切小块。②油锅烧热，放糯米炒透，加水、盐、酱油、糖焖干，香菇、鸭蛋、干贝、虾仁、海蛎干、板栗、鱿鱼丝、猪肉放入竹筒内，糯米打入压实，蒸熟即可。

金瓜饭

材料 香米200克，金瓜100克，猪肉、虾仁、鱿鱼丝、干贝、胡萝卜、香菇各20克

调料 酱色、盐、糖各适量

做法 ①香米洗净泡30分钟捞出；金瓜、胡萝卜均去皮洗净切丁；香菇泡发洗净切丝；猪肉切小丁；虾仁、鱿鱼丝、干贝洗净备用。②猪肉入锅炒出油，再入香菇、虾仁、鱿鱼丝、干贝爆香，放胡萝卜丁、米炒透。③放金瓜、开水和调味料，煮干焖透即可。

玫瑰八宝饭

材料 上等糯米50克，玫瑰豆沙100克，西湖蜜饯50克

调料 白糖50克

做法 ①先将糯米洗净备用。②锅中放入水，将糯米煮熟后取出，放凉后拌入白糖，包入玫瑰豆沙、西湖蜜饯后盛碗内。②将八宝饭放入蒸笼内蒸2~3分钟，取出即可食用。

适合人群 一般人都可食用，尤其适合女性食用。

专家点评 增强免疫力。

澳门非洲鸡套餐饭

材料 非洲鸡150克，青菜50克，咸蛋半个，米饭1碗

调料 盐、白糖、淀粉各适量

做法 ①非洲鸡入油锅中炸熟，沥干油分切成块状。②锅中注水烧开，放入青菜焯熟，沥干水分。③将非洲鸡块、青菜、咸蛋摆在蒸热的饭上即可。

适合人群 一般人都可食用，尤其适合儿童食用。

专家点评 提神健脑。

重点提示 鸡肉凉后再切，且要保持其形状的完整。

爽口糙米饭

材料 粳米100克，糙米100克，红枣50克

做法 ①粳米、糙米一起泡发洗净。②红枣洗净后去核，切成小块。③再将粳米、糙米与红枣一起上锅蒸约半小时至熟即可。

适合人群 一般人都可食用，尤其适合女性食用。

专家点评 排毒瘦身。

重点提示 糙米以外观完整、饱满、色泽显黄褐色或浅褐色、且散发香味的为佳。

原盅腊味饭

材料 米500克，腊肉、香肠各150克

调料 盐2克

做法 ①将米淘洗干净；腊肉、香肠洗净后切成薄块。②米加水上火煮成饭。③饭上再加入腊味一起煮至有香味即可。

适合人群 一般人都可食用，尤其适合男性食用。

专家点评 开胃消食。

重点提示 腊肉用水泡洗一下，味更好。

叉烧油鸡饭

材料 白饭1碗，叉烧50克，油鸡100克，菜心100克

调料 盐2克，香油5克

做法 ①菜心洗净，入沸水中焯熟；油鸡砍件、叉烧切片备用。②切好的油鸡和叉烧放在白饭上，入微波炉加热30秒钟后取出。③放入菜心，调入盐，淋上香油即可。

专家点评 提神健脑。

重点提示 鸡肉放入啤酒中浸泡可除腥味。

腊味饭

材料 腊肉100克，米饭1碗，菜心100克，腊肠50克

调料 盐2克

做法 ①腊肉、腊肠切成薄片；菜心放入烧开的水中焯熟，捞出沥水。②将腊肉、腊肠放在饭上入微波炉加热1分钟后取出。③将菜心放在碗内，即可食用。

专家点评 开胃消食。

重点提示 腊肉要去皮切成薄片，吃起来才不会感觉油腻。

冬菇猪蹄饭

材料 白饭1碗，猪蹄20克，冬菇50克，菜心100克

调料 姜丝10克，葱花15克，盐、糖、蚝油、胡椒粉、鸡油、麻油各适量

做法 ①冬菇用水浸泡40分钟后洗净，切去菇枝；菜心洗净备用。②锅内放油烧热，爆香姜丝、葱花，加入鸡油、盐、糖、蚝油、胡椒粉、麻油煮10分钟。③捞出姜丝、葱花，放入猪蹄煮5分钟，然后把猪蹄捞出放在饭上，冬菇放在猪蹄上，加入菜心即可。

虾饭

材料 虾200克，泡发的香菇15克，米300克，蒜苗50克

调料 九里香2克，味精2克，盐3克，香油4克，胡椒粉1克

做法 ①蒜苗洗净切段；虾洗净去泥肠；香菇洗净后切丝。②虾入油锅稍炒，再放入蒜苗，调入调味料后炒匀。③米洗净，入锅用中火煲至八成熟，放入虾、蒜苗、香菇后再煲至熟，放入九里香即可。

潮阳农家饭

材料 包菜150克，米300克，五花肉50克，蒜苗40克

调料 盐、鸡精、香油、胡椒粉、九里香各适量

做法 ①包菜洗净切块；蒜苗洗净切段；五花肉洗净切块，入锅炒至金黄色。②包菜、蒜苗入热油锅，加盐、鸡精、香油、胡椒粉、九里香炒香；米洗净，放入砂锅中加适量水，中火煮至八成熟。③放五花肉、包菜、蒜苗，再用文火烧10分钟即可。

专家点评 开胃消食。

海鲜饭

材料 青豆15克，米饭1碗，洋葱50克，甜红椒、蛋各1个，蟹柳、虾仁、鲜鱿各适量，白菌10克

调料 白汁、盐、牛油、白葡萄酒、柠檬汁各适量

做法 ①鸡蛋入锅煎成蛋花，饭下锅炒香装碗；洋葱洗净切角；海鲜用盐、胡椒粉、柠檬汁腌5分钟；甜红椒切条。②牛油烧热，海鲜、洋葱、青豆、甜红椒、白菌下锅炒熟，淋白葡萄酒、白汁，调入盐炒匀，铺饭上即可。

猪扒饭

材料 鸡蛋2个，猪扒200克，胡萝卜、西芹、洋葱、白菌、西红柿肉、青豆、什菜丝各适量，米饭1碗

调料 香油、面粉、淀粉、白兰地酒、黑椒粒、香叶、盐、糖、胡椒粉各适量

做法 ①鸡蛋去壳与面粉拌匀；猪扒切块，用除面粉以外的调味料腌半小时，再裹上面粉蛋液，入锅煎至两面金黄。②另一个蛋打匀煎熟，加饭炒匀后盛碗。将所有原材料同炒香后盛碗，盖上猪扒，淋上香油。

排骨煲仔饭

材料 仔排200克，米50克

调料 美极鲜酱油10克，蚝油10克，姜、葱10克，汤皇、料酒、糖、鸡精、油菜心各适量

做法 ①将仔排洗净，切成块后汆水洗净待用。②把生米泡透后，加适量花生油，上笼蒸熟。③将排骨加所有调味料烧制熟，上桌与米饭一起食用即可。

适合人群 一般人都可食用，尤其适合女性食用。

专家点评 补血养颜。

日式海鲜锅仔饭

材料 虾、蟹、鱿鱼、鱼柳共250克，白饭200克，鸡蛋1个

调料 鳗鱼汁50克，糖5克，麻油、盐各少许

做法 ①将海鲜洗净，放入六成热油中，过油捞起。②热锅，加油下入蛋和饭，加少许盐炒香后装盘。③热锅，倒入鳗鱼汁，与海鲜共煮，再放入糖、麻油炒匀，淋到装盘的饭上即可。

专家点评 提神健脑。

豉汁排骨煲仔饭

材料 米100克，菜心80克，排骨150克

调料 生抽8克，姜10克，红椒、豆豉各15克

做法 ①红椒、姜均切丝；排骨洗净，斩块，汆水；菜心洗净，焯水至熟。②米加水放入砂锅中，煲10分钟，再放入排骨、红椒丝、姜丝、豆豉、花生油煲5分钟即熟。③放菜心于煲内，生抽淋于菜上即可。

适合人群 一般人都可食用，尤其适合男性食用。

专家点评 开胃消食。

窝蛋牛肉煲仔饭

材料 鸡蛋1个，熟牛肉200克，米100克，菜心80克

调料 麻油10克，生抽20克，姜10克

做法 ①牛肉切片；姜洗净切丝；鸡蛋取蛋黄下锅煮熟保持原状。②放米、加水于砂锅中，煲10分钟后，放上牛肉、蛋黄、姜丝、花生油再煲5分钟至熟。③菜心焯水至热，放入砂锅内，再淋上麻油、生抽于菜上即可。

专家点评 增强免疫。

鳕鱼蛋包饭

材料 鳕鱼100克，西红柿粒100克，鸡蛋3只，白饭250克

做法 ①将鳕鱼、西红柿洗净切粒；鸡蛋打散搅匀备用。②锅中加油烧热，取1个鸡蛋的蛋液煎成大饼状盛出，再放入鳕鱼粒煎熟。③将剩余蛋液与白饭翻炒，加入鳕鱼、西红柿炒香，再用蛋皮包起。

适合人群 一般人都可食用，尤其适合男性食用。

专家点评 降低血压。

咸鱼腊味煲仔饭

材料 香米150克，腊肉30克，腊肠50克，腊鸭50克，咸鱼片20克

调料 葱白1棵，红椒1个，姜1块

做法 ①香米用水浸1小时；腊肉、腊肠、腊鸭、咸鱼切成薄片；葱白切段；红椒、姜切丝备用。②已浸泡过的米放入瓦煲内，加上适量的水，用中火煲干水。③将切好的腊味、咸鱼片、姜、葱分别放入刚煲干水的煲内，再用慢火煲约10分钟即可。

腊味煲仔饭

材料 米120克，菜心80克，腊肉100克，腊肠50克

调料 麻油10克，生抽20克，姜10克

做法 ①腊肉浸泡洗净，切成片；腊肠洗净切成段；姜洗净切丝；菜心洗净焯水至熟。②米加水放入砂锅中，煲10分钟，再放入腊肉、腊肠、姜丝、花生油煲5分钟即熟。③生抽淋于菜上，盖上菜心即成。

适合人群 一般人都可食用，尤其适合男性食用。

专家点评 开胃消食。

澳门泡饭

材料 腊味粒、鲜肉碎、冬菇、豆腐、干虾米、叉烧、冬菜、菜心、西红柿粒各10克，鲜鱿、香菜末各5克，饭1碗

调料 鸡汁20克，盐5克，糖10克，鸡汤100克

做法 ①油锅烧热，爆香腊味粒、肉碎、叉烧、虾米、鲜鱿。②调入鸡汁、鸡汤煮沸，倒入饭拌匀煮至入味。③再倒入冬菇、豆腐、西红柿、香菜、冬菜、菜心，调入调味料拌匀即可。

麦门冬牡蛎烩饭

材料 麦门冬15克，鸡蛋1个，玉竹5克，牡蛎200克，胚芽米饭1碗，马蹄20克，芹菜10克，豆腐、青豆、胡萝卜各适量

调料 盐、胡椒粉、淀粉各适量

做法 ①麦门冬、玉竹下锅，加水熬成高汤。②牡蛎洗净沥干并用淀粉、盐腌渍备用。③胡萝卜、马蹄、豆腐切丁，入高汤中煮，加盐、胡椒粉调味，再入牡蛎、青豆，撒上芹菜及蛋汁，即成。

意式酿鱿筒饭

材料 鲜鱿1只，鱼块、虾仁、带子各5克，鸡蛋1个，白饭50克，花菜30克，西红柿20克

调料 盐、胡椒粉、味精、七味粉各适量

做法 ①锅上火，下鸡蛋、白饭、鱼块、虾仁、带子炒至干身，再下调味料（除七味粉之外）。②鲜鱿冲洗干净沥干水，将饭放在鲜鱿里面。③锅上火，下少许油，将鲜鱿煎至熟后装碟，淋上七味粉，花菜、西红柿装碟即可。

墨鱼饭

材料 墨鱼300克，米100克

调料 青椒1只，红椒半只，姜2片，葱2段，橄榄油、盐、胡椒粉各适量，九层塔少许

做法 ①墨鱼洗净去囊，维持整只状态勿切开，备用；米快速清洗，沥干；青椒、红椒、九层塔均洗净切末。②用橄榄油起油锅将米拌炒至八成熟，再拌入青椒、红椒、姜、葱、九层塔、盐、胡椒粉拌炒匀。③将炒好的米塞入墨鱼内，置电锅内把饭蒸熟。

洋葱牛肉盖饭

材料 白饭1碗，牛肉丝300克，洋葱100克

调料 盐2克，酱油、淀粉各8克

做法 ①牛肉丝加盐、酱油、淀粉抓匀；洋葱洗净，切丝。②油锅加热，将牛肉丝及洋葱炒熟，盛起淋在白饭上即成。

适合人群 一般人都可食用，尤其适合女性食用。

专家点评 降低血脂。

重点提示 牛肉要顺着肉的纹理切更省力。

鲔鱼盖饭

材料 白饭200克，海苔片1/2片，水煮鲔鱼80克

调料 芥末酱3克，无盐酱油2克

做法 ①无盐酱油、鲔鱼放入锅拌匀；海苔片烤过、切丝备用。②将一半的鲔鱼加入白饭拌匀装盘。③剩余一半的鲔鱼摆在白饭上，撒海苔丝，淋入芥末酱即可食用。

适合人群 一般人都可食用，尤其适合男性食用。

专家点评 提神健脑。

九州牛肉饭

材料 饭1碗，土豆1个，牛肉100克，洋葱1个，泡菜1份，芝麻少许

调料 盐5克，青椒30克，酱油15克，料酒8克

做法 ①土豆、牛肉、青椒切斜小块；洋葱切小粒；牛肉用小火焖1个小时备用。②锅中放油烧热，放入土豆、牛肉、洋葱和青椒，调酱油、料酒爆炒。③加盐炒匀至熟，放在盛饭的碗内，撒上芝麻，配上泡菜一起食用。

里脊片盖饭

材料 里脊肉150克，饭4碗，小白菜300克

调料 姜2片，葱4片，蒜2粒，熟芝麻、酱油、糖各适量

做法 ①葱洗净切小段，姜切片，蒜拍碎，加酱油及糖调成腌料；里脊肉切薄片，加入腌料中静置，然后将腌好的里脊肉取出，煎熟。②小白菜洗净切段，锅中加水放入盐，将小白菜烫熟后捞起备用。③将里脊肉及小白菜铺在米饭上，撒上熟芝麻即可。

三鲜烩饭

材料 白米饭150克，虾仁、猪肉片、小文蛤、西兰花菜各30克，胡萝卜片、木耳片各10克

调料 高汤、盐、蚝油、水淀粉、葱段各适量

做法 ①文蛤、虾仁均治净；西蓝花菜洗净切朵，焯烫。②葱段入锅爆香，文蛤、肉片、虾仁、胡萝卜、木耳、西蓝花菜入锅略炒，加高汤、水、盐、蚝油，煮滚后，加水淀粉勾芡，用锅勺搅拌，再次沸腾即可。将白饭盛于碗盘中，淋上完成的三鲜烩汁即可食用。

澳门叉烧饭

材料 丝苗米、叉烧、青菜各100克，咸蛋半个

调料 叉烧汁适量

做法 ①米洗净后煮熟，用碗盖成圆形放入碟中。②叉烧切成片状，摆在圆碟边。③青菜入沸水中焯熟，沥干水摆在饭旁，摆上咸蛋，淋上叉烧汁即可。

适合人群 一般人都可食用，尤其适合男性食用。

专家点评 开胃消食。

重点提示 咸蛋蒸15分钟，味道较好。

澳门烧肉饭

材料 丝苗米、烧肉、青菜各100克，咸蛋半个

调料 烧猪酱20克，糖10克

做法 ①米洗净蒸熟，用碗盖成圆形。②烧肉切成“日”字块；生菜入沸水中焯熟，沥干水分。③将烧肉放在饭上，再放入焯好的青菜，调入烧猪酱和糖，放上咸蛋即可。

专家点评 增强免疫力。

重点提示 烧肉切薄一些，味道更佳。

澳门盐鸡饭

材料 盐鸡100克，饭1碗，青菜100克，咸蛋半个

调料 盐3克，味精2克，盐鸡粉1克

做法 ①锅中注适量水，调入所有调味料，放入鸡浸煮10分钟至熟。②青菜洗净，放入烧开的水中焯熟，捞出沥水。③将鸡取出切块，同青菜、咸蛋一起摆在饭上即可。

适合人群 一般人都可食用，尤其适合男性食用。

专家点评 保肝护肾。

菜心生鱼片饭

材料 菜心100克，生鱼150克，饭120克，鸡蛋1个

调料 盐5克，姜、葱、蒜蓉各5克，淀粉少许

做法 ①生鱼洗净切片，加盐、鸡蛋液腌约1小时；姜洗净切片；葱洗净切段；菜心洗净。②生鱼片腌好后，下油锅炒熟，铲出待用。放姜、葱、蒜下油爆炒香，再下生鱼片，用中火炒1分钟后盛出。③起锅前勾薄芡，菜心入盐水焯至熟，与鱼片、米饭一起盛盘即可。

豉椒牛蛙饭

材料 牛蛙100克，洋葱各50克，米150克

调料 盐5克，味精3克，淀粉少许，豆豉8克，青椒、红椒各适量，姜、葱、蒜各5克

做法 ①青椒、红椒、洋葱洗净切块；姜洗净切片；葱洗净切段；蒜去皮洗净切蓉；牛蛙治净斩块。②米加适量水煮40分钟至熟。油锅烧热，爆香姜、葱、蒜、豆豉，入牛蛙、青椒、红椒、洋葱炒熟，调入盐、味精炒匀，起锅前勾薄芡，盛出摆于饭旁即成。

明炉烧鸭饭

材料 鸭子150克，青菜100克，米150克

调料 盐3克，味精、沙姜粉、甘草粉、五香粉各5克，麦芽糖10克，大红浙醋20克，蒜蓉8克

做法 ①将鸭子改刀，与盐、味精、沙姜粉、甘草粉、五香粉、蒜蓉一起腌渍30分钟后，在麦芽糖与醋调制的糖水中浸泡一会，沥干水，放入烤箱中烤35分钟。②米洗净，加水倒入锅中煮40分钟至熟后盛出。③青菜焯盐水至熟，鸭子扫油切块，摆于饭旁即可。

烧肉饭

材料 五花肉、米各150克，青菜100克

调料 盐、五香粉、甘草粉、柱候酱、淮盐各适量

做法 ①五花肉洗净切条状，放盐、甘草粉、五香粉搅拌腌渍1小时。②腌好的肉放入烤箱中烤半个小时，后上油，切块。米洗净加水入锅煮40分钟至熟盛出。③青菜焯盐水至熟，和五花肉、饭一起盛盘，柱候酱、淮盐盛小碟，摆于一旁作调味用。

专家点评 提神健脑。

豉椒黄鳝饭

材料 洋葱各50克，黄鳝120克，米150克

调料 豆豉、姜片、葱段、蒜蓉各5克，淀粉、青椒红椒、各适量

做法 ①青椒、红椒、洋葱均洗净切角；黄鳝治净切段，汆水；米洗净加水于锅煮40分钟至熟。②黄鳝先下油锅中炒熟后铲起，锅中留油，下姜、葱、蒜、豆豉爆炒香，加青椒、红椒、洋葱炒至七成熟，下黄鳝，加调味料炒匀。③出锅前勾薄芡，与米饭盛盘即可。

尖椒回锅肉饭

材料 青、红尖椒100克，五花肉200克，米150克

调料 蒜苗2克，豆瓣酱、辣椒酱、生抽、葱、姜各适量

做法 ①五花肉蒸熟切片，中火炸干至成回锅肉；青尖椒洗净切角，过油至熟；姜洗净切片；葱、蒜苗洗净均切段；米洗净煮熟。②锅留少许油，下葱、姜、蒜苗爆香，五花肉、尖椒下锅，加豆瓣酱、辣椒酱炒匀。③加生抽调味即可起锅，与饭一同装盘即可。

姜葱猪杂饭

材料 猪肝、猪心、猪腰、猪肚、猪粉肠各25克，米150克

调料 盐、姜、葱、淀粉、蚝油、老抽各适量

做法 ①猪肝、猪心、猪腰、猪肚、猪粉肠分别洗净，汆水后切条；姜、葱均洗净，姜切大块，葱切段。②米洗净加适量水煮至熟。猪肝、猪心、猪腰、猪肚、猪粉肠下锅炒熟，装碗，下姜、葱、爆炒香，再下猪杂，加调味料炒入味，出锅前打薄芡即可。

白切鸡饭

材料 米150克，整鸡1只，青菜100克

调料 黄姜粉、盐、姜末、葱、味精各适量

做法 ①米加适量水于锅中煲40分钟至熟。另于锅中放500毫升水，加姜末、葱、黄姜粉煲开。②鸡去内脏洗净汆水，后放入水锅，加盐、味精煲1分钟后取出。③鸡切块盛盘，青菜焯水至熟，姜末一碟配于旁，作调味用，与米饭一起食用。

专家点评 保肝护肾。

台湾卤肉饭

材料 米100克，五花肉200克，菜心50克

调料 豆瓣酱3克，辣椒酱2克，生抽5克，味精2克，葱、姜各5克，香料10克

做法 ①米先煮熟，五花肉上笼蒸，豆瓣酱、辣椒酱、生抽、味精、葱、姜、香料制成卤水。②肉蒸熟后取出切块，下卤水中卤半个小时后再下油炒香。③菜心过盐水至熟，与米饭、肉装盘即可。

专家点评 开胃消食。

咸菜猪肚饭

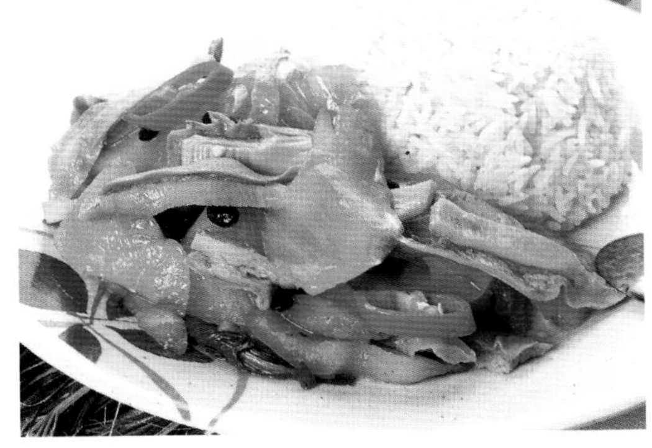

材料 米150克，咸菜、猪肚各100克

调料 八角、香叶、盐、味精、豆豉、姜、葱、淀粉各适量

做法 ①咸菜切片后焯水；猪肚洗净；姜洗净切片；葱洗净切段；米加水煲40分钟至熟。②将猪肚放入有盐、姜、葱、八角、香叶的水中煲熟后，取出切片。③油锅烧热，放入姜、葱、豆豉爆炒，下咸菜、猪肚用中火约炒1分钟，调入味精，勾薄芡即成。

咸蛋四宝饭

材料 咸蛋1个，叉烧50克，白切鸡50克，烧鸭50克，米150克，青菜100克

调料 盐5克，蒜蓉10克

做法 ①米洗净，加水于锅中煮熟成米饭，盛盘。②咸蛋下开水中煮20分钟至浮起，捞出去壳，切半；叉烧、白切鸡、烧鸭切条状。③青菜焯熟，与其他材料摆入饭旁，蒜蓉用小碟盛好作调味用。

专家点评 开胃消食。

澳门白切鸡饭

材料 鸡300克，白饭1碗，青菜100克，咸蛋半个

调料 上汤、盐、姜、鸡精各适量

做法 ①姜洗净切末；青菜洗净，入沸水中焯烫，捞出沥水备用。②鸡洗净剁块，放入油锅中炸至表面金黄后捞出，锅中留少许油爆香姜末。③加入鸡块，调入所有调味料煮熟，盛出摆放在饭上，再放入青菜、咸蛋即可。

专家点评 提神健脑。

豌豆肉末粥

材料 大米70克，猪肉100克，嫩豌豆60克

调料 盐3克，鸡精1克

做法 ①猪肉洗净切末；嫩豌豆洗净；大米用清水淘净，用水浸泡半小时。②大米放入锅中，加清水烧开，改中火，放入嫩豌豆、猪肉，煮至猪肉熟。③小火熬至粥浓稠，下入盐、鸡精调味即可。

适合人群 一般人都可食用，尤其适合女性食用。

专家点评 降低血脂。

肉末青菜粥

材料 猪肉80克，大米60克，菠菜、油菜、白菜各适量，枸杞少许

调料 盐3克，鸡精1克

做法 ①猪肉、菠菜、油菜、白菜洗净后切碎；大米淘净，泡半个小时；枸杞洗净备用。②锅中注水，放入大米、枸杞烧开，改小火，待粥熬至将成时，下入其余备好的原材料。③将粥熬好，加盐、鸡精调味即可食用。

香菇白菜肉粥

材料 香菇20克，白菜30克，猪肉50克，枸杞适量，大米100克

调料 盐3克，味精1克

做法 ①香菇用清水洗净对切；白菜洗净切碎；猪肉洗净切末；大米淘净泡好；枸杞洗净。②锅中注水，下入大米，大火烧开，改中火，下入猪肉、香菇、白菜、枸杞煮至猪肉变熟。③小火将粥熬好，调入盐、味精以及少许色拉油调味即可。

皮蛋瘦肉粥

材料 大米100克，皮蛋1个，瘦猪肉30克

调料 盐3克，姜丝、葱花、麻油各少许

做法 ①大米淘洗干净，放入清水中浸泡；皮蛋去壳，洗净切丁；瘦猪肉洗净切末。②锅置火上，注入清水，放入大米煮至五成熟。③放入皮蛋、瘦猪肉、姜丝煮至粥将成，放入盐、麻油调匀，撒上葱花即可。

专家点评 排毒瘦身。

瘦肉生姜粥

材料 生姜20克，猪瘦肉100克，大米80克

调料 料酒3克，葱花5克，盐1克，味精2克，胡椒粉适量

做法 ①生姜洗净去皮切末；猪肉洗净切丝，用盐腌15分钟；大米淘净泡好。②锅中放水，下入大米，大火烧开，改中火，下入猪肉、生姜，煮至猪肉变熟。③待粥熬化，下盐、味精、胡椒粉、料酒调味，撒上葱花即可。

猪肉包菜粥

材料 包菜60克，猪肉100克，大米80克

调料 盐3克，味精1克，淀粉8克

做法 ①包菜洗净切丝；猪肉洗净切丝，用盐、淀粉腌片刻；大米淘净泡好。②锅中注水，放入大米，大火烧开，改中火，下入猪肉，煮至猪肉变熟。③改小火，放入包菜，待粥熬至黏稠，下入盐、味精调味即可。

专家点评 防癌抗癌。

猪肉香菇粥

材料 猪肉、香菇各100克，大米80克

调料 葱白5克，生姜3克，盐2克，味精2克，麻油适量

做法 ①香菇洗净对切；猪肉洗净切丝，用盐、淀粉腌片刻；大米淘净，浸泡半小时。②锅中放入大米，加水，大火烧开，改中火，下入猪肉、香菇、生姜、葱白，煮至猪肉变熟。③小火慢煮成粥，下入盐、味精调味，淋上麻油即可。

金针菇猪肉粥

材料 大米80克，猪肉100克，金针菇100克

调料 盐3克，味精2克，葱花4克

做法 ①猪肉洗净切丝，用盐腌渍片刻；金针菇洗净，去老根；大米淘净，浸泡半小时后捞出沥干水分。②锅中注水，下入大米，旺火煮开，改中火，下入腌好的猪肉，煮至猪肉变熟。③再下入金针菇，熬至粥成，下入盐、味精调味，撒上葱花即可。

专家点评 降低血糖。

里脊猪肉粥

材料 猪里脊肉100克，大米80克

调料 盐3克，鸡精2克，川椒粒4克，芹菜粒适量

做法 ①猪里脊肉洗净切块，入油锅滑熟后捞出；大米淘净泡好。②锅中注水，下入大米以旺火煮开，下入猪肉煮至米粒开花且猪肉熟烂。③改小火，放入川椒粒、芹菜粒，慢火熬至成粥，加盐、鸡精调味即可。

专家点评 提神健脑。

猪肉紫菜粥

材料 大米100克，紫菜少许，猪肉30克，皮蛋1个

调料 盐3克，麻油、胡椒粉、葱花、枸杞各适量

做法 ①大米洗净，放入清水中浸泡；猪肉洗净切末；皮蛋去壳，洗净切丁；紫菜泡发后撕碎。②锅置火上，注入清水，放入大米煮至五成熟。③放入猪肉、皮蛋、紫菜、枸杞煮至米粒开花，加盐、麻油、胡椒粉调匀，撒上葱花即可。

专家点评 保肝护肾。

肉丸香粥

材料 猪肉丸子120克，大米80克

调料 葱花3克，姜末5克，盐2克，味精适量

做法 ①大米淘净，泡半小时；猪肉丸子洗净切小块。②锅中注水，下入大米，大火烧开，改中火，放猪肉丸子、姜末，煮至肉丸变熟。③改小火，将粥熬好，加盐、味精调味，撒上葱花即可。

适合人群 一般人都可食用，尤其适合女性食用。

专家点评 增强免疫力。

猪肉雪里蕻粥

材料 雪里蕻10克，猪肉50克，燕麦片30克，大米100克

调料 盐3克，葱花、姜末、绍酒、酱油各适量

做法 ①猪肉洗净剁成粒；雪里蕻洗净切碎；燕麦片泡发洗净；大米淘净，用水浸泡半小时。②大米、燕麦片放入锅中，加水，以大火烧开，改中火，放姜末、猪肉，煮至猪肉熟。③再用小火煮至粥浓稠，放入雪里蕻，加盐、绍酒、酱油调味，撒上葱花即可。

瘦肉豌豆粥

材料 瘦肉100克，豌豆30克，大米80克

调料 盐3克，鸡精1克，葱花、姜末、料酒、酱油、色拉油各适量

做法 ①豌豆洗净；猪肉洗净，剁成末；大米用清水淘净，用水泡半小时。②大米入锅，加清水烧开，改中火，放姜末、豌豆煮至米粒开花。③再放入猪肉，改小火熬至粥浓稠，调入色拉油、盐、鸡精、料酒、酱油调味，撒上葱花。

萝卜干肉末粥

材料 萝卜干60克，猪肉100克，大米60克

调料 盐3克，味精1克，姜末5克，葱花少许

做法 ①萝卜干用温水洗净，切成小段；猪肉洗净，剁成粒；大米用清水淘净，用水浸泡半小时。②锅中注水，放入大米、萝卜干烧开，改中火，下入姜末、猪肉粒，煮至猪肉熟。③改小火熬至粥浓稠，下入盐、味精调味，撒上葱花即可。

专家点评 开胃消食。

芋头香菇粥

材料 大米100克，芋头35克，猪肉100克，香菇20克，虾米10克

调料 盐3克，鸡精1克，芹菜粒5克

做法 ①香菇用清水洗净泥沙，切片；猪肉洗净切末；芋头洗净去皮，切小块；虾米用水稍泡洗净后捞出；大米淘净泡好。②锅中注水，放入大米烧开，改中火，下入其余备好的原材料。③将粥熬好，加盐、鸡精调味，撒入芹菜粒。

肉末紫菜豌豆粥

材料 大米100克，猪肉50克，紫菜20克，豌豆30克，胡萝卜30克

调料 盐3克，鸡精1克

做法 ①紫菜泡发洗净；猪肉洗净，剁成末；大米淘净泡好；豌豆洗净；胡萝卜洗净，切成小丁。②锅中注水，放大米、豌豆、胡萝卜，大火烧开，下入猪肉煮至熟。③小火将粥熬好，放入紫菜拌匀，调入盐、鸡精调味即可。

山药冬菇瘦肉粥

材料 山药、冬菇、猪肉各100克，大米80克

调料 盐3克，味精1克，葱花5克

做法 ①冬菇用温水泡发对切；山药洗净，去皮切块；猪肉洗净切末；大米淘净，浸泡半小时后，捞出沥干水分。②锅中注水，下入大米、山药，大火烧开至粥冒气泡时，下入猪肉、冬菇煮至猪肉变熟。③再改小火将粥熬好，调入盐、味精调味，撒上葱花即可。

香菇猪蹄粥

材料 大米150克，净猪前蹄120克，香菇20克

调料 盐3克，鸡精1克，姜末6克，香菜少许

做法 ①大米淘净，浸泡半小时后捞出沥干水分；猪蹄洗净，砍成小块，再下入锅中炖好，捞出；香菇洗净，切成薄片。②大米入锅，加水煮沸，下入猪蹄、香菇、姜末，再中火熬煮至米粒开花。待粥熬出香味，调入盐、鸡精调味，撒上香菜即可。

专家点评 增强免疫力。

黄花菜瘦肉糯米粥

材料 干黄花菜50克，猪肉100克，紫菜30克，糯米80克

调料 盐3克，鸡精1克，香油5克，葱花6克

做法 ①干黄花菜泡发，切小段；紫菜泡发，洗净撕碎；猪肉洗净切末；糯米淘净，泡3小时。②锅中注水，下入糯米，大火烧开，改中火，下入猪肉、干黄花菜煮至猪肉变熟。③小火将粥熬好，最后下入紫菜，再煮5分钟后，调入盐、味精调味，淋香油，撒上葱花即可。

洋葱豆腐粥

材料 大米120克，豆腐50克，青菜30克，猪肉50克，洋葱40克，虾米20克

调料 盐3克，味精1克，香油5克

做法 ①豆腐洗净切块；青菜洗净切碎；洋葱洗净切条；猪肉洗净切末；虾米治净；米泡发。②锅中注水，下入大米大火烧开，改中火，下入猪肉、虾米、洋葱煮至虾米变红。③改小火，放入豆腐，熬至粥成，调入盐、味精调味，淋上香油搅匀即可。

生菜肉丸粥

材料 生菜30克，猪肉丸子80克，香菇50克，大米适量

调料 姜末、葱花、盐、鸡精、胡椒粉各适量

做法 ①生菜洗净切丝；香菇洗净对切；大米淘净泡好；猪肉丸子洗净切小块。②锅中放适量水，下入大米后用大火烧开，放香菇、猪肉丸子、姜末，煮至肉丸变熟。③改小火，放入生菜，待粥熬好，加盐、鸡精、胡椒粉调味，撒上葱花即可。

菠菜瘦肉粥

材料 菠菜100克，瘦猪肉80克，大米80克

调料 盐3克，鸡精1克，生姜末15克

做法 ①菠菜洗净切碎；猪肉洗净切丝，用盐稍腌；大米淘净泡好。②锅中注水，下入大米煮开，下入猪肉、生姜末，煮至猪肉变熟。③下入菠菜，熬至粥成，调入盐、鸡精调味即可。

适合人群 一般人都可食用，尤其适合男性食用。

专家点评 开胃消食。

红枣豌豆肉丝粥

材料 红枣10克，猪肉30克，大米80克，豌豆适量

调料 盐、淀粉、味精各适量

做法 ①红枣、豌豆洗净；猪肉洗净切丝，用盐、淀粉稍腌，入油锅滑熟后捞出；大米淘净泡好。②大米入锅，放适量清水，大火煮沸，改中火，下入红枣、豌豆煮至粥将成时。③下入猪肉，小火将粥熬好，加盐、味精调味即可。

专家点评 补血养颜。

洋葱青菜肉丝粥

材料 洋葱50克，青菜30克，猪瘦肉100克，大米80克

调料 盐3克，鸡精1克

做法 ①青菜洗净切碎；洋葱洗净切丝；猪肉洗净切丝；大米淘净泡好。②锅中注水，下入大米煮开，改中火，下入猪肉、洋葱，煮至猪肉变熟。③改小火，下入青菜，将粥熬化，调入盐、鸡精调味即可。

适合人群 一般人都可食用，尤其适合老年人食用。

专家点评 降低血糖。

猪肉芋头粥

材料 猪肉100克，芋头150克，大米80克

调料 葱花、香油、盐、味精、胡椒粉各适量

做法 ①芋头洗净，去皮切块；猪肉洗净切丝；大米淘净，浸泡半小时。②锅中放水，下入大米用旺火煮开，改中火，下入猪肉、芋头，煮至猪肉变熟。③小火将粥熬化，下入盐、味精、胡椒粉调味，淋香油，撒上葱花即可。

专家点评 防癌抗癌。

白果瘦肉粥

材料 白果20克，猪肉50克，玉米粒30克，红枣10克，大米适量

调料 盐3克，味精1克，葱花少许

做法 ①玉米粒洗净；猪肉洗净切丝；红枣洗净切碎；大米淘净泡好；白果去外壳取心。②锅中注水，下入大米、玉米、白果、红枣，旺火烧开，改中火，下入猪肉煮至猪肉变熟。③改小火熬煮成粥，加盐、味精调味，撒上葱花即可。

黑豆瘦肉粥

材料 大米100克，黑豆20克，猪瘦肉30克，皮蛋1个

调料 盐3克，味精2克，胡椒粉、香油、葱花适量

做法 ①大米、黑豆洗净，放入清水中浸泡；猪瘦肉治净切片；皮蛋去壳，洗净切丁。②锅置火上，注入清水，放入大米、黑豆煮至五成熟。③再放入猪肉、皮蛋煮至粥将成，加盐、味精、胡椒粉、香油调匀，撒上葱花即可。

专家点评 补血养颜。

猪肉莴笋粥

材料 莴笋100克，猪肉120克，大米80克

调料 味精、盐、酱油、香油、葱花各适量

做法 ①猪肉洗净切丝，用盐腌15分钟；莴笋洗净，去皮切丁；大米淘净泡好。②锅中放水，放入大米后用旺火煮开，下入猪肉、莴笋，煮至猪肉变熟。③再改小火将粥熬化，下入盐、味精、酱油调味，淋香油，撒上葱花即可。

专家点评 降低血糖。

猪肉玉米粥

材料 玉米50克，猪肉100克，枸杞适量，大米80克

调料 盐3克，味精1克，葱少许

做法 ①玉米拣尽杂质，用清水浸泡；猪肉洗净切丝；枸杞洗净；大米淘净泡好；葱洗净切花。②锅中注水，下入大米和玉米煮开，改中火，放入猪肉、枸杞，煮至猪肉变熟。③小火将粥熬化，调入盐、味精调味，撒上葱花即可。

专家点评 降低血糖。

萝卜橄榄粥

材料 糯米100克，白萝卜、胡萝卜各50克，猪肉80克，橄榄20克

调料 盐3克，味精1克，葱花适量

做法 ①白萝卜、胡萝卜均洗净切丁；猪肉洗净切丝；橄榄冲净；糯米淘净，用清水泡好。②锅中注水，下入糯米和橄榄煮开，改中火，放入胡萝卜、白萝卜煮至粥稠冒泡。③再下入猪肉熬至粥成，调入盐、味精调味，撒上葱花即可。

黄花瘦肉枸杞粥

材料 干黄花菜50克，瘦猪肉100克，枸杞少许，大米80克

调料 盐、味精、葱花各适量

做法 ①猪肉洗净切丝；干黄花菜用温水泡发，切成小段；枸杞洗净；大米淘净，浸泡半小时后捞出沥干水分。②锅中注水，下入大米、枸杞，大火烧开，改中火，下入猪肉、黄花菜、姜末，煮至猪肉变熟。③文火将粥熬好，调入盐、味精调味，撒上葱花即可。

青菜罗汉果粥

材料 大米100克，猪肉50克，罗汉果1个，青菜20克

调料 盐3克，鸡精1克

做法 ①猪肉洗净切丝；青菜洗净切碎；大米淘净泡好；罗汉果打碎后，下入锅中煎煮汁液。②锅中加入适量清水，下入大米，旺火煮开，改中火，下入猪肉，煮至猪肉变熟。③倒入罗汉果汁，改小火，放入青菜，熬至粥成，下入盐、鸡精调味即可。

专家点评 养心润肺。

瘦肉西红柿粥

材料 西红柿100克，瘦肉100克，大米80克

调料 盐3克，味精1克，葱花、香油少许

做法 ①西红柿洗净，切成小块；猪肉洗净切丝；大米淘净，泡半小时。②锅中放入大米，加适量清水，大火烧开，改用中火，下入猪肉，煮至猪肉变熟。③改小火，放入西红柿，慢煮成粥，下入盐、味精调味，淋上香油，撒上葱花即可。

专家点评 防癌抗癌。

瘦肉青菜黄桃粥

材料 瘦肉100克，青菜30克，黄桃2个，大米80克

调料 盐3克，味精1克

做法 ①猪肉洗净切丝；青菜洗净切碎；黄桃洗净，去皮切块；大米淘净，浸泡半小时后，捞出沥干水分。②锅中注水，下入大米，旺火煮开，改中火，下入猪肉，煮至猪肉变熟。③放入黄桃和青菜，慢熬成粥，下入盐、味精调味即可。

专家点评 防癌抗癌。

皮蛋瘦肉薏米粥

材料 皮蛋1个，瘦肉30克，薏米50克，大米80克

调料 盐3克，味精2克，麻油、胡椒粉适量，葱花、枸杞少许

做法 ①大米、薏米洗净，放入清水中浸泡；皮蛋去壳，洗净切丁；瘦肉洗净切小块。②锅置火上，注入清水，放入大米、薏米煮至略带黏稠状。③再放入皮蛋、瘦肉、枸杞煮至粥将成，加盐、味精、麻油、胡椒粉调匀，撒上葱花即可。

白菜紫菜猪肉粥

材料 白菜心30克，紫菜20克，猪肉80克，虾米30克，大米150克

调料 盐3克，味精1克

做法 ①猪肉洗净切丝，白菜心洗净切丝，紫菜泡发洗净，虾米治净，大米淘净泡好。②锅中放水，大米入锅，旺火煮开，改中火，下入猪肉、虾米，煮至虾米变红。③改小火，放入白菜心、紫菜，慢熬成粥，下入盐、味精即可。

瘦肉猪肝粥

材料 猪肝100克，猪肉100克，大米80克，青菜30克

调料 葱花3克，料酒2克，胡椒粉2克，盐3克

做法 ①猪肉、青菜洗净切碎猪肝洗净切片；大米淘净泡好。②锅中注水，下入大米，开旺火煮至米粒开花，改中火，下入猪肉熬煮。③转小火，下入猪肝、青菜，加入料酒，熬煮成粥，加盐、胡椒粉调味，撒上葱花即可。

专家点评 增强免疫力。

鸽蛋菜肉粥

材料 鸽蛋1个，白菜、猪肉馅各20克，大米80克

调料 盐3克，香油、胡椒粉、葱花各适量

做法 ①大米洗净，入清水中浸泡；鸽蛋煮熟，去壳后剖半；白菜洗净后切成细丝。②锅置火上，注入清水，放入大米煮至七成熟。③放入猪肉馅煮至米粒开花，放入鸽蛋、白菜稍煮，加盐、香油、胡椒粉调匀，撒葱花便可。

专家点评 开胃消食。

火腿菊花粥

材料 菊花20克，火腿肉100克，大米80克

调料 姜汁5克，葱汁3克，盐2克，白胡椒粉5克，鸡精3克

做法 ①火腿洗净切丁；大米淘净，用冷水浸泡半小时；菊花洗净备用。②锅中注水，下入大米，大火烧开，下入火腿、菊花、姜汁、葱汁，转中火熬煮至米粒开花。③待粥熬出香味，调入盐、鸡精、白胡椒粉调味，撒上葱花即可。

瘦肉虾米冬笋粥

材料 大米150克，猪肉50克，虾米30克，冬笋20克

调料 盐3克，味精1克，葱花少许

做法 ①虾米治净；猪肉洗净切丝；冬笋去壳，洗净切片；大米淘净，浸泡半小时后捞出沥干水分后备用。②锅中放入大米，加适量清水，旺火煮开，改中火，下入猪肉、虾米、冬笋，煮至虾米变红。③小火慢熬成粥，下入盐、味精调味，撒上葱花即可。

专家点评 降低血压。

苦瓜西红柿瘦肉粥

材料 苦瓜80克，猪肉100克，芹菜30克，大米80克，西红柿50克

调料 盐3克，鸡精1克

做法 ①苦瓜洗净，去瓤切片；猪肉洗净切块；芹菜洗净切段；西红柿洗净，切小块；大米淘净。②锅中注水，放入大米以旺火煮开，加入猪肉、苦瓜，煮至猪肉变熟。③改小火，放入西红柿和芹菜，待大米熬至浓稠时，调味即可。

黑米瘦肉粥

材料 黑米80克，瘦肉、红椒、芹菜各适量

调料 盐、味精、胡椒粉各2克，料酒5克

做法 ①黑米泡发洗净，瘦肉洗净切丝，红椒洗净切圈，芹菜洗净切碎。②锅置火上，倒入清水，放入黑米煮开。③加入瘦肉、红椒同煮至浓稠状，再入芹菜稍煮，调入盐、味精、料酒、胡椒粉拌匀即可。

适合人群 一般人都可食用，尤其适合儿童食用。

专家点评 养心润肺。

韭菜猪骨粥

材料 猪骨500克，韭菜50克，大米80克

调料 醋5克，料酒4克，盐3克，味精2克，姜末、花各适量

做法 ①猪骨洗净斩件，入沸水汆烫后捞出；韭菜洗净切段；大米淘净，泡半小时。②猪骨入锅，加清水、料酒、姜末，旺火烧开，滴入醋，下入大米煮至米粒开花。③转小火，放入韭菜，熬煮成粥，放入盐、味精调味，撒上葱花即可。

鸡蛋玉米瘦肉粥

材料 大米80克，玉米粒20克，鸡蛋1个，猪肉20克

调料 盐3克，香油、胡椒粉、葱花适量

做法 ①大米洗净，用清水浸泡；猪肉洗净切片；鸡蛋煮熟切碎。②锅置火上，注入清水，放入大米、玉米煮至七成熟。③再放入猪肉煮至粥成，放入鸡蛋，加盐、香油、胡椒粉调匀，撒上葱花即可。

适合人群 一般人都可食用，尤其适合男性食用。

专家点评 开胃消食。

豆皮瘦肉粥

材料 豆腐皮30克，猪瘦肉50克，大米180克

调料 盐3克，味精1克，香菜段适量

做法 ①猪肉洗净切丝，用盐腌渍片刻；豆腐皮洗净，切丝；大米淘净泡好。②锅中放水，大米入锅，大火烧开，改中火熬煮至粥稠且冒气泡时，下入猪肉、豆腐皮，煮至猪肉变熟。③最后下入盐、味精调味，撒上香菜即可。

专家点评 降低血脂。

玉米鸡蛋猪肉粥

材料 玉米糁80克，猪肉100克，鸡蛋1个

调料 盐3克，鸡精1克，料酒6克，葱花少许

做法 ①猪肉洗净切片，用料酒、盐腌渍片刻；玉米糁淘净，浸泡6小时备用；鸡蛋打入碗中搅匀。②锅中加清水，放玉米糁，大火煮开，改中火煮至粥将成时，下入猪肉，煮至猪肉变熟。③再淋入蛋液，加盐、鸡精调味，撒上葱花即可。

专家点评 提神健脑。

枸杞山药瘦肉粥

材料 山药120克，猪肉100克，大米80克，枸杞15克

调料 盐3克，味精1克，葱花5克

做法 ①山药洗净，去皮切块；猪肉洗净切块；枸杞洗净；大米淘净，泡半小时。②锅中注水，下入大米、山药、枸杞，大火烧开，改中火，下入猪肉，煮至猪肉变熟。③小火将粥熬好，调入盐、味精调味，撒上葱花即可。

专家点评 降低血压。

冬瓜瘦肉枸杞粥

材料 冬瓜120克，大米60克，猪肉100克，枸杞15克

调料 盐3克，鸡精2克，香油5克，葱花适量

做法 ①冬瓜去皮，洗净切块；猪肉洗净切块，加盐腌渍片刻；枸杞洗净；大米淘净，泡半小时。②锅中加适量水，放入大米以旺火煮开，加入猪肉、枸杞，煮至猪肉变熟。③待大米熬烂时，加盐、鸡精调味，淋香油，撒上葱花即可。

专家点评 开胃消食。

排骨虾米粥

材料 猪小排骨400克，虾米100克，大米80克

调料 盐3克，姜末4克，味精2克，葱花5克

做法 ①猪排骨洗净切块，入开水中汆去血水后捞出；大米淘净，浸泡半小时备用；虾米洗净。②排骨入锅，加入适量清水、盐、姜末，旺火烧开，再煮半小时，下入大米煮至米粒开花。③下入虾米，熬煮成粥，加盐、味精调味，撒上葱花即可。

专家点评 防癌抗癌。

排骨青菜粥

材料 猪排骨、大米各120克，青菜、虾米各30克

调料 盐3克，姜末2克，味精3克，熟芝麻5克

做法 ①大米淘净；猪排骨洗净，砍成小段，入开水中汆烫后捞出；青菜洗净切碎；虾米治净。②排骨入锅，加清水、盐、姜末，旺火烧开，再煮半小时，下入大米煮开，转中火熬煮。③煮至米粒开花，下入虾米、青菜，转小火熬煮成粥，调入盐、味精调味，撒上熟芝麻即可。

西红柿猪骨粥

材料 西红柿80克，猪骨500克，青豆30克，大米80克

调料 盐3克，味精2克，姜块5克，葱花适量

做法 ①西红柿洗净，切小块；大米淘净泡好；猪骨洗净斩件，入沸水汆烫后捞出；青豆洗净备用。②猪骨转入高压锅中，加清水、盐、姜块煲煮，另起锅烧开，下入大米、青豆，煮至米粒开花。③转小火，加入西红柿，熬煮成粥，加盐、味精调味，撒上葱花即可。

猪肝粥

材料 大米80克，猪肝100克

调料 盐3克，味精2克，料酒4克，葱花、姜末各适量

做法 ①猪肝洗净切片，用料酒腌渍；大米淘净泡好。②锅中注水，放入大米，旺火烧沸，下入姜末，转中火熬至米粒开花。③放入猪肝，慢火熬粥至浓稠，加入盐、味精调味，淋花生油，撒上葱花即可。

适合人群 一般人都可食用，尤其适合孕产妇食用。

专家点评 保肝护肾。

鹌鹑蛋猪肉白菜粥

材料 大米80克，鹌鹑蛋2个，猪肉馅20克，白菜20克

调料 盐3克，味精2克，高汤100克，葱花、姜末、香油各适量

做法 ①大米洗净，用清水浸泡；鹌鹑蛋煮熟后去壳；白菜洗净切丝。②锅置火上，注入清水、高汤，放入大米煮至五成熟。③放入猪肉馅、姜末煮至米粒开花，放白菜、鹌鹑蛋略煮，加盐、味精、香油调匀，撒上葱花即可。

玉米火腿粥

材料 玉米粒30克，火腿100克，大米50克

调料 葱、姜各3克，盐2克，胡椒粉3克

做法 ①火腿洗净切丁；玉米拣尽杂质后淘净，浸泡1小时；大米淘净，用冷水浸泡半小时后，捞出沥干水分。②大米下锅，加适量清水，大火煮沸，下入火腿、玉米、姜丝，转中火熬煮至米粒开花。③改小火，熬至粥浓稠，放入盐、胡椒粉调味，撒上葱花即可。

猪排大米粥

材料 猪排骨500克，大米80克

调料 葱花少许，盐3克，味精2克，麻油适量

做法 ①猪排骨洗净切块，下入开水中汆去血水后捞出，再放入加盐的水中煮熟；大米淘净泡好。②将排骨连汤倒入锅中，下入大米，旺火烧开。③改慢火，将粥熬至浓稠，放入盐、味精调味，淋上麻油，撒入葱花即可。

专家点评 增强免疫力。

花生猪排粥

材料 大米200克，花生米50克，猪排骨180克

调料 盐4克，味精1克，姜末6克，香菜段少许

做法 ①猪排骨洗净，砍成小块，下入开水中汆烫去血水后捞出，另放入加盐、姜末的水中煮熟；大米淘净，浸泡半小时；花生米洗净。②将排骨连汤倒入锅中，旺火烧开，下入大米、花生米同煮成粥。③最后放入盐、味精调味，撒入香菜即可。

专家点评 提神健脑。

胡椒猪肚粥

材料 白胡椒粉7克，猪肚100克，大米80克

调料 生抽5克，料酒8克，盐3克，葱花适量

做法 1大米淘净，浸泡半小时后捞出备用；猪肚洗净切条，用盐、料酒、生抽腌渍。2锅中注水，放入大米，旺火烧沸，下入猪肚，转中火熬煮。3慢火熬煮至粥黏稠，且出香味，加盐、白胡椒粉调味，撒上葱花即可。

专家点评 开胃消食。

猪腰干贝粥

材料 猪腰、猪肝各50克，干贝、青菜各15克，大米100克

调料 葱花、酱油、盐、麻油、生姜各适量

做法 1猪腰洗净，去除腰臊，切上花刀；大米淘净；青菜洗净切碎；猪肝洗净切片；干贝用温水泡发后撕碎；生姜去皮，洗净切末。2大米入锅，加水，旺火煮沸，下干贝、姜末、猪腰、猪肝、青菜，待粥熬好，加盐、酱油调味，淋上麻油，撒入葱花即可。

安神猪心粥

材料 猪心120克，大米150克

调料 葱花3克，姜末2克，料酒5克，盐3克

做法 1大米洗净，泡半小时；猪心洗净，剖开切成薄片，用盐、味精、料酒腌渍。2大米放入锅中，加水煮沸，放入腌好的猪心、姜末，转中火熬煮。3改小火，熬煮成粥，加入盐调味，撒上葱花即可。

专家点评 提神健脑。

重点提示 猪心汆水，可去掉腥味。

黄瓜猪肘粥

材料 猪肘肉120克，黄瓜片50克，木通、漏芦各10克，大米120克

调料 葱花4克，盐2克，豆豉、枸杞各适量

做法 1木通、漏芦洗净，入锅煎煮后取汁；大米淘净泡好；猪肘肉入锅炖好后捞出；枸杞洗净。2大米入锅，加入清水，大火煮沸，下入猪肘肉、豆豉、枸杞，倒入药汁，再以中火熬煮至米粒开花。3下入黄瓜，转小火熬煮成粥，调入盐调味，撒上葱花即可。

猪肝瘦肉粥

材料 猪肝、猪肉各100克，大米80克，青菜30克

调料 葱花3克，料酒4克，胡椒粉2克，盐3克，味精适量

做法 ①猪肉、青菜均洗净切碎；猪肝洗净切片；大米淘净泡好。②锅中注水，下入大米，开旺火煮至米粒开花，改中火，下入猪肉熬煮。③转小火，下入猪肝、青菜，加入料酒，熬煮成粥，加盐、味精、胡椒粉调味，撒上葱花即可。

猪肝菠菜粥

材料 猪肝100克，菠菜50克，大米80克

调料 盐3克，鸡精1克，葱花少许

做法 ①菠菜洗净切碎；猪肝洗净切片；大米淘净，浸泡半小时后捞出沥干水分。②大米下入锅中，加适量清水，旺火烧沸，转中火熬至米粒散开。③下入猪肝，慢熬成粥，最后下入菠菜拌匀，调入盐、鸡精调味，撒上葱花即可。

专家点评 补血养颜。

状元及第粥

材料 猪肝、猪心、猪腰各150克，大米50克，枸杞适量

调料 姜末、葱花、盐、胡椒粉、鸡精各适量

做法 ①猪心洗净，切成小片；猪腰洗净，去腰臊，切花刀；枸杞洗净；猪肝洗净切片；大米淘净。②锅中注水，下入大米，煮至米粒开花，改中火，下入猪心、枸杞、姜末焖煮。③下入猪肝、猪腰，熬成粥，加鸡精、盐、胡椒粉调味，撒上葱即可。

猪肚苦瓜粥

材料 苦瓜50克，猪肚45克，大米80克

调料 料酒8克，姜末10克，盐3克，葱花少许

做法 ①苦瓜洗净剖开，去瓤，切成薄片，入沸水中焯烫后捞出；大米淘净泡好；猪肚洗净，切成条。②锅中注入适量清水，放入大米，先用旺火烧沸，下入猪肚、姜末，加入料酒，转中火熬煮至粥将成。③放入苦瓜，熬成粥，加盐，撒上葱花即可。

专家点评 降低血糖。

牛腩苦瓜燕麦粥

材料 牛腩80克，苦瓜30克，燕麦片30克，大米100克

调料 盐、料酒、葱花、姜末、生抽各适量

做法 ①苦瓜洗净去瓤，切成薄片；燕麦片洗净；牛腩洗净切片，用料酒、生抽腌渍；大米淘净，泡半小时。②大米入锅，加水，大火煮沸，下入牛腩、苦瓜、燕麦片、姜末，转中火熬煮至米粒软散。③改小火，待粥熬至浓稠，加盐调味，撒入葱花即可。

专家点评 降低血糖。

豆芽牛丸粥

材料 黄豆芽50克，牛肉丸120克，大米80克

调料 盐3克，味精1克，胡椒粉5克，姜丝6克，葱花少许

做法 ①黄豆芽洗净，去除根部；牛肉丸洗净对切；大米淘净，浸泡半小时。②大米放入锅中，加适量清水，旺火煮沸，下入牛肉丸、姜丝，用中火熬煮至米粒软散。③待粥快熬好时，下入黄豆芽煮至熟，调入盐、味精、胡椒粉调味，撒入葱花即可。

牛肚青菜粥

材料 牛肚120克，青菜30克，大米80克

调料 盐3克，鸡精1克

做法 ①青菜洗净切碎；牛肚洗净，入开水中烫熟后捞出切丝大米淘净泡好。②锅中注水，下入大米，旺火煮沸，下入牛肚，改中火熬煮至米粒软散。③转小火，熬煮成粥，下入青菜拌匀，调入盐、鸡精调味即可。

专家点评 开胃消食。

羊肉山药粥

材料 羊肉100克，山药60克，大米80克

调料 姜丝3克，葱花2克，盐3克，胡椒粉适量

做法 ①羊肉洗净切片；大米淘净，泡半小时；山药洗净，去皮切丁。②锅中注水，下入大米、山药，煮开，再下入羊肉、姜丝，改中火熬煮半小时。③慢火熬煮成粥，加盐、胡椒粉调味，撒入葱花即可。

适合人群 一般人都可食用，尤其适合女性食用。

专家点评 保肝护肾。

猪腰香菇粥

材料 大米80克，猪腰100克，香菇50克

调料 盐3克，鸡精1克，葱花少许

做法 1香菇洗净对切；猪腰洗净，去腰臊，切上花刀；大米淘净，浸泡半小时后捞出沥干水分。2锅中注水，放入大米以旺火煮沸，再下入香菇熬煮至将成时。3下入猪腰，待猪腰变熟，调入盐、鸡精搅匀，撒上葱花即可。

专家点评 保肝护肾。

牛肉黄花蛋粥

材料 大米、牛肉片各120克，鸡蛋1个，干黄花菜35克

调料 葱花4克，姜丝5克，盐3克，生抽5克，咖喱粉适量

做法 1干黄花菜泡发洗净，捞出挤干水分后切粒；大米淘净，浸泡半小时；牛肉片用盐、鸡蛋清、生抽腌渍。2大米入锅，加水烧沸，下黄花菜、姜丝熬煮。3待粥快熬成时，下入咖喱粉搅匀，再下入牛肉片煮至熟，加调味料，撒上葱花即可。

韭菜牛肉粥

材料 韭菜35克，牛肉80克，红椒20克，大米100克

调料 盐3克，味精2克，胡椒粉3克，姜末适量

做法 1韭菜洗净切段，大米淘净泡好，牛肉洗净切片，红椒洗净切圈。2大米放入锅中，加适量清水，大火烧开，下入牛肉和姜末，转中火熬煮至粥将成。3放入韭菜、红椒，待粥熬至浓稠，加盐、味精、胡椒粉调味即可。

专家点评 降低血脂。

牛肉鸡蛋大米粥

材料 牛里脊肉100克，鸡蛋2个，大米80克

调料 盐3克，鸡精2克，香菜适量

做法 1牛里脊肉洗净切片；大米淘净，浸泡半小时后捞出沥干水；鸡蛋打入碗中，搅拌均匀。2大米入锅，加适量清水以旺火烧沸，下入牛里脊肉，转中火熬煮至米粒软散。3待粥快熬好时，下入鸡蛋液牛里脊肉最好切薄片。并搅匀，加盐、鸡精调味，撒上香菜即可。

羊肉芹菜粥

材料 芹菜50克，羊肉100克，大米80克

调料 盐3克，味精1克

做法 ①芹菜洗净，切成小粒；羊肉洗净切片；大米淘净，泡半小时，捞出沥干水分备用。②锅中注水，下入大米，大火煮开，下入羊肉转中火熬煮。③待粥快熬好时，下入芹菜拌匀，加盐、味精调味即可。

专家点评 降低血糖。

重点提示 芹菜先在开水中焯一下。

豆腐羊肉粥

材料 羊肉120克，豆腐50克，大米150克

调料 盐3克，味精1克，葱花少许

做法 ①羊肉洗净切片；大米淘净，入清水中浸泡半小时；豆腐洗净搅碎。②锅中注水，下入大米，大火煮开，下入羊肉，转中火熬煮至米粒开花。③改小火，待粥熬出香味，下入豆腐稍焖，加盐、味精调味，撒入葱花即可。

专家点评 提神健脑。

狗肉枸杞粥

材料 狗肉200克，枸杞50克，大米80克

调料 盐3克，生抽2克，料酒5克，味精3克，姜末2克，香油、葱花各适量

做法 ①狗肉洗净切块，用料酒、生抽腌渍，入锅炒至干身；大米淘净，浸泡半小时；枸杞洗净。②大米入锅，加适量清水，旺火煮沸，下入姜末、枸杞，转中火熬煮。③下入狗肉，转小火熬煮粥浓稠，调入盐、味精调味，淋香油，撒入葱花即可。

兔肉红枣粥

材料 大米80克，兔肉200克，红枣、蒜头各60克

调料 盐3克，鸡精1克，葱白、葱花各少许

做法 ①蒜头去皮切片；红枣洗净，去核后切块；大米淘净，泡好；兔肉洗净切块，入开水中汆烫后捞出。②锅中放入适量水，下入米，旺火煮沸，放入兔肉、蒜头、红枣，转中火熬煮至米粒软散。③下入葱白，转小火熬煮成粥，加盐、鸡精调味，撒入葱花即可。

红枣当归乌鸡粥

材料 大米120克，乌鸡肉50克，当归10克，青菜20克，红枣30克

调料 料酒5克，生抽4克，盐适量

做法 ❶大米淘净泡好；乌鸡肉洗净剁成块，加入料酒、生抽、盐腌渍片刻；青菜洗净切碎；当归、红枣洗净。❷锅中加适量清水，下入大米大火煮沸，下入乌鸡肉、当归、红枣，转中火熬煮至将成。❸再下入青菜熬煮成粥，下入盐调味即可。

鸡腿瘦肉粥

材料 鸡腿肉150克，猪肉100克，大米80克

调料 姜丝4克，盐3克，味精、葱花各2克，麻油适量

做法 ❶猪肉洗净切片；大米淘净泡好；鸡腿肉洗净，切小块。❷锅中注水，下入大米，大火煮沸，放入鸡腿肉、猪肉、姜丝，中火熬煮至米粒软散。❸小火将粥熬煮至浓稠，调入盐、味精调味，淋麻油，撒入葱花即可。

专家点评 提神健脑。

鸡翅火腿粥

材料 鸡翅50克，火腿30克，香菇35克，大米120克

调料 盐3克，味精2克，姜汁5克，葱花4克

做法 ❶火腿剥去肠衣后切片；香菇泡发，洗净切丝；大米淘净，浸泡半小时；鸡翅洗净，剁成块。❷锅中注水，下入大米，用大火煮沸，下入鸡翅、香菇，再转中火熬煮。❸下入火腿，改小火熬煮成粥，加盐、味精、姜汁调味，撒上葱花即可。

专家点评 开胃消食。

鸡蛋鸡肝粥

材料 大米80克，鸡肝20克，鸡蛋1个

调料 盐3克，味精2克，料酒、葱花、麻油、胡椒粉各适量

做法 ❶大米淘洗干净，放入清水中浸泡；鸡肝治净切片。❷油锅烧热，加入料酒，放入鸡肝炒至变色后盛出。❸锅置火上，注入清水，放入大米煮至五成熟。放入鸡肝，煮至米粒开花后磕入鸡蛋稍煮，加盐、味精、麻油、胡椒粉调匀，撒上葱花即可。

双菇鸡肉粥

材料 金针菇60克，香菇50克，鸡肉250克，大米80克

调料 料酒3克，盐2克，葱花5克，高汤适量

做法 ①金针菇洗净，去除老化的根部；香菇洗净切片；大米淘净泡好；鸡肉洗净切块。②油锅烧热，下入鸡肉翻炒，烹入料酒，加高汤，下入大米，旺火烧沸，下入金针菇、香菇，转中火熬煮至米粒开花。③慢火将粥熬出香味，加盐，撒入葱花即可。

专家点评 降低血糖。

鸡肉豆腐蛋粥

材料 鸡肉、豆腐各30克，皮蛋1个，大米100克

调料 盐3克，料酒、姜末、葱花、麻油各适量

做法 ①大米淘洗干净，放入清水中浸泡；鸡肉洗净切小块；豆腐洗净切方块；皮蛋去壳，洗净切小丁。②油锅烧热，入鸡肉块、料酒，加盐炒熟后盛出。③锅置火上，注入清水，放入大米煮至五成熟，放入皮蛋、鸡肉、豆腐、姜末煮至粥成，放入盐、麻油调匀，撒上葱花即可。

鸡丝木耳粥

材料 大米150克，鸡脯肉50克，黑木耳30克，菠菜20克

调料 盐3克，味精1克，料酒6克，麻油适量

做法 ①黑木耳泡发，洗净切丝；鸡脯肉洗净切丝，用料酒腌渍；菠菜洗净切碎；大米淘净。②锅中注水，下入大米以大火烧沸，下入黑木耳，转中火熬煮至米粒开花。③再下入鸡丝、菠菜，将粥熬出香味，加盐、味精调味，淋上麻油拌匀即可。

母鸡小米粥

材料 小米80克，母鸡肉150克

调料 料酒6克，姜丝10克，盐3克，葱花少许

做法 ①母鸡肉洗净，切小块，用料酒腌渍；小米淘净，泡半小时。②油锅烧热，爆香姜丝，放入腌好的鸡肉过油，捞出备用。锅中加适量清水烧开，下入小米，旺火煮沸，转中火熬煮。③慢火将粥熬出香味，再下入母鸡肉煲5分钟，加盐调味，撒上葱花即可。

专家点评 提神健脑。

鸡蛋红枣醪糟粥

材料 醪糟30克，大米150克，鸡蛋1个，红枣5颗

调料 白糖5克

做法 ①大米淘洗干净，浸泡片刻；鸡蛋煮熟切碎；红枣洗净。②锅置火上，注入清水，放入大米、醪糟煮至七成熟。③放入红枣，煮至米粒开花后放入鸡蛋，加白糖调匀即可。

适合人群 一般人都可食用，尤其适合男性食用。

专家点评 补血养颜。

蛋黄酸奶肉汤粥

材料 鸡蛋1个，酸奶1杯，大米100克

调料 肉汤100克，葱花少许

做法 ①大米淘洗干净，放入清水浸泡；鸡蛋煮熟，取蛋黄切碎。②锅置火上，注入清水，放入大米煮至七成熟。③倒入肉汤煮至米粒开花，再放入鸡蛋，倒入酸奶调匀，撒上葱花即可。

适合人群 一般人都可食用，尤其适合女性食用。

专家点评 增强免疫力。

鸡蛋萝卜小米粥

材料 小米100克，鸡蛋1个，胡萝卜20克

调料 盐3克，香油、胡椒粉、葱花少许

做法 ①小米洗净；胡萝卜洗净后切丁；鸡蛋煮熟后切碎。②锅置火上，注入清水，放入小米、胡萝卜煮至八成熟。③下鸡蛋煮至米粒开花，加盐、香油、胡椒粉，撒葱花便可。

专家点评 提神健脑。

重点提示 要慢火熬出来的粥才好吃。

土豆蛋黄牛奶粥

材料 土豆30克，熟鸡蛋黄1个，牛奶100克，大米80克

调料 白糖3克，葱花适量

做法 ①大米洗净，入清水中浸泡；土豆去皮洗净，切成小块放入清水中稍泡。②锅置火上，注入清水，放入大米煮至五成熟。③放入牛奶调匀后放入土豆，煮至米粒开花，放入鸡蛋黄，加白糖调匀，撒上葱花即可。

鸡心香菇粥

材料 鸡心、香菇各100克，大米、枸杞各适量

调料 盐3克，鸡精2克，葱花、姜丝各4克，料酒5克，生抽适量

做法 ①香菇洗净，切成细丝；鸡心洗净切块，加料酒、生抽腌渍；枸杞洗净；大米淘净，浸泡1小时。②大米放入锅中，加适量清水，旺火烧沸，下入香菇、枸杞、鸡心和姜丝，转中火熬煮至米粒开花。③小火将粥熬好，加盐调味，撒上葱花即可。

海带鸭肉枸杞粥

材料 鸭肉200克，海带、大米各80克，枸杞30克

调料 盐3克，味精2克，葱花适量

做法 ①海带洗净，泡发切丝；大米淘净泡好；枸杞洗净；鸭肉洗净切块，入油锅中爆炒至水分全干后，盛出备用。②大米入锅，放入水后煮沸，下入海带、枸杞，转中火熬煮。③鸭肉倒入锅中，煲好粥，调入盐、味精调味，撒上葱花即可。

专家点评 增强免疫力。

冬瓜鹅肉粥

材料 鹅肉150克，冬瓜50克，大米200克

调料 生抽6克，姜丝10克，麻油适量

做法 ①鹅肉洗净切块，用生抽腌渍，入锅炖好；大米淘净泡好；冬瓜洗净，去皮切块。②锅中加适量清水，放入大米，旺火烧沸，下入姜丝、冬瓜，转中火熬煮至米粒软散。③放入鹅肉，待粥成时，加盐、鸡精调味，淋麻油，撒入葱花即可。

专家点评 防癌抗癌。

枸杞鹌鹑粥

材料 大米80克，鹌鹑2只，枸杞30克

调料 料酒5克，生抽、姜丝各3克，盐、鸡精各2克，葱花3克

做法 ①枸杞洗净；大米淘净；鹌鹑治净切块，用料酒、生抽腌渍。②油锅烧热，放鹌鹑过油捞出。锅中注水，下大米烧沸，再下入鹌鹑、姜丝、枸杞后转中火熬煮。③慢火熬化成粥，调入盐、鸡精调味，撒上葱花即可。

香菇双蛋粥

材料 香菇、虾米少许，皮蛋、鸡蛋各1个，大米100克

调料 盐3克，葱花、胡椒粉适量

做法 ①大米淘洗干净，用清水浸泡半小时；鸡蛋煮熟后切丁；皮蛋去壳，洗净切丁；香菇摘洗干净后切末；虾米洗净。②锅置火上，注入清水，放入大米煮至五成熟。③放入皮蛋、鸡蛋、香菇末、虾米煮至米粒开花，加入盐、胡椒粉调匀，撒上葱花即可。

蔬菜蛋白粥

材料 白菜、鲜香菇各20克，咸蛋白1个，大米、糯米各50克

调料 盐1克，葱花、香油各适量

做法 ①大米、糯米洗净，用清水浸泡半小时；白菜、鲜香菇洗净切丝；咸蛋白切块。②锅置火上，注入清水，放入大米、糯米煮至八成熟。③放入鲜香菇、咸蛋白煮至粥将成后再放入白菜稍煮，待黏稠时，加盐、香油调匀，撒上葱花即可。

干贝鱼片粥

材料 干贝20克，草鱼肉50克，大米80克

调料 盐3克，味精2克，料酒、香菜末、枸杞、香油各适量

做法 ①大米淘洗干净，用清水浸泡片刻；草鱼肉治净切块，用料酒腌渍去腥；干贝用温水泡发，撕成细丝。②锅置火上，注入清水，放入大米煮至五成熟。③放入鱼肉、干贝、枸杞煮至米粒开花，加盐、味精、香油调匀，撒香菜末便可。

鱼肉鸡蛋粥

材料 鲜草鱼肉50克，鸡蛋清适量，胡萝卜丁少许，大米100克

调料 盐3克，料酒、葱花、胡椒粉各适量

做法 ①大米淘洗干净，放入清水中浸泡；草鱼肉治净切块，用料酒腌渍去腥。②锅置火上，注入清水，放入大米煮至五成熟。③放入鱼肉、胡萝卜丁煮至粥将成，将火调小，倒入鸡蛋清打散，稍煮后加盐、胡椒粉调匀，撒上葱花便可。

黄花鱼火腿粥

材料 糯米80克，黄花鱼50克，火腿20克

调料 盐3克，味精2克，料酒、胡椒粉、姜丝、葱花、香油各适量

做法 ①糯米洗净，放入清水中浸泡；黄花鱼治净后切小片，用料酒腌渍去腥；火腿洗净切片。②锅置火上，放入清水，下入糯米煮至七成熟。③再放入鱼肉、姜丝、火腿煮至米粒开花，加盐、味精、胡椒粉、香油调匀，撒葱花便可。

鲈鱼西蓝花粥

材料 大米80克，鲈鱼50克，西蓝花20克

调料 盐3克，味精2克，葱花、姜末、黄酒、枸杞、香油各适量

做法 ①大米洗净；鲈鱼治净切块，用黄酒腌渍；西蓝花洗净掰成块。②锅置火上，注入清水，放入大米煮至五成熟。③放入鱼肉、西蓝花、姜末、枸杞煮至米粒开花，加盐、味精、香油调匀，撒上葱花即可。

专家点评 保肝护肾。

鳕鱼蘑菇粥

材料 大米80克，冷冻鳕鱼肉50克，蘑菇、青豆各20克、枸杞适量

调料 盐、姜丝、香油、高汤各适量

做法 ①大米洗净；鳕鱼肉洗净，用盐腌渍去腥；青豆、蘑菇洗净。②锅置火上，放入大米，加适量清水煮至五成熟。③放入鳕鱼、青豆、蘑菇、姜丝、枸杞煮至米粒开花，加盐、香油调匀即可。

专家点评 提神健脑。

银鱼苋菜粥

材料 小银鱼50克，苋菜10克，稠粥1碗

调料 盐3克，味精2克，料酒、枸杞、香油、胡椒粉各适量

做法 ①小银鱼治净，用料酒腌渍去腥；苋菜洗净。②锅置火上，放入小银鱼，加适量清水煮熟。③倒入稠粥，放入枸杞、苋菜稍煮，加盐、味精、香油、胡椒粉调匀便可。

专家点评 防癌抗癌。

豆豉鲤鱼粥

材料 糯米100克，鲤鱼50克，豆豉10克

调料 盐3克，味精2克，枸杞、葱花、香油、胡椒粉、料酒各适量

做法 ①糯米洗净，用清水浸泡；鲤鱼治净后切小块，用料酒腌渍去腥。②锅置火上，放入大米，加适量清水煮至五成熟。③放入鱼肉、豆豉、枸杞煮至米粒开花，加盐、味精、香油、胡椒粉调匀，撒葱花即可。

鲤鱼冬瓜粥

材料 大米80克，鲤鱼50克，冬瓜20克

调料 盐3克，味精2克，姜丝、葱花、料酒、香油各适量

做法 ①大米淘洗干净，用清水浸泡；鲤鱼治净切小块，用料酒腌渍；冬瓜去皮洗净，切小块。②锅置火上，注入清水，放入大米煮至五成熟。③放入鱼肉、姜丝、冬瓜煮至粥将成，加盐、味精、香油调匀，撒葱花便可。

鲫鱼玉米粥

材料 大米80克，鲫鱼50克，玉米粒20克

调料 盐3克，味精2克，葱白丝、葱花、姜丝、黄酒、香醋、麻油各适量

做法 ①大米淘洗净，再用清水浸泡；鲫鱼治净后切小片，用黄酒腌渍；玉米粒洗净备用。②锅置火上，放入大米，加适量清水煮至五成熟。③放入鱼肉、玉米、姜丝煮至米粒开花，加盐、味精、麻油、香醋调匀，放入葱白丝、葱花便可。

青鱼芹菜粥

材料 大米80克，青鱼肉50克，芹菜20克

调料 盐3克，味精2克，料酒、枸杞、姜丝、香油各适量

做法 ①大米淘洗干净，放入清水中浸泡；青鱼肉治净改刀，用料酒腌渍；芹菜洗净切好。②锅置火上，注入清水，放入大米煮至五成熟。③放入鱼肉、姜丝、枸杞煮至粥将成，放入芹菜稍煮后加盐、味精、香油调匀便可。

墨鱼猪肉粥

材料 大米80克，墨鱼50克，猪肉20克

调料 盐3克，味精2克，白胡椒粉、姜汁、葱花、料酒各适量

做法 ①大米洗净，用清水浸泡；墨鱼治净后打上花刀，用料酒腌渍去腥；猪肉洗净切片。②锅置火上，注入清水，放入大米煮至五成熟。③再放入墨鱼、猪肉、姜汁煮至米粒开花，加盐、味精、白胡椒粉调匀，撒葱花即可。

飘香鳝鱼粥

材料 鳝鱼50克，大米100克

调料 盐3克，味精2克，料酒、香菜叶、枸杞、香油、胡椒粉各适量

做法 ①大米洗净，放入清水中浸泡；鳝鱼治净切小段。②油锅烧热，放入鳝鱼段，加入料酒和盐，炒熟后盛出。③锅置火上，放入大米，加适量清水煮至五成熟。放入鳝鱼段、枸杞煮至粥将成，加盐、味精、香油、胡椒粉调匀，撒上香菜叶即可盛碗。

海参青菜瘦肉粥

材料 大米80克，猪肉100克，水发海参50克，青菜30克

调料 盐3克，鸡精1克

做法 ①海参洗干净，切成小段；猪肉洗净，切成薄片；青菜洗净切碎；大米淘净泡好。②锅中注入适量清水，下入大米旺火烧开，放入海参、猪肉，煮至猪肉变熟。③改小火熬煮成粥，再放入青菜煮熟，加盐、鸡精调味即可。

甲鱼红枣粥

材料 大米100克，甲鱼肉30克，红枣10克

调料 盐、鲜汤、料酒、葱花、姜末各适量

做法 ①大米淘洗干净；甲鱼肉治净，剁小块；红枣洗净去核。②油锅烧热，入甲鱼肉翻炒，加入料酒和盐，炒熟后盛出。③锅置火上，注入清水，兑入鲜汤，放入大米煮至五成熟。放入甲鱼肉、红枣、姜末煮至米粒开花，加盐调匀，撒上葱花即可盛碗。

专家点评 降低血糖。

生菜虾粥

材料 大米100克，野生北极虾30克，生菜叶10克

调料 盐3克，味精2克，香油、胡椒粉各适量

做法 ①大米洗净，用清水浸泡片刻；生菜叶洗净切丝；野生北极虾治净。②锅置火上，注入清水，放入大米煮至五成熟。③放入野生北极虾煮至粥将成，放入生菜稍煮，加盐、味精、香油、胡椒粉调匀即可。

适合人群 一般人都可食用，尤其适合老年人食用。

专家点评 防癌抗癌。

冬瓜蟹肉粥

材料 大米100克，蟹肉30克，冬瓜20克

调料 盐3克，味精2克，姜丝、葱花、料酒、香油各适量

做法 ①大米淘洗干净；蟹肉治净，用料酒腌渍去腥；冬瓜去皮后洗净，切小块。②锅置火上，注入清水，放入大米煮至七成熟。③放入蟹肉、冬瓜、姜丝煮至米粒开花，加盐、味精、香油调匀，撒上葱花即可。

螃蟹豆腐粥

材料 螃蟹1只，豆腐20克，白米饭80克

调料 盐3克，味精2克，香油、胡椒粉、葱花各适量

做法 ①螃蟹治净后蒸熟；豆腐洗净，沥干水分后研碎。②锅置火上，放入清水，烧沸后倒入白米饭，煮至七成熟。③放入蟹肉、豆腐熬煮至粥将成，加盐、味精、香油、胡椒粉调匀，撒上葱花即可。

专家点评 保肝护肾。

重点提示 可配姜末醋汁来杀掉螃蟹身上的细菌。

韭菜葱白粥

材料 大米100克，葱白、韭菜各适量，胡萝卜少许

调料 盐3克，味精1克

做法 ①大米泡发洗净，葱白洗净，韭菜洗净切段，胡萝卜洗净切丁。②锅置火上，注入清水，放入大米，煮至米粒开花时，放入葱白、韭菜、胡萝卜。③改用小火煮至粥成，调入盐、味精入味，即可食用。

专家点评 保肝护肾。

重点提示 韭菜用清水浸泡一下，以免有污物残留。

菠菜芹菜萝卜粥

材料 芹菜、菠菜各20克，大米100克，胡萝卜少许

调料 盐2克，味精1克

做法 ①芹菜、菠菜洗净，均切碎；胡萝卜洗净切丁；大米淘洗干净，用冷水浸泡1小时备用。②锅置火上，注入清水后，放入大米，用大火煮至米粒开花。③放胡萝卜、菠菜、芹菜，煮至粥成，调入盐、味精入味即可。

专家点评 增强免疫力。

菠菜山楂粥

材料 菠菜20克，山楂20克，大米100克

调料 冰糖5克

做法 ①大米淘洗干净，用清水浸泡；菠菜洗净；山楂洗净。②锅置火上，放入大米，加适量清水煮至七成熟。③放入山楂煮至米粒开花，放入冰糖、菠菜少煮后调匀便可。

适合人群 一般人都可食用，尤其适合儿童食用。

专家点评 开胃消食。

菠菜玉米枸杞粥

材料 菠菜、玉米粒、枸杞各15克，大米100克

调料 盐3克，味精1克

做法 ①大米泡发洗净；枸杞、玉米粒洗净；菠菜择去根后洗净，切成碎末。②锅置火上，注入清水后，放入大米、玉米、枸杞用大火煮至米粒开花。③再放入菠菜，用小火煮至粥成，调入盐、味精入味即可。

专家点评 开胃消食。

重点提示 用小火慢慢煮，一边煮还要一边搅拌。

春笋西葫芦粥

材料 春笋、西葫芦各适量，糯米110克

调料 盐3克，味精1克，葱少许

做法 ①糯米泡发洗净；春笋去皮洗净后切丝；西葫芦洗净切丝；葱洗净切花。②锅置火上，注入清水后，放入糯米用旺火煮至米粒绽开，放入春笋、西葫芦。③改用文火煮至粥浓稠时，加入盐、味精入味，撒上葱花即可。

专家点评 防癌抗癌。

白菜薏米粥

材料 大米、薏米各40克，芹菜、白菜各适量

调料 盐2克

做法 ①大米、薏米均泡发洗净；芹菜、白菜均洗净切碎。②锅置火上，倒入清水，放入大米、薏米煮至开花。③待煮至浓稠状时，加入芹菜、白菜稍煮，调入盐拌匀即可。

专家点评 防癌抗癌。

重点提示 薏米煮前先用水浸泡几个小时。

白菜玉米粥

材料 大白菜30克，玉米糁90克，芝麻少许

调料 盐3克，味精少许

做法 ①大白菜洗净切丝；芝麻洗净。②锅置火上，注入清水烧沸后，边搅拌边倒入玉米糁。③再放入大白菜、芝麻，用小火煮至粥成，调入盐、味精入味即可。

专家点评 降低血压。

重点提示 玉米穗不要丢掉，一起煲粥营养更丰富。

百合桂圆薏米粥

材料 百合、桂圆肉各25克，薏米100克

调料 白糖5克，葱花少许

做法 ①薏米洗净，放入清水中浸泡；百合、桂圆肉洗净。②锅置火上，放入薏米，加适量清水煮至粥将成。③放入百合、桂圆肉煮至米烂，加白糖稍煮后调匀，撒葱花便可。

适合人群 一般人都可食用，尤其适合老年人食用。

专家点评 防癌抗癌。

包菜芦荟粥

材料 大米100克，芦荟、包菜各20克，枸杞少许

调料 盐3克

做法 ①大米泡发洗净；芦荟洗净切片；包菜洗净切丝；枸杞洗净。②锅置火上，注入水后，放入大米用大火煮至米粒绽开，放入芦荟、包菜、枸杞。③用小火煮至粥成，调入盐入味，即可食用。

专家点评 补血养颜。

重点提示 包菜要洗净撕片再切成细丝。

豆浆玉米粥

材料 鲜豆浆120克，玉米50克，豌豆30克，胡萝卜20克，大米80克

调料 冰糖、葱各8克

做法 ①大米泡发洗净；玉米粒、豌豆均洗净；胡萝卜洗净切丁；葱洗净切花。②锅置火上，倒入清水，放入大米煮至开花，再入玉米、豌豆、胡萝卜同煮至熟。③注入鲜豆浆，放入冰糖，同煮至浓稠状，撒上葱花即可。

豆芽玉米粥

材料 黄豆芽、玉米粒各20克，大米100克

调料 盐3克，香油5克

做法 ①玉米粒洗净；豆芽洗净，摘去根部；大米洗净，泡发半小时。②锅置火上，倒入清水，放入大米、玉米粒用旺火煮至米粒开花。③再放入黄豆芽，改用小火煮至粥成，调入盐、香油搅匀即可。

适合人群 一般人都可食用，尤其适合女性食用。

专家点评 增强免疫力。

枸杞南瓜粥

材料 南瓜20克，粳米100克，枸杞15克

调料 白糖5克

做法 ①粳米泡发洗净；南瓜去皮洗净切块；枸杞洗净。②锅置火上，注入清水，放入粳米，用大火煮至米粒绽开。③放入枸杞、南瓜，用小火煮至粥成，调入白糖入味即成。

适合人群 一般人都可食用，尤其适合男性食用。

专家点评 防癌抗癌。

海带芦荟粥

材料 海带、芦荟各15克，大米100克

调料 盐3克

做法 ①大米泡发洗净；芦荟洗净切丝；海带洗净切丝。②锅置火上，注入清水，放入大米用大火煮至米粒绽开。③放入芦荟、海带，改用小火煮至粥成，调入盐入味即可。

适合人群 一般人都可食用，尤其适合女性食用。

专家点评 增强免疫力。

冬瓜白果姜粥

材料 冬瓜25克，白果20克，姜末少许，大米100克，高汤半碗

调料 盐2克，胡椒粉3克，葱少许

做法 ①白果去壳、皮后洗净；冬瓜去皮洗净切块；大米洗净泡发；葱洗净切花。②锅置火上，注入水后，放入大米、白果，用旺火煮至米粒完全开花。③再放入冬瓜、姜末，倒入高汤，改用小火煮至粥成，调入盐、胡椒粉入味，撒上葱花即可。

冬瓜竹笋粥

材料 大米100克，山药、冬瓜、竹笋各适量

调料 盐、葱各2克

做法 ①大米洗净；山药、冬瓜去皮洗净，均切小块；竹笋洗净切片；葱洗净切花。②锅注水后放大米，煮至米粒绽开后，放山药、冬瓜、竹笋。③改用小火，煮至粥浓稠时，放入盐调味，撒上葱花即可。

专家点评 降低血压。

重点提示 切好的竹笋浸入水中以保持水分和鲜味。

豆腐菠菜玉米粥

材料 玉米粉90克，菠菜10克，豆腐30克

调料 盐2克，味精1克，麻油5克

做法 ①菠菜洗净；豆腐洗净切块。②锅置火上，注水烧沸后，放入玉米粉，用筷子搅匀。③再放入菠菜、豆腐煮至粥成，调入盐、味精，滴入麻油即可食用。

专家点评 降低血糖。

重点提示 最好不要频繁翻动豆腐，否则易碎。

豆腐香菇粥

材料 水发香菇、豆腐各适量，大米100克

调料 盐3克，味精1克，香油4克，姜丝、蒜片、葱各少许

做法 ①大米泡发洗净；豆腐洗净切块；香菇洗净切条；葱洗净切花；姜丝、蒜片洗净。②锅置火上，注入清水，放入大米煮至米粒开花后，放入香菇、豆腐、姜丝、蒜片同煮。③煮至粥成闻见香味后，加入香油，调入盐、味精入味，撒上葱花即可。

黄瓜芦荟大米粥

材料 黄瓜、芦荟各20克，大米80克

调料 盐、葱各2克

做法 ①大米洗净泡发；芦荟洗净，切成小粒备用；黄瓜洗净，切成小块；葱洗净切花。②锅置火上，注入清水，放入大米煮至米粒熟烂后，放入芦荟、黄瓜。③用小火煮至粥成时，调入盐入味，撒上葱花即可食用。

专家点评 排毒瘦身。

黄瓜松仁枸杞粥

材料 黄瓜、松仁、枸杞各20克，大米90克

调料 盐2克，鸡精1克

做法 ①大米洗净，泡发1小时；黄瓜洗净，切成小块；松仁去壳取仁，枸杞洗净。②锅置火上，注入水后，放入大米、松仁、枸杞，用大火煮开。③再放入黄瓜煮至粥成，调入盐、鸡精煮至入味，再转入煲仔内煮开即可食用。

专家点评 提神健脑。

黄瓜胡萝卜粥

材料 黄瓜、胡萝卜各15克，大米90克

调料 盐3克，味精少许

做法 ①大米泡发洗净；黄瓜、胡萝卜洗净，切成小块。②锅置火上，注入清水，放入大米，煮至米粒开花。③放入黄瓜、胡萝卜，改用小火煮至粥成，调入盐、味精入味即可。

专家点评 增强免疫力。

重点提示 选用新鲜、个大的胡萝卜，味道更佳。

韭菜枸杞粥

材料 白米100克，韭菜、枸杞各15克

调料 盐2克，味精1克

做法 ①韭菜洗净切段；枸杞洗净；白米泡发洗净。②锅置火上，注水后，放入白米，用大火煮至米粒开花。③放入韭菜、枸杞，改用小火煮至粥成，加入盐、味精入味即可。

专家点评 保肝护肾。

重点提示 韭菜用清水浸泡半小时，可去掉污物。

红枣桂圆粥

材料 大米100克，桂圆肉、红枣各20克

调料 红糖10克，葱花少许

做法 ①大米淘洗干净，放入清水中浸泡；桂圆肉、红枣洗净备用。②锅置火上，注入清水，放入大米，煮至粥将成。③放入桂圆肉、红枣煨煮至酥烂，加红糖调匀，撒葱花即可。

专家点评 补血养颜。

重点提示 桂圆不易保存，建议现买现食。

红枣苦瓜粥

材料 红枣、苦瓜各20克，大米100克

调料 蜂蜜适量

做法 ①苦瓜洗净，剖开去瓤，切成薄片；红枣洗净去核，切成两半；大米洗净泡发。②锅置火上，注入适量清水、红枣，放入大米，用旺火煮至米粒绽开。③放入苦瓜，用小火煮至粥成，放入蜂蜜调匀即可。

专家点评 降低血糖。

重点提示 苦瓜宜选用刚好成熟的，味道更佳。

花生银耳粥

材料 银耳20克，花生米30克，大米80克

调料 白糖3克

做法 ①大米泡发洗净；银耳泡发洗净切碎；花生米泡发，洗干净备用。②锅置火上，注入适量清水，放入大米、花生米煮至米粒开花。③最后放入银耳，煮至浓稠，再调入白糖拌匀即可。

适合人群 一般人都可食用，尤其适合男性食用。

专家点评 提神健脑。

黄花芹菜粥

材料 干黄花菜、芹菜各15克，大米100克

调料 麻油5克，盐2克，味精1克

做法 ①芹菜洗净，切成小段；干黄花菜泡发洗净；大米洗净，泡发半小时。②锅置火上，注入适量清水后，放入大米，用大火煮至米粒绽开。③放入芹菜、黄花菜，改用小火煮至粥成，调入盐、味精入味，滴入麻油即可食用。

专家点评 降低血糖。

萝卜糯米燕麦粥

材料 燕麦片、糯米各40克，胡萝卜30克

调料 白糖4克

做法 ①糯米洗净，浸于冷水中浸泡半小时后捞出沥干水分；燕麦片洗净备用；胡萝卜洗净切丁。②锅置火上，倒入适量清水，放入糯米与燕麦片后以大火煮开。③再加入胡萝卜同煮至粥呈浓稠状，调入白糖拌匀即可。

专家点评 养心润肺。

猕猴桃樱桃粥

材料 猕猴桃30克，樱桃少许，大米80克

调料 白糖11克

做法 ①大米洗净，再放在清水中浸泡半小时；猕猴桃去皮洗净，切小块；樱桃洗净切块。②锅置火上，注入清水，放入大米煮至米粒绽开后，放入猕猴桃、樱桃同煮。③改用小火煮至粥成后，调入白糖入味即可食用。

专家点评 提神健脑。

哈密瓜玉米粥

材料 哈密瓜、嫩玉米粒、枸杞各适量，大米80克

调料 冰糖12克，葱少许

做法 ①大米泡发洗净；哈密瓜去皮洗净切块；玉米粒、枸杞洗净；葱洗净切花。②锅置火上，注入清水，放入大米、枸杞、玉米用大火煮至米粒绽开后，放入哈密瓜块同煮。③再放入冰糖煮至粥成后，撒上葱花即可食用。

专家点评 防癌抗癌。

木瓜葡萄粥

材料 木瓜30克，葡萄20克，大米100克

调料 白糖5克，葱花少许

做法 ①大米淘洗干净，放入清水中浸泡；木瓜切开取果肉，切成小块；葡萄去皮、去核后洗净。②锅置火上，注入清水，放入大米煮至八成熟。③放入木瓜、葡萄煮至米烂，放入白糖稍煮后调匀，撒上葱花便可。

专家点评 防癌抗癌。

空心菜粥

材料 空心菜15克，大米100克

调料 盐2克

做法 ①大米洗净泡发；空心菜洗净切圈。②锅置火上，注水后，放入大米，用旺火煮至米粒开花。③放入空心菜，用文火煮至粥成，调入盐入味，即可食用。

专家点评 开胃消食。

重点提示 要选择水分充足的新鲜空心菜。

苦瓜胡萝卜粥

材料 苦瓜20克，胡萝卜少许，大米100克

调料 冰糖5克，盐2克，香油少许

做法 ①苦瓜洗净切条；胡萝卜洗净切丁；大米泡发洗净。②锅置火上，注入清水，放入大米用旺火煮至米粒开花。③放入苦瓜、胡萝卜丁，用文火煮至粥成，放入冰糖煮至融化后，调入盐、香油入味即可。

适合人群 一般人都可食用，尤其适合男性食用。

专家点评 降低血糖。

莲藕糯米甜粥

材料 鲜藕、花生、红枣各15克，糯米90克

调料 白糖6克

做法 ①糯米泡发洗净；莲藕洗净切片；花生洗净；红枣去核洗净。②锅置火上，注入清水，放入糯米、藕片、花生、红枣，用大火煮至米粒完全绽开。③改用小火煮至粥成，加入白糖调味即可。

适合人群 一般人都可食用，尤其适合女性食用。

专家点评 补血养颜。

莲藕糯米粥

材料 莲藕30克，糯米100克

调料 白糖5克，葱少许

做法 ①莲藕洗净切片；糯米泡发洗净；葱洗净切花。②锅置火上，注入清水，放入糯米用大火煮至米粒绽开。③放入莲藕，用小火煮至粥浓稠时，加入白糖调味，再撒上葱花即可。

适合人群 一般人都可食用，尤其适合女性食用。

专家点评 补血养颜。

南瓜木耳粥

材料 黑木耳15克，南瓜20克，糯米100克

调料 盐、葱各3克

做法 ①糯米洗净，浸泡半小时后捞出沥干水分；黑木耳泡发洗净后切丝；南瓜去皮洗净，切成小块；葱洗净切花。②锅置火上，注入清水，放入糯米、南瓜用大火煮至米粒绽开后，再放入黑木耳。③用小火煮至粥成后，调入盐搅匀入味，撒上葱花即可。

专家点评 防癌抗癌。

南瓜山药粥

材料 南瓜、山药各30克，大米90克

调料 盐2克

做法 ①大米洗净，泡发1小时备用；山药、南瓜去皮洗净切块。②锅置火上，注入清水，放入大米，开大火煮至沸开。③再放入山药、南瓜煮至米粒绽开，改用小火煮至粥成，调入盐入味即可。

适合人群 一般人都可食用，尤其适合老年人食用。

专家点评 防癌抗癌。

南瓜薏米粥

材料 南瓜40克，薏米20 克，大米70克

调料 盐2克，葱8克

做法 ①大米、薏米均泡发洗净；南瓜去皮洗净切丁。②锅置火上，倒入清水，放入大米、薏米，以大火煮开。③加入南瓜煮至浓稠状，调入盐拌匀，撒上葱花即可。

适合人群 一般人都可食用，尤其适合男性食用。

专家点评 防癌抗癌。

南瓜银耳粥

材料 南瓜20克，银耳40克，大米60克

调料 白糖5克，葱少许

做法 ①大米泡发洗净；南瓜去皮洗净，切小块；银耳泡发洗净，撕成小朵。②锅置火上，注入清水，放入大米、南瓜煮至米粒绽开后，再放入银耳。③用小火煮至粥浓稠闻见香味时，调入白糖入味，撒上葱花即可。

专家点评 防癌抗癌。

南瓜百合杂粮粥

材料 南瓜、百合各30克，糯米、糙米各40克

调料 白糖5克

做法 ①糯米、糙米均泡发洗净；南瓜去皮洗净切丁；百合洗净切片。②锅置火上，倒入清水，放入糯米、糙米、南瓜煮开。③加入百合同煮至浓稠状，调入白糖拌匀即可。

适合人群 一般人都可食用，尤其适合女性食用。

专家点评 降低血压。

南瓜菠菜粥

材料 南瓜、菠菜、豌豆各50克，大米90克

调料 盐3克，味精少许

做法 ①南瓜去皮洗净后切丁；豌豆洗净；菠菜洗净后切成小段；大米泡发洗净。②锅置火上，注入适量清水后，放入大米用大火煮至米粒绽开。③再放入南瓜、豌豆，改用小火煮至粥浓稠，最后下入菠菜再煮3分钟，调入盐、味精搅匀入味即可。

专家点评 防癌抗癌。

南瓜红豆粥

材料 红豆、南瓜各适量，大米100克

调料 白糖6克

做法 ①大米泡发洗净；红豆泡发洗净；南瓜去皮洗净后切小块。②锅置火上，注入清水，放入大米、红豆、南瓜，用大火煮至米粒绽开。③再改用小火煮至粥成后，调入白糖，即可食用。

适合人群 一般人都可食用，尤其适合女性食用。

专家点评 增强免疫力。

南瓜西蓝花粥

材料 南瓜、西兰花各适量，大米90克

调料 盐2克

做法 ①大米泡发洗干净；南瓜去皮洗净后切块；西蓝花洗干净后掰成小朵。②锅置火上，注入适量清水，放入大米、南瓜，用大火煮至米粒绽开。③再放入西蓝花，改用小火煮至粥成，放入盐调味即可。

专家点评 开胃消食。

重点提示 尽量不要选用花序全开的西蓝花。

芹菜枸杞叶粥

材料 新鲜枸杞叶、新鲜芹菜各15克，大米100克

调料 盐2克，味精1克

做法 ①枸杞叶、芹菜洗净后切碎片；大米泡发洗净。②锅置火上，注水后，放入大米，用旺火煮至米粒开花。③放入枸杞叶、芹菜，改用小火煮至粥成，加入盐、味精调味，即可食用。

专家点评 降低血糖。

重点提示 以新鲜、脆嫩的枸杞叶为佳。

芹菜红枣粥

材料 芹菜、红枣各20克，大米100克

调料 盐3克，味精1克

做法 ①芹菜洗净，取梗切成小段；红枣去核洗净；大米泡发洗净。②锅置火上，注水后，放入大米、红枣，用旺火煮至米粒开花。③放入芹菜梗，改用小火煮至粥浓稠时，加入盐、味精入味即可。

适合人群 一般人都可食用，尤其适合女性食用。

专家点评 补血养颜。

芹菜玉米粥

材料 大米100克，芹菜、玉米各30克

调料 盐2克，味精1克

做法 ①芹菜、玉米洗净；大米泡发洗净。②锅置火上，注水后，放入大米用旺火煮至米粒绽开。③放入芹菜、玉米，改用小火焖煮至粥成，调入盐、味精入味即可食用。

专家点评 防癌抗癌。

重点提示 芹菜去掉硬茎，味道更佳。

山药白菜减肥粥

材料 山药30克，白菜15克，大米90克

调料 盐3克

做法 ①山药去皮洗净后切块；白菜洗净切丝；大米淘洗干净，泡发备用。②锅置火上，注入清水，放入大米、山药，用旺火煮至米粒绽开。③放入白菜，用小火煮至粥浓稠时，放入盐调味即可食用。

适合人群 一般人都可食用，尤其适合女性食用。

专家点评 排毒瘦身。

牛奶玉米粥

材料 玉米粉80克，牛奶120克，枸杞少许

调料 白糖5克

做法 ①枸杞洗净备用。②锅置火上，倒入牛奶煮至沸后，缓缓倒入玉米粉，搅拌至半凝固。③放入枸杞，用小火煮至粥呈浓稠状，调入白糖入味即可食用。

专家点评 防癌抗癌。

重点提示 宜选用有奶香味的纯牛奶。

苹果萝卜牛奶粥

材料 苹果、胡萝卜各25克，牛奶100克，大米100克

调料 白糖5克，葱花少许

做法 ①胡萝卜、苹果洗净切小块；大米淘洗干净。②锅置火上，注入清水，放入大米煮至八成熟。③放入胡萝卜、苹果煮至粥将成，倒入牛奶稍煮，加白糖调匀，撒葱花便可。

适合人群 一般人都可食用，尤其适合女性食用。

专家点评 降低血压。

苹果提子冰糖粥

材料 苹果30克，提子20克，大米100克

调料 冰糖5克，葱花少许

做法 ①大米淘洗干净，用清水浸泡片刻；提子洗净；苹果洗净后切小块。②锅置火上，注入清水，放入大米煮至八成熟。③放入苹果、提子煮至米粒开花，放入冰糖调匀，撒上葱花便可。

适合人群 一般人都可食用，尤其适合女性食用。

专家点评 降低血压。

葡萄干果粥

材料 大米、低脂牛奶各100克，黑芝麻少许，葡萄、梅干各25克

调料 冰糖5克，葱花少许

做法 ①大米洗净，用清水浸泡；葡萄去皮去核，洗净备用；梅干洗净。②锅置火上，注入清水，放入大米煮至八成熟。③放入葡萄、梅干、黑芝麻煮至米粒开花，倒入牛奶、冰糖稍煮后调匀，撒上葱花便可。

专家点评 增强免疫力。

山楂玉米粥

材料 大米100克，山楂片20克，胡萝卜丁、玉米粒各少许

调料 砂糖5克

做法 ①大米淘洗干净，放入清水中浸泡；胡萝卜丁、玉米粒洗净备用；山楂片洗净，切成细丝。②锅置火上，注入清水，放入大米煮至八成熟。③再放入胡萝卜丁、玉米粒、山楂丝煮至粥将成，放入砂糖调匀便可。

双瓜糯米粥

材料 南瓜、黄瓜各适量，糯米粉20克，大米90克

调料 盐2克

做法 ①大米泡发洗净；南瓜去皮洗净后切小块；黄瓜洗净切小块；糯米粉加适量温水搅匀成糊。②锅置火上，注入清水，放入大米、南瓜煮至米粒绽开后，再放入搅成糊的糯米粉稍煮。③下入黄瓜，改用小火煮至粥成，调入盐入味，即可食用。

专家点评 养心润肺。

丝瓜胡萝卜粥

材料 鲜丝瓜30克，胡萝卜少许，白米100克

调料 白糖7克

做法 ①丝瓜去皮洗净后切片；胡萝卜洗净切丁；白米泡发洗净。②锅置火上，注入清水，放入白米，用大火煮至米粒开花。③放入丝瓜、胡萝卜，用小火煮至粥成，放入白糖调味即可食用。

专家点评 开胃消食。

重点提示 丝瓜最好切成细条，口感更佳。

甜瓜西米粥

材料 甜瓜、胡萝卜、豌豆各20克，西米70克

调料 白糖4克

做法 ①西米泡发洗净；甜瓜、胡萝卜均洗净切丁；豌豆洗净。②锅置火上，倒入清水，放入西米、甜瓜、胡萝卜、豌豆一同煮开。③待煮至浓稠状时，调入白糖拌匀即可。

适合人群 一般人都可食用，尤其适合儿童食用。

专家点评 养心润肺。

山药鸡蛋南瓜粥

材料 山药30克，鸡蛋黄1个，南瓜20克，粳米90克

调料 盐2克，味精1克

做法 ①山药去皮洗净后切块；南瓜去皮洗净切丁；粳米泡发洗净。②锅内注水，放入粳米，用大火煮至米粒绽开，放入鸡蛋黄、南瓜、山药。③改用小火煮至粥成、闻见香味时，放入盐、味精调味即成。

适合人群 一般人都可食用，尤其适合儿童食用。

专家点评 提神健脑。

山药青豆竹笋粥

材料 大米100克，山药25克，竹笋、青豆各适量

调料 盐3克，味精1克

做法 ①山药去皮洗净后切块；竹笋洗净切片；青豆洗净；大米泡发洗净。②锅内注水，放入大米，用大火煮至米粒绽开，放入山药、竹笋、青豆。③改用小火煮至粥成，调入盐、味精入味即可食用。

适合人群 一般人都可食用，尤其适合女性食用。

专家点评 降低血压。

山药笋藕粥

材料 山药30克，竹笋、莲藕各适量，大米100克

调料 盐2克，味精少许

做法 ①山药去皮洗净后切块；竹笋洗净，切成斜段；莲藕刮去外皮，洗净，切丁；大米洗净，泡发半小时捞出沥水。②锅内注水，放入大米，用大火煮至米粒开花，放入山药、竹笋、藕丁同煮。③改用小火煮至粥浓稠闻见香味时，放入盐、味精调味即可食用。

山药芝麻小米粥

材料 山药、黑芝麻各适量，小米70克

调料 盐2克，葱8克

做法 ①小米泡发洗净；山药洗净切丁；黑芝麻洗净；葱洗净切花。②锅置火上，倒入清水，放入小米、山药同煮开。③加入黑芝麻同煮至浓稠状，调入盐拌匀，撒上葱花即可。

适合人群 一般人都可食用，尤其适合女性食用。

专家点评 降低血压。

香蕉菠萝薏米粥

材料 香蕉、菠萝各适量，薏米40克，大米60克

调料 白糖12克

做法 ①大米、薏米泡发洗净；菠萝去皮洗净切块；香蕉去皮切片。②锅置火上，注入清水，放入大米、薏米用大火煮至米粒开花。③放入菠萝、香蕉，改小火煮至粥成，调入白糖入味即可食用。

适合人群 一般人都可食用，尤其适合老年人食用。

专家点评 防癌抗癌。

香蕉玉米粥

材料 香蕉、玉米粒、豌豆各适量，大米80克

调料 冰糖12克

做法 ①大米泡发洗净；香蕉去皮切片；玉米粒、豌豆洗净。②锅置火上，注入清水，放入大米，用大火煮至米粒绽开。③放入香蕉、玉米粒、豌豆、冰糖，用小火煮至粥成闻见香味时即可食用。

专家点评 排毒养颜。

重点提示 香蕉不宜选用过于成熟的。

香甜苹果粥

材料 大米100克，苹果30克，玉米粒20克

调料 冰糖5克，葱花少许

做法 ①大米淘洗干净，用清水浸泡；苹果洗净后切块；玉米粒洗净。②锅置火上，放入大米，加适量清水煮至八成熟。③放入苹果、玉米粒煮至米烂，放入冰糖熬融调匀，撒上葱花便可。

专家点评 降低血糖。

重点提示 苹果核一并放入粥中煮，营养更丰富。

小白菜萝卜粥

材料 小白菜30克，胡萝卜少许，大米100克

调料 盐3克，味精少许，香油适量

做法 ①小白菜洗净切丝；胡萝卜洗净切小块；大米泡发洗净。②锅置火上，注水后，放入大米，用大火煮至米粒绽开。③放入胡萝卜、小白菜，用小火煮至粥成，放入盐、味精，滴入香油即可食用。

适合人群 一般人都可食用，尤其适合女性食用。

专家点评 增强免疫力。

无花果芦荟粥

材料 大米90克，芦荟15克，无花果30克

调料 盐3克

做法 ①大米泡发洗净；芦荟洗净切片；无花果洗净。②锅置火上，注入清水后，放入大米用大火煮至米粒绽开。③放入芦荟、无花果，改用小火煮至粥成，调入盐入味，即可食用。

适合人群 一般人都可食用，尤其适合男性食用。

专家点评 防癌抗癌。

西红柿海带粥

材料 西红柿15克，海带清汤适量，米饭一碗

调料 盐、葱各3克

做法 ①西红柿洗净切丁；葱洗净切花。②锅置火上，注入海带清汤后，放入米饭煮至沸。③放入西红柿，用小火煮至粥成，调入盐入味，撒上葱花即可。

专家点评 开胃消食。

重点提示 先在西红柿表皮轻割几下，再放开水中烫一下更易剥皮。

香葱冬瓜粥

材料 冬瓜40克，大米100克

调料 盐、香葱各适量

做法 ①冬瓜去皮洗净后切块；葱洗净切花；大米泡发洗净。②锅置火上，注水后，放入大米，用旺火煮至米粒绽开。③放入冬瓜，改用小火煮至粥浓稠，调入盐入味，撒上葱花即可。

专家点评 开胃消食。

重点提示 香葱要切细，味更佳。

香菇枸杞养生粥

材料 糯米80克，水发香菇20克，枸杞10克，红枣20克

调料 盐2克

做法 ①糯米泡发洗净，浸泡半小时后捞出沥干水分；香菇洗净切丝；枸杞洗净；红枣洗净，去核切片。②锅置火上，放入糯米、枸杞、红枣、香菇，倒入清水煮至米粒开花。③转小火，待粥至浓稠状时，调入盐拌匀即可。

雪梨双瓜粥

材料 雪梨、木瓜、西瓜各适量，大米80克

调料 白糖5克，葱少许

做法 ①大米泡发洗净；雪梨、木瓜去皮洗净后切小块；西瓜洗净取瓤；葱洗净切花。②锅置火上，注入水，放入大米，用大火煮至米粒开花后，放入雪梨、木瓜、西瓜同煮。③煮至粥浓稠时，调入白糖入味，撒上葱花即可。

专家点评 养心润肺。

椰肉山楂粥

材料 大米80克，椰子肉、山楂片、玉米粒各20克

调料 冰糖5克，葱花少许

做法 ①大米泡发洗净；山楂片洗净切丝；玉米粒洗净；椰子肉洗净，切成小丁。②锅置火上，注入水，放入大米煮至米粒开花后，加入椰子肉、玉米粒、山楂片焖煮。③再加入冰糖煮至粥浓稠时，撒上葱花即可。

专家点评 开胃消食。

银耳山楂粥

材料 银耳30克，山楂20克，大米80克

调料 白糖3克

做法 ①大米用冷水浸泡半小时后洗净，捞出沥干水分备用；银耳泡发洗净切碎；山楂洗净切片。②锅置火上，放入大米，倒入适量清水煮至米粒开花。③放入银耳、山楂同煮片刻，待粥至浓稠状时，调入白糖拌匀即可。

专家点评 提神健脑。

玉米核桃粥

材料 核桃仁20克，玉米粒30克，大米80克

调料 白糖3克，葱8克

做法 ①大米泡发洗净；玉米粒、核桃仁均洗净；葱洗净切花。②锅置火上，倒入清水，放入大米、玉米煮开。③加入核桃仁同煮至浓稠状，调入白糖拌匀，撒上葱花即可。

适合人群 一般人都可食用，尤其适合儿童食用。

专家点评 提神健脑。

第四部分

中式小点

中式小点指的是用中国传统工艺加工制作的点心，特点是讲究面皮与馅种类的丰富多样，烹饪上有煎、炸、蒸、烤等多种方法，同时甜咸兼具、口感丰富。中式小点向来深受人们欢迎，作为中国传统饮食文化不可或缺的一部分，它具有很多值得发掘的特色和奥秘。打开本书，将带您走进中点的美味世界。

菠菜奶黄晶饼

材料 澄面250克，淀粉75克，奶黄馅100克，菠菜汁200克

调料 糖75克，猪油50克

做法 ①清水、菠菜汁、糖煮开加入淀粉、澄面。②烫熟后倒出放在案板上。③搓匀后加入猪油。④再搓至面团纯滑。⑤分切成约30克/个的小面团。⑥包入奶黄馅。⑦然后压入饼模成形。⑧脱模后排入蒸笼，用猛火蒸约8分钟。

适合人群 一般人都可食用，尤其适合老年人食用。

专家点评 防癌抗癌。

重点提示 搓好的面团最好用干净的湿布盖住。

甘笋豆沙晶饼

材料 澄面250克，淀粉75克，豆沙馅100克，甘笋汁200克

调料 糖75克，猪油50克

做法 ①将清水、甘笋汁、糖煮开，加入淀粉、澄面。②烫熟后倒出放在案板上，搓匀后加入猪油。③再搓至面团纯滑。④分切成30克/个的小面团。⑤将皮压薄包入豆沙馅。⑥收紧包口，压入饼模。⑦然后将饼坯脱模。⑧均匀排入蒸笼，用猛火蒸约6分钟即可。

适合人群 一般人都可食用，尤其适合儿童食用。

专家点评 提神健脑。

重点提示 烫澄面的水要够烫。

莲蓉晶饼

材料 澄面250克，淀粉75克，莲蓉适量，清水250克

调料 糖75克，猪油50克

做法 ①清水、糖加热煮开，加入澄面、淀粉。②烫熟后倒在案板上。③加入猪油拌匀搓至面团纯滑。④将面团分切成约30克/个的小面团后压薄。⑤将莲蓉馅包入，捏紧收口成饼坯。⑥将饼坯压入模内压紧。⑦然后将饼脱模。⑧排入蒸笼，以旺火蒸约6分钟即可。

适合人群 一般人都可食用，尤其适合女性食用。

专家点评 补血养颜。

重点提示 最好缓缓地加入澄面和淀粉，以免烫伤。

香煎叉烧圆饼

材料 糯米粉500克，叉烧150克，澄面100克，清水150克

调料 猪油、糖各100克

做法 ①澄面、糯米粉过筛开窝，加入猪油、糖、清水。②拌至糖溶化，将粉拌入揉成光滑面团。③分切成30克/个的小剂。④将小剂擀薄。⑤然后包入馅料。⑥再将收口成形。⑦均匀排入蒸笼，旺火蒸约8分钟。⑧蒸熟放凉后，放入烧热油锅中煎至金黄即可。

适合人群 一般人都可食用，尤其适合男性食用。

专家点评 开胃消食。

重点提示 蒸笼底部可刷上一层油，以便取出饼。

芝士豆沙圆饼

材料 糯米粉500克，豆沙500克，澄面100克，芝士片适量

调料 糖、猪油各100克

做法 ①糯米粉、澄面混合开窝，加砂糖、猪油、清水拌至糖溶化。②将粉拌入搓透成粉团。③将粉团搓成长条形。④分切成30克/个的面团。⑤将豆沙馅亦搓成长条状，分切成15克/个。⑥将面团压薄，把馅包入。⑦再将包口收紧。⑧蒸熟透，待凉后煎成金黄色，用芝士片装饰即可。

适合人群 一般人都可食用，尤其适合儿童食用。

专家点评 增强免疫力。

重点提示 包口捏紧后，要将饼坯压平实。

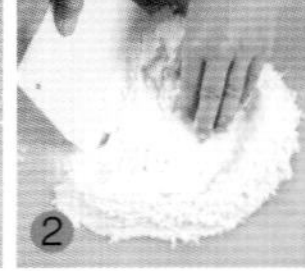
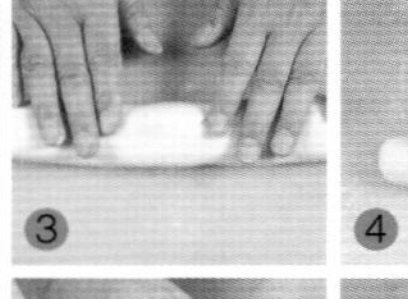
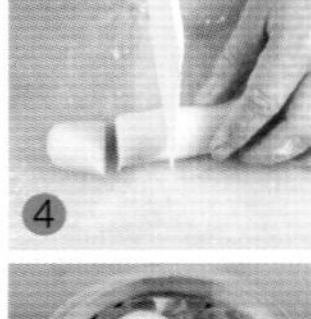
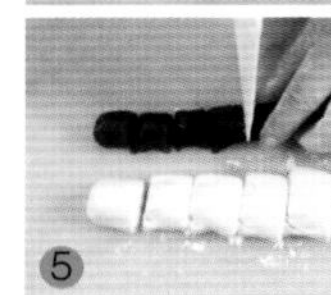
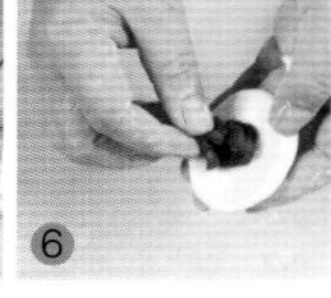
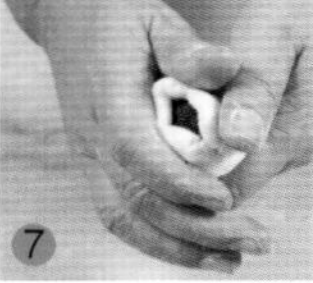

煎芝麻圆饼

材料 糯米粉500克，猪油150克，澄面150克，清水205克，芝麻适量

调料 糖100克

做法 ①清水、糖加热煮开，加入糯米粉、澄面。②烫熟后倒在案板上搓匀。③加入猪油搓至面团纯滑。④将面团搓成长条状。⑤分切成30克/个的小面团，莲蓉馅15克/个的。⑥将面团压薄，包入馅料。⑦将包口收捏紧。⑧粘上芝麻后蒸熟，待凉后煎至金黄色即可。

适合人群 一般人都可食用，尤其适合男性食用。

专家点评 防癌抗癌。

重点提示 在面团粘上芝麻之前，可先沾点水。

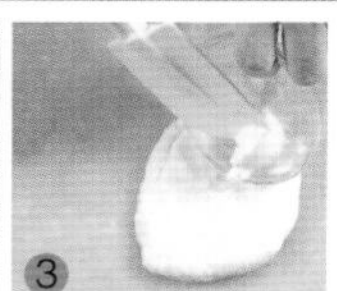
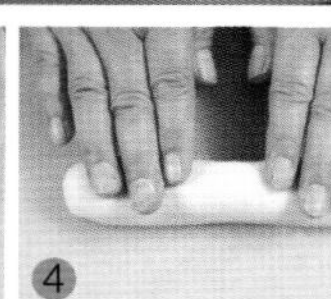
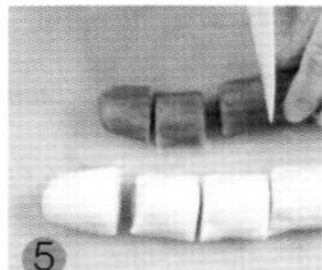
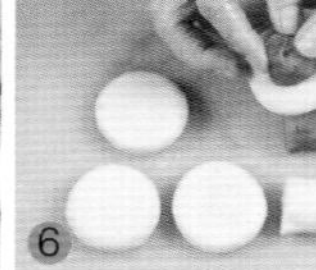
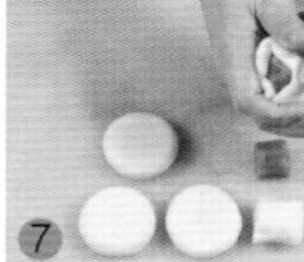
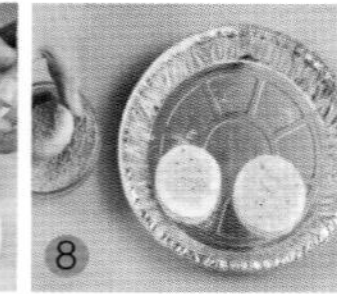

豆沙饼

材料 春卷油皮、圆粒豆沙馅各适量

调料 炒熟芝麻、炒熟花生各适量

做法 ①先将熟花生压碎。②加入炒熟芝麻。③再放入豆沙馅拌匀。④将拌好的馅料搓紧，放在春卷皮其中一边。⑤然后将馅料卷起。⑥用菜刀压平、压实。⑦分切成块。⑧排于碟中，平底锅加入生油，将饼坯煎透即可。

适合人群 一般人都可食用，尤其适合女性食用。

专家点评 补血养颜。

重点提示 用菜刀压饼时，注意力道要控制好。

芝麻酥饼

材料 面粉500克，鸡蛋1个，水150克，奶黄馅250克，芝麻适量

调料 糖50克，猪油25克

做法 ①面粉过筛开窝，加糖、猪油、鸡蛋、清水拌至糖溶化。②将面粉拌入搓匀，搓至面团纯滑。③用保鲜膜包好松弛30分钟。④将面团分切成小面团，将面团擀成薄皮。⑤中间放入奶黄馅。⑥然后将面皮卷起，将口捏紧。⑦然后粘上芝麻。⑧排于烤盘内，入炉熟透出炉即可。

适合人群 一般人都可食用，尤其适合老年人食用。

专家点评 增强免疫力。

重点提示 包口要捏紧，可防止烘烤时皮破露馅。

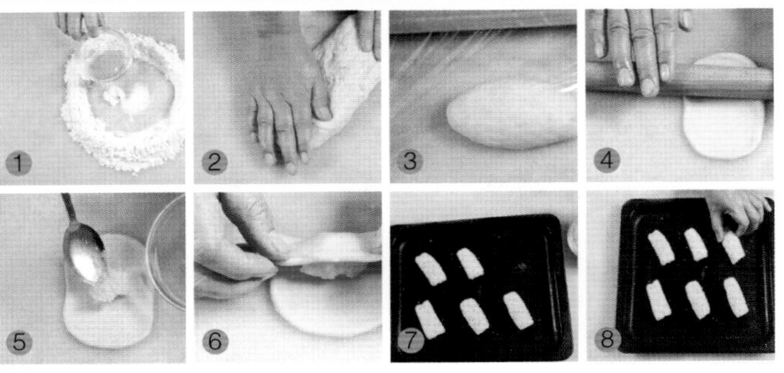

芝麻烧饼

材料 面粉500克，芝麻适量，鸡蛋1个，叉烧馅适量

调料 糖50克，猪油25克

做法 ①面粉过筛开窝，加糖、猪油、鸡蛋、清水拌至糖溶化。②拌入面粉边拌边搓，搓至面团纯滑。③用保鲜膜包好，松弛约30分钟。④然后将其分切成30克/个。⑤压薄包入叉烧馅。⑥将收口捏紧。⑦然后粘上芝麻。⑧排入烤盘，稍静置松弛，入炉烤熟透出炉即可。

适合人群 一般人都可食用，尤其适合男性食用。

专家点评 保肝护肾。

重点提示 中途转动烤盘，可使每个饼坯均匀受热。

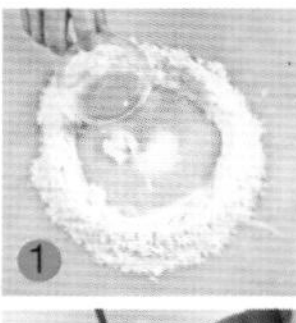

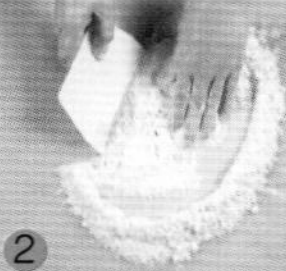

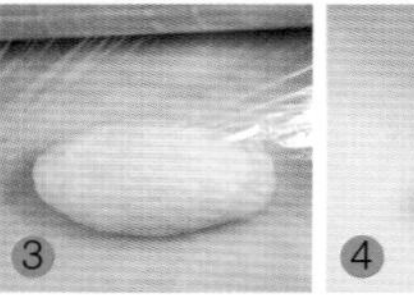

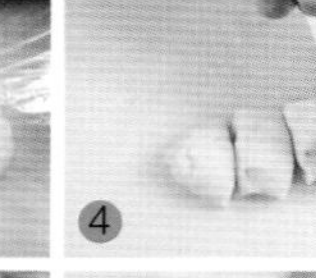

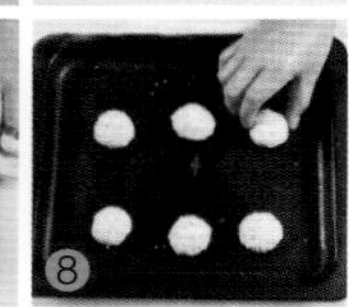

香煎玉米饼

材料 澄面、糯米粉、玉米、马蹄、胡萝卜、猪肉各适量

调料 盐、生油、麻油、糖、淀粉、鸡精各适量

做法 ①水煮开，加入澄面、糯米粉。②烫至没粉粒状后倒在案板上。③然后搓匀至面团纯滑。④将面团搓成长条状，分切成3段面团压薄备用。⑤馅料切碎，加入调料拌匀。⑥用薄皮将馅包入。⑦将口收紧捏实。⑧蒸熟取出，凉冻后用平底锅煎成浅金黄色即可。

适合人群 一般人都可食用，尤其适合儿童食用。

专家点评 提神健脑。

重点提示 煎玉米饼时油温不能超过七分热。

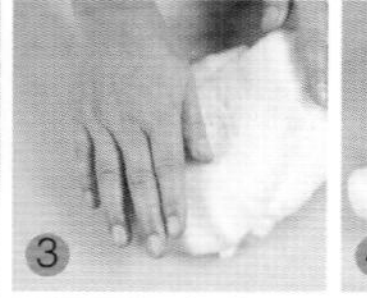

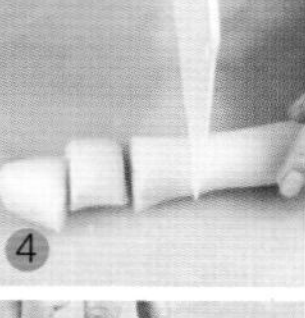

香葱烧饼

材料 面粉500克，泡打粉15克，芝麻适量

调料 砂糖、酵母、牛油、鸡精、葱各适量

做法 1 面粉、泡打粉过筛开窝，加入糖、酵母、清水。2 搅拌至糖溶化，然后将面粉拌入。3 揉搓成光滑面团后用保鲜膜包好，稍作松弛。4 馅料部分切碎拌匀。5 将面团擀薄并抹上葱花馅。6 卷成长条状。7 分切成约40克/个的小剂，并在小剂上扫上清水。8 粘上芝麻，放入烤盘内，烘烤至金黄色即可出炉。

适合人群 一般人都可食用，尤其适合男性食用。

专家点评 开胃消食。

重点提示 清水不需要抹太多，将表面沾湿即可。

炸莲蓉芝麻饼

材料 低筋面粉500克，芝麻莲蓉馅适量，砂糖100克，芝麻适量，清水225克

调料 泡打粉4克，干酵母4克，改良剂25克

做法 1 低筋面粉、泡打粉混合开窝，加糖、酵母、改良剂、清水拌至糖溶化。2 将面粉拌入搓匀，搓至面团纯滑。3 用保鲜膜包好静置松弛。4 将面团分切成30克/个，压薄备用。5 莲蓉馅与炒香芝麻混合成芝麻莲蓉馅。6 用面皮包入馅料，将包口捏紧后粘上芝麻。7 然后用手压成小圆饼形。8 蒸熟，等凉冻后炸至浅金黄色即可。

适合人群 一般人都可食用，尤其适合女性食用。

专家点评 补血养颜。

葱饼

材料 面粉300克，鸡蛋2个，胡萝卜20克

调料 葱10克，盐 3 克

做法 ①鸡蛋打散；胡萝卜洗净切丝；葱洗净后取葱白切段。②面粉加适量清水拌匀，再加入鸡蛋、胡萝卜、盐、葱白段一起搅匀成浆。③煎锅上火，下入调好的鸡蛋浆煎至两面金黄色后，取出切成块状即可。

适合人群 一般人都可食用，尤其适合老年人食用。

专家点评 开胃消食。

煎饼

材料 面粉300克，瘦肉30克

调料 鸡蛋2个，盐、香油各3克

做法 ①瘦肉洗净切末；鸡蛋装碗打散。②面粉兑适量清水调匀，再加入鸡蛋、瘦肉末、盐、香油一起拌匀成面浆。③油锅烧热，放入面浆，煎至金黄色时，起锅切块，装入盘中即可。

适合人群 一般人都可食用，尤其适合男性食用。

专家点评 增强免疫力。

蔬菜饼

材料 面粉300克，鸡蛋2个

调料 香菜、胡萝卜、盐、香油各适量

做法 ①鸡蛋打散；香菜洗净；胡萝卜洗净切丝。②面粉加适量清水调匀，再加入鸡蛋、香菜、胡萝卜丝、盐、香油调匀。③锅中注油烧热，放入调匀的面浆，煎至金黄色后起锅，切块装盘即可。

适合人群 一般人都可食用，尤其适合儿童食用。

专家点评 提神健脑。

双喜饼

材料 面粉300克，韭菜50克，鸡蛋2个，豆沙50克

调料 盐3克

做法 ①鸡蛋打散，入锅煎成蛋饼后切碎；韭菜切碎。②再将蛋饼、韭菜、盐拌匀做馅；面粉加适量清水揉匀成团。③将面团分成8个剂后擀扁，4个包入豆沙馅，另外4个包入鸡蛋馅，均做成饼，放入油锅中煎熟即可。

适合人群 一般人都可食用，尤其适合老年人食用。

土豆饼

材料 土豆40克，面粉120克

调料 盐2克

做法 ①土豆去皮洗净，煮熟后捣成泥备用。②将土豆泥、面粉加适量清水拌匀，再加入盐揉成面团。③将面团做成饼，放入油锅中煎至两面呈金黄色，起锅装盘即可。

适合人群 一般人都可食用，尤其适合女性食用。

专家点评 排毒瘦身。

酸菜饼

材料 面粉300克，酸菜100克

调料 盐3克

做法 ①酸菜洗净切碎。②面粉加少许盐和适量清水调匀，再加入酸菜一起搅拌均匀成面浆。③锅中注油烧热，倒入搅匀的面浆煎至饼成，起锅切块，装盘即可。

适合人群 一般人都可食用，尤其适合男性食用。

专家点评 开胃消食。

家常饼

材料 面粉300克

调料 盐2克，胡椒粉、香油各5克

做法 ①面粉加适量清水拌匀，再加入盐、胡椒粉、香油揉匀。②将揉匀的面团搓成长条，然后下成面剂，再用擀面杖擀成一张薄皮。③锅中注油烧热，放入面皮，煎至熟后起锅装盘即可。

适合人群 一般人都可食用，尤其适合男性食用。

专家点评 增强免疫力。

相思饼

材料 青豆、蛋黄液各30克，胡萝卜丁20克，玉米粒50克

调料 糖、淀粉各10克

做法 ①青豆、玉米焯水；胡萝卜洗净切丁，与青豆、玉米粒混合。②淀粉加水调好，加入蛋黄液拌匀，然后加入青豆中。③在混合好的上述材料中加入糖，搅拌至糖全部溶化。油锅烧热，倒出热油，用勺舀适量的饼料入锅中，搪平，再加入热油，炸至表面微黄即可。

芋头饼

材料 芋头100克，糯米粉30克，饼干10片

调料 芝麻20克，糖15克

做法 ①芋头去皮，切成片，然后入蒸笼蒸熟，趁热捣碎成泥，加入糖、糯米粉拌匀。②将芋头糊夹入两片饼干中，轻轻按压，再在饼干周围刷点淀粉水，蘸上芝麻。③油锅烧至六成热，将芋头饼放入其中，慢火炸至表面脆黄即可。

适合人群 一般人都可食用，尤其适合老年人食用。

韭菜饼

材料 小麦面粉50克，韭菜、鸡蛋各100克

调料 盐、葱各适量

做法 ①将嫩韭菜择洗干净，沥水后切成小段；葱洗净，切成细末。②把鸡蛋打入碗内，用力搅打均匀，然后将韭菜、鸡蛋混合，加盐、葱炒熟。③面粉加水和好，包入备好的鸡蛋和韭菜，拍成圆饼形，入沸油锅炸至两面金黄色后出锅即可。

适合人群 一般人都可食用，尤其适合女性食用。

苦荞饼

材料 苦荞粉30克，面粉100克

调料 糖15克

做法 ①面粉加水和好，静置备用。②将苦荞粉、糖加入备用的面粉中揉匀。③取适量上述面团入手心，拍成扁平的薄饼状，再入蒸笼蒸熟后取出，摆盘即可。

适合人群 一般人都可食用，尤其适合男性食用。

专家点评 增强免疫力。

千层饼

材料 面粉300克

调料 酵母5克，豆油20克，碱适量

做法 ①面粉倒在案板上，加酵母、温水和成发酵面团。待酵面发起，加入碱液揉匀。②面团搓成条，揪成若干面剂，将面剂搓长条，擀成长方形面片，刷豆油，撒干面粉后叠起。③把剂两端分别包严，擀成宽椭圆形饼，下入锅中煎至两面金黄色，取出切成菱形块，码入盘内即可。

煎肉饼

材料 面粉350克，五花肉100克，胡萝卜适量

调料 生菜少许，盐、胡椒粉各5克

做法 ①五花肉洗净后剁成末；胡萝卜洗净切丁；生菜洗净。②面粉加适量清水搅拌成絮状，再加入肉块、胡萝卜、盐、胡椒粉一起揉匀。③将揉匀的面团分成若干剂，做成饼，放入油锅中煎至金黄色，起锅装盘，用生菜点缀即可。

适合人群 一般人都可食用，尤其适合老年人食用。

手抓饼

材料 面粉200克

调料 黄油20克，鸡蛋2个，白糖3克

做法 ①面粉加入打散的鸡蛋液和黄油、水、白糖揉制成面团后醒发。②面团取出搓成长条，撒面粉，擀成长方形薄片，依次刷一层食用油、一层黄油，对折后分别再刷两次油，再次对折成长条，拉起两边扯长后从一头卷起成盘。③擀制成薄厚均匀的圆饼，放入平锅中煎至两面金黄，最后撕开即可。

老婆饼

材料 冬瓜蓉50克，面粉150克

调料 白芝麻30克，蛋黄液30克，香油适量

做法 ①面粉加适量水与香油揉匀，用擀面杖擀成饼皮。②再用饼皮将冬瓜蓉包成饼，再将饼面刷上蛋黄液，蘸上白芝麻，并在两面划几刀，放入烤箱烤30分钟，取出即可食用。

适合人群 一般人都可食用，尤其适合男性食用。

专家点评 提神健脑。

奶黄饼

材料 面粉200克，奶黄馅30克

调料 糖、香油各10克

做法 ①面粉加适量清水搅拌成絮状，再加糖、香油揉匀成光滑的面团。②将面团摘成小剂子，按扁，包上奶黄馅，做成饼状。③将做好的饼放入烤箱中烤30分钟，至两面金黄色时即可。

适合人群 一般人都可食用，尤其适合老年人食用。

专家点评 增强免疫力。

南瓜饼

材料 南瓜50克，面粉150克，蛋黄1个

调料 糖、香油各15克

做法 ①南瓜去皮洗净，入蒸锅中蒸熟后，取出捣烂。②将面粉兑适量清水搅拌成絮状，再加入南瓜、蛋黄、糖、香油揉匀成面团。③将面团擀成薄饼，放入烤箱中烤25分钟，取出，切成三角形块，装盘即可。

适合人群 一般人都可食用，尤其适合女性食用。

泡菜饼

材料 泡菜40克，面粉100克，鸡蛋1个

调料 盐、青椒各适量

做法 ①青椒洗净切丝；面粉加清水入碗中调匀，再加入打散的鸡蛋、泡菜、青椒丝、盐一起拌匀。②锅中注油烧热，倒入调匀的面浆，用大火煎至呈金黄色。③取出切块，装盘即可。

适合人群 一般人都可食用，尤其适合男性食用。

专家点评 开胃消食。

糯米饼

材料 糯米粉250克，黑芝麻、白芝麻各10克，豆沙50克

调料 糖15克

做法 ①糯米加适量清水拌匀，再揉匀成面团。②将糯米面团擀薄，抹上豆沙、糖，然后对折叠起，再擀成饼状，在两面均蘸上芝麻。③放入油锅中煎熟，起锅切成方块，装盘即可。

适合人群 一般人都可食用，尤其适合男性食用。

专家点评 增强免疫力。

金钱饼

材料 面粉200克，鸡蛋2个

调料 糖、香油各15克

做法 ①鸡蛋打散装碗。②面粉兑适量清水搅拌成絮状，再加入鸡蛋、糖、香油揉匀成团。③将面团分成若干小剂，捏成环状的小饼，再放入油锅中炸熟，起锅串起即可。

适合人群 一般人都可食用，尤其适合女性食用。

专家点评 开胃消食。

麻辣肉饼

材料 瘦肉50克，面粉300克

调料 苏打粉、盐、红油少许

做法 ①瘦肉洗净切末；面粉加苏打粉、水搅拌成面团；瘦肉末与盐一起拌匀成馅备用。②将揉匀的面团摘成小剂，擀面圆形片，包入馅料，包好后用擀面杖反复擀几遍，再做成一张大饼，放入烤箱中烤35分钟。③取出涂上红油，切成小块，装入盘中即可。

适合人群 一般人都可食用，尤其适合男性食用。

牛肉烧饼

材料 牛肉50克，面粉200克

调料 盐3克，红油10克

做法 ①牛肉洗净切末，加盐、红油拌匀入味后待用。②将面粉加适量清水搅拌均匀揉成面团，再摘成面剂，用擀面杖擀面饼，铺上牛肉末，对折包起来。③在面饼表面再刷一层红油，下入煎锅中煎至两面金黄色即可。

适合人群 一般人都可食用，尤其适合男性食用。

炸土豆饼

材料 土豆40克，面粉120克，黄瓜50克

调料 盐、味精各3克，番茄酱10克

做法 ①土豆去皮洗净，捣成泥；黄瓜洗净，切丝备用。②将土豆泥、面粉加适量清水拌匀，再加入盐、味精揉成面团。③将面团做成饼，放入油锅中炸至金黄色，起锅切成两半，淋上番茄酱，搭配黄瓜丝食用。

适合人群 一般人都可食用，尤其适合女性食用。

北京馅饼

材料 面粉300克，牛肉100克，白菜80克

调料 盐2克，味精1克，酱油12克，大葱适量

做法 ①牛肉洗净，剁碎后加酱油、盐、味精调味；白菜洗净；切成细末；面粉用冷水调和揉匀。②将面团按扁后用擀面棍擀成面皮，将牛肉、白菜、葱拌匀后，包入面皮中，捏合成馅饼生坯。③平底锅烧热，下馅饼略烘一会儿，倒入花生油，煎成两面金黄，即可盛出食用。

大黄米饼

材料 大黄米粉300克，豆沙100克

调料 白糖10克

做法 ①大黄米粉加适量清水揉匀成粉团。②将粉团搓成条，分成5个剂子，用擀面杖擀扁，包入豆沙，做成饼，入锅蒸熟。③油锅烧热，再放入蒸饼煎至金黄色，起锅装盘即可。

适合人群 一般人都可食用，尤其适合女性食用。

专家点评 补血养颜。

黄金大饼

材料 面粉、豆沙、白芝麻各适量

调料 白糖10克

做法 ①面粉加水、白糖和成面团，下成面剂后按扁。②面皮上放上豆沙，包好，捏紧封口，按成大饼形，在两面蘸上白芝麻。③将备好的材料入锅蒸10分钟。④油锅烧热，入蒸过的大饼炸至两面金黄即可。

适合人群 一般人都可食用，尤其适合儿童食用。

专家点评 增强免疫力。

黄桥烧饼

材料 面粉500克

调料 酵母10克，饴糖20克，芝麻35克，碱水、盐各4克

做法 ①将一半面粉、酵母、盐和温水揉成发酵面团，再兑入碱水，至无酸味即可。②其余面粉加熟猪油和成干油酥。③把酵面搓成长条，摘成剂子，剂子包入干油酥，擀成面皮，对折后再擀成面皮，卷起来，按成饼状，涂一层饴糖，撒上芝麻，装入烤盘烤5分钟即可。

绿豆煎饼

材料 绿豆粉200克

调料 香菜、盐各少许，红椒10克

做法 ①红椒洗净切片；香菜洗净。②绿豆粉加适量清水、盐搅拌成絮状，再加入盐揉匀，分成若干小剂。③将面剂擀成薄饼，用红椒、香菜稍加点缀，放入油锅中炸至金黄即可。

适合人群 一般人都可食用，尤其适合女性食用。

专家点评 排毒瘦身。

鸡蛋灌饼

材料 饼2张，鸡蛋2个

调料 盐3克，水淀粉适量

做法 ①鸡蛋打散装碗，加入盐拌匀，下入油锅中炒散备用。②取一张饼，铺上炒好的鸡蛋，再盖上另一张饼，将边缘处以水淀粉粘好。③平底煎锅注油，大火烧热，放入饼，转中小火，煎至开始变成金黄色时，将饼翻转，待两面变黄后，取出切成菱形块即可。

家乡软饼

材料 面粉200克，鸡蛋3个

调料 盐2克，香油、葱各10克

做法 ①鸡蛋装碗打散；葱洗净切花。②面粉加适量清水调匀，再加入鸡蛋、盐、香油、葱花和匀。③油锅烧热，放入面浆煎至金黄，起锅切块，装入盘中即可。

适合人群 一般人都可食用，尤其适合儿童食用。

专家点评 增强免疫力。

泡菜煎饼

材料 面粉200克，鸡蛋1个，泡白菜80克，青椒适量

调料 盐2克

做法 ①泡菜洗净；青椒洗净切圈；鸡蛋打散。②面粉加适量清水调匀，再加入鸡蛋液、泡菜、青椒与盐一起搅匀成面糊。③锅中注油烧热，倒入面糊煎至金黄色时，起锅切成块装盘即可。

适合人群 一般人都可食用，尤其适合男性食用。

专家点评 开胃消食。

陕北烙饼

材料 面粉250克，干红椒15克

调料 盐3克

做法 ①干红椒洗净，切碎末。②面粉加适量清水拌匀，再加入干红椒、盐一起揉匀成团。③再用擀面杖将面团擀成薄皮，放入油锅中煎至熟后起锅，切块装盘即可。

适合人群 一般人都可食用，尤其适合男性食用。

专家点评 保肝护肾。

土豆薄饼

材料 面粉200克，土豆50克

调料 生菜适量，香菜少许，葱末10克，盐3克

做法 ①生菜洗净，排于盘中；土豆去皮洗净切块，煮熟备用；香菜洗净。②面粉加适量清水调匀，加葱末、盐拌匀。③油锅烧热，放入面浆煎至成饼，熟后，捞起置于盘中生菜上，再将土豆块放上，撒上香菜即可。

适合人群 一般人都可食用，尤其适合女性食用。

白糯米饼

材料 糯米粉350克，豆沙30克

调料 盐3克

做法 ①糯米粉与适量清水揉匀成光滑的面团。②将面团搓成长条，分成4个剂，擀成面皮，包入豆沙，按成扁饼。③锅中注油烧热，放入饼煎至熟时，起锅装盘即可。

适合人群 一般人都可食用，尤其适合女性食用。

专家点评 补血养颜。

驴肉馅饼

材料 酱驴肉100克，面粉250克

调料 盐3克，香菜5克，蒜末、香油各4克

做法 ①酱驴肉洗净，剁成碎末，加入盐、香菜、蒜末、香油一起拌匀成馅料备用。②面粉加适量清水拌成絮状，再揉匀成面团，分成4等份，擀扁，包入馅料。③锅中注油烧热，放入馅饼，煎至熟，起锅装盘即可。

适合人群 一般人都可食用，尤其适合男性食用。

虾仁薄饼

材料 虾仁100克，面粉80克

调料 红辣椒30克，盐、葱、料酒、辣椒酱各适量

做法 ①先将虾仁入热水中氽下水后取出，沥干水分。②红辣椒洗净切丁；葱洗净切末；虾仁加盐、料酒、辣椒酱调好味，拌入辣椒丁。③面粉和好后分成若干等分，一一擀成薄片。取一片放入调好味的虾仁，再盖上另一薄片，撒些葱花后折叠，最后入油锅炸至微黄色，取出切块即可。

印度薄饼

材料 面粉200克

做法 ①将面团加适量温水和匀面团，再揉搓至表面光滑。②在玻璃面板上均匀地抹一层油，面团放在面板上，按压成圆形，再抓住边缘甩起，甩至透明饼状。③平底锅烧热，放入少许的油，将面饼煎至两面金黄后盛盘即可。

适合人群 一般人都可食用，尤其适合老年人食用。

专家点评 开胃消食。

野菜煎饼

材料 面粉、地瓜粉、鸡蛋液各100克，苋菜80克

调料 红椒、葱各20克，盐、胡椒粉各适量

做法 ①葱洗净切末；苋菜、红椒洗净切碎。②面粉、地瓜粉、鸡蛋液加入适量盐、胡椒粉、清水拌匀，放入葱、苋菜、红椒搅匀成野菜面糊。③油锅烧热，放入野菜面糊煎至两面金黄色，取出再分切成块即可。

适合人群 一般人都可食用，尤其适合女性食用。

炸龙凤饼

材料 面粉100克，海参、鸡肉各50克

调料 盐、料酒、面包糠各适量

做法 ①海参泡发洗净，入锅汆水后捞出切碎；鸡肉洗净，剁成泥，加盐、料酒腌渍。②面粉加水和匀成面糊再将鸡肉、海参拌匀，裹上面糊，搓成圆形，再压成饼状，裹一层面包糠。③油锅烧热，放入做好的饼炸至金黄色即可。

适合人群 一般人都可食用，尤其适合老年人食用。

黑芝麻酥饼

材料 水油皮、油酥各适量

调料 黑芝麻、糖粉各适量

做法 ①水油皮、油酥均擀成薄片，将油酥放在水油皮上，卷好，再下成小剂子，按扁成酥皮。②在酥皮上放入芝麻、糖粉后包好，按成饼形，在两面粘上黑芝麻。③煎锅上火，加油烧热，下入芝麻饼坯煎至两面金黄色即可。

适合人群 一般人都可食用，尤其适合男性食用。

空心烧饼

材料 外皮（中筋面粉100克，糖10克，酵母粉3克），内皮（奶油20克，低筋面粉40克），白芝麻8克

做法 ①中筋面粉混合酵母粉、糖、水揉成面团，分成面心、面皮；面粉混合奶油揉成油酥面团。②面皮包入油酥，反复折擀2次再擀成圆薄片。③将面心包入面皮内，刷上糖水，蘸上白芝麻，入烤盘静置30分钟。烧饼入烤箱以175℃烤25分钟。将烧饼一切为二，将发酵面团取出。

煎牛肉饼

材料 面粉、鸡蛋液、淀粉、牛肉各适量

调料 生姜、盐、酱油各适量

做法 ①牛肉洗净，剁成末；姜洗净，切成细末。②牛肉末放入碗内，加面粉、姜末、淀粉、鸡蛋液、盐、酱油和适量清水搅匀，再做成饼状。③油锅烧热，放入牛肉饼煎至两面金黄色后捞出。

适合人群 一般人都可食用，尤其适合男性食用。

专家点评 保肝护肾。

金色烙饼

材料 淀粉、土豆各100克，鸡蛋30克

调料 朱古力屑5克

做法 ①土豆去皮，切细丝，用水冲洗一下去除表面的淀粉，沥干水分。②淀粉加入少量的水后揉匀，鸡蛋取蛋黄，搅打成液，然后将鸡蛋液缓缓地加入淀粉中，再揉匀。③土豆丝蘸沾淀粉，放入勺中，摊开成圆形，入沸油锅中炸至表面金黄后起锅，切成三角形状摆盘，撒上朱古力屑即可。

黑糯米饼

材料 黑糯米粉200克，豆沙50克

调料 白糖8克

做法 ①黑糯米粉加水、白糖和匀成面团；豆沙搓成长条，再切成小块。②将面团搓成长条，下成小剂子，再做成饼状，包入豆沙块，捏紧封口，再按成饼状。③油锅烧热，将做好的黑糯米饼煎熟即可。

适合人群 一般人都可食用，尤其适合男性食用。

专家点评 增强免疫力。

海南蒸饼

材料 面粉150克，干酵母2克，泡打粉3克，枣泥馅60克

调料 芝麻、糖各适量

做法 ①面粉加水、糖和匀，再将干酵母、泡打粉加入拌匀，静置醒发。②取醒好的面团擀成长条，再切分成6等份，将每份擀扁，包入枣泥馅，收口朝下放好。③在制好的饼坯上撒上芝麻，入蒸锅蒸20分钟，取出待凉，再用油炸至表面脆黄即可。

腊味韭香饼

材料 面粉150克，腊肠50克，韭菜20克

调料 盐2克

做法 ①腊肠洗净切碎；韭菜洗净切碎。②将面粉兑清水调成浆，加入盐，再将切好的腊肠、韭菜放入，一起拌匀成面酱。③锅内注油烧热，放入面浆煎成面饼后，取出切成三角形状后装盘即可。

适合人群 一般人都可食用，尤其适合女性食用。

专家点评 降低血糖。

苦瓜煎蛋饼

材料 苦瓜、面粉各50克，鸡蛋3个

调料 盐3克

做法 ①苦瓜洗净切丁；鸡蛋入碗中打散。②将苦瓜丁放入鸡蛋碗中，再放入盐和面粉调匀。③锅中注油烧热，放入调好的蛋浆，煎至呈金黄色时起锅，切块装盘即可。

适合人群 一般人都可食用，尤其适合男性食用。

专家点评 开胃消食。

奶香玉米饼

材料 玉米粉30克，牛奶20克，面粉200克

调料 香油适量，糖3克

做法 ①面粉、玉米粉、牛奶加适量清水搅拌成絮状，再加入糖、香油揉匀。②将揉好的面团分成若干份，做成饼坯，放入煎锅中煎至两面金黄色。③取出，排于盘中即可。

适合人群 一般人都可食用，尤其适合儿童食用。

专家点评 提神健脑。

麦仁山药饼

材料 麦仁30克，面粉150克，山药60克

调料 盐3克

做法 ❶麦仁洗净，用清水浸泡待用；山药去皮洗净，捣成泥。❷将面粉与盐、清水、山药泥调匀，揉成光滑的面团，下成面剂，按成饼状，蘸裹上麦仁粒。❸锅中注油烧热，下入麦仁饼坯，以小火煎至两面金黄色即可。

适合人群 一般人都可食用，尤其适合老年人食用。

碧绿茶香饼

材料 绿茶20克，糯米粉220克

调料 糖、蜂蜜、猪油各10克

做法 ❶绿茶用沸水泡开，取茶汁备用；糯米粉加适量清水调匀。❷向糯米粉中加入绿茶汁、猪油、蜂蜜、糖一起揉匀，再搓成条，分成8等份，放入模具中压成形。❸做好的饼放入蒸锅中蒸30分钟，取出排于盘中即可。

适合人群 一般人都可食用，尤其适合女性食用。

草原小肉饼

材料 面粉300克，瘦肉100克

调料 盐2克，酱油12克，姜6克

做法 ❶瘦肉洗净切末；姜洗净切末；将肉末、姜末、盐、酱油一起拌匀成馅。❷面粉加适量清水拌匀成团，再擀扁，包入肉馅后捏好，按成饼状。❸油锅烧热，放入饼煎至熟后，起锅切开，排于盘中即可。

适合人群 一般人都可食用，尤其适合儿童食用。

专家点评 增强免疫力。

川府大肉饼

材料 面粉200克，五花肉100克

调料 盐2克，酱油15克，葱、姜各适量

做法 ❶五花肉洗净切末；葱、姜均洗净切末；肉末、盐、酱油、葱、姜拌匀做馅。❷面粉加适量清水揉匀成团，再用擀面杖擀成薄皮，包入肉馅，做成饼状。❸油锅烧热，放入肉饼，用中火煎至熟后，起锅装入盘中即可。

适合人群 一般人都可食用，尤其适合男性食用。

葱油芝麻饼

材料 面粉300克，葱20克，白芝麻适量

调料 盐3克，味精2克

做法 ①葱洗净切末，入油锅中煎干，再去渣取油，即为葱油。②面粉加适量清水调匀，再加入白芝麻、盐、味精揉匀成团，在两面均刷上葱油，再擀扁至成饼状。③锅中注油烧热，放入大饼坯，炸至金黄色时，起锅切块，装入盘中即可。

适合人群 一般人都可食用，尤其适合儿童食用。

东北大酥饼

材料 豆沙、油酥各50克，水油皮100克，蛋液适量

做法 ①豆沙分成2等份；水油皮与油酥拌匀，做成酥饼皮，将豆沙放入包好。②将饼皮放入虎口处收拢，将剂口捏紧，用手掌按扁，再均匀地扫一层蛋液。③再将饼放入烤箱中，烤20分钟，取出即可食用。

适合人群 一般人都可食用，尤其适合男性食用。

专家点评 增强免疫力。

奶黄西米饼

材料 糯米粉150克，西米100克，奶油30克

调料 糖15克

做法 ①西米用温水浸泡至透明状备用；将糯米粉加适量温水和均匀，揉成面团。②再将面团分成面剂，擀成薄饼状，放上西米、奶黄、糖，然后包起来，再做成饼状。③将做好的饼放入蒸锅中蒸12分钟至熟即可。

适合人群 一般人都可食用，尤其适合儿童食用。

奶香黄金饼

材料 面粉350克，牛奶50克，鸡蛋2个，白芝麻30克

调料 糖15克

做法 ①鸡蛋打散。②面粉加适量清水拌成絮状，再加入牛奶、鸡蛋液、糖揉匀成团。③将面团擀扁成饼状，再蘸上芝麻，放入油锅中煎至金黄色后起锅，切块装盘即可。

适合人群 一般人都可食用，尤其适合女性食用。

专家点评 补血养颜。

武大郎肉饼

材料 面粉150克，鲜肉100克

调料 葱、姜、盐、辣椒酱、鸡精、料酒各适量

做法 ①面粉加冷水和成面团，静置醒发20分钟。②葱洗净切丝，姜洗净切片，葱姜一起泡水20分钟。肉洗净剁泥，在肉泥中加葱姜水及盐、鸡精、料酒拌匀，再加辣椒酱，混匀成馅。②将醒好的面团分成小面团，擀成薄面皮，放上肉馅，卷成卷。将饼坯放入平底锅后压扁，煎至两面金黄色即可。

西米南瓜饼

材料 南瓜150克，西米50克，淀粉20克

调料 白糖15克

做法 ①南瓜去皮切小块，隔水蒸熟，然后压成南瓜泥；西米用温水泡发至透明状。②南瓜泥中加入淀粉，和西米均匀混合在一起，再加糖拌匀。③锅中加油烧热，分别舀适量上述材料在平铲上，铺开成形，入油锅中煎至外皮变脆、颜色金黄即可。

适合人群 一般人都可食用，尤其适合儿童食用。

芋头瓜子饼

材料 葵花子仁80克，芋头100克，糯米粉30克，牛奶20克

调料 白糖15克

做法 ①芋头去皮，切成片，然后入蒸笼蒸熟，趁热捣碎成泥，加入白糖、糯米粉及牛奶拌匀。②将葵花子仁加入芋头泥中，用筷子拌匀。③分别取适量的上述材料入手心，搓成丸状，再按成饼状，入锅中蒸5分钟即可。

芝麻煎软饼

材料 糯米粉200克，黑芝麻30克

调料 吉士粉、白糖各15克

做法 ①将糯米粉、吉士粉加白糖、清水调成面糊。②将面糊捏成圆形，再按扁成饼状，在两面粘上黑芝麻备用。③油锅烧热，下入黑芝麻饼坯煎至两面金黄色即可。

适合人群 一般人都可食用，尤其适合男性食用。

专家点评 保肝护肾。

金丝掉渣饼

材料 面粉200克

调料 盐、葱花、白芝麻、猪油各适量

做法 ①面粉加盐、水和匀成面团，再压成长片，两面均抹上猪油，撒上葱花、白芝麻，把面顺长折叠，切成丝，再盘成饼状。②烤箱预热，下入盘好的饼，以220℃的炉温烘烤5分钟，至两面金黄即可。

适合人群 一般人都可食用，尤其适合儿童食用。

专家点评 增强免疫力。

松仁玉米饼

材料 玉米粉100克，松仁50克

调料 炼乳30克，鸡蛋清20克，淀粉10克

做法 ①将玉米粉加水调好，静置待用。②将调好的玉米粉、炼乳、鸡蛋清、淀粉混合搅匀；松仁过油炸至微黄。③锅中涂层油，均匀摊上玉米粉团，撒上松仁，煎至两面微黄即可。

适合人群 一般人都可食用，尤其适合女性食用。

专家点评 补血养颜。

蟹肉玉米饼

材料 玉米粒50克，蟹肉、黏米粉、糯米粉各30克

调料 黄奶油、青豆、蛋液各20克，白糖、淀粉各10克

做法 ①玉米粒、青豆、黄奶油、糖加适量的水蒸半小时，待凉。②将黏米粉、淀粉、吉士粉、糯米粉、蛋液加入步骤1的材料中制成面糊。③加蟹肉拌匀，摘成小面糊，放进平底锅，用小火煎至两面金黄色即可。

金丝土豆饼

材料 淀粉100克，土豆80克

调料 葱花、白芝麻各20克，盐3克

做法 ①土豆去皮洗净切丝。②将淀粉、盐、土豆丝、葱花拌匀调好，切成三角块状。③油锅烧热，放入备好的材料炸至金黄色，捞出沥油，撒上白芝麻即可。

适合人群 一般人都可食用，尤其适合女性食用。

专家点评 排毒瘦身。

千层素菜饼

材料 面粉、鸡蛋液、雪里蕻各适量

调料 葱花、盐各适量

做法 ①面粉、鸡蛋液加水和匀成面团；雪里蕻洗净切末。②油锅烧热，入雪里蕻、葱花炒熟，调入盐拌匀成馅料。③将面团擀成薄皮，放上馅料，包好成饼状，再下入烧热的油锅中炸至酥脆即可。

适合人群 一般人都可食用，尤其适合老年人食用。

专家点评 开胃消食。

蜂巢奶黄饼

材料 面粉150克，奶黄50克

调料 泡打粉、白糖、蜂蜜各适量

做法 ①面粉、泡打粉、白糖、蜂蜜、水和匀成面团，醒发20分钟。②将面团揉匀，下成小剂子，用擀面杖擀成面皮，再包入奶黄，包好后擀成饼状。③油锅烧热，将做好的饼炸至酥脆即可。

适合人群 一般人都可食用，尤其适合女性食用。

专家点评 补血养颜。

港式玉米饼

材料 玉米粉、糯米粉、玉米粒、豌豆各适量

调料 白糖适量

做法 ①玉米粉、糯米粉、白糖、水和匀成面团；玉米粒、豌豆洗净。②将面团搓成长条，下成面剂，压成饼状，包入玉米和豌豆，做成玉米饼。③蒸笼刷一层油，放上玉米饼蒸10分钟后取出，再入油锅煎至两面金黄即可。

适合人群 一般人都可食用，尤其适合儿童食用。

广式葱油饼

材料 面粉150克，葱20克，白芝麻15克

调料 盐、味精各3克

做法 ①葱洗净切花；面粉加水、盐、味精和匀成面团。②将面团揉匀，擀成薄面皮，刷一层油，放上葱花，从边缘折起，再捏住两头盘起，将剂头压在饼下，用手按扁后擀成圆形，撒上白芝麻。③油锅烧热，入备好的材料炸至稍黄，装盘即可。

适合人群 一般人都可食用，尤其适合男性食用。

广式豆沙饼

材料 糯米粉200克，豆沙30克，鸡蛋2个

调料 白糖10克

做法 ①鸡蛋磕入碗中搅散；糯米粉、鸡蛋液加白糖、水和匀成面团。②将面团用擀面杖擀成面皮，包上豆沙后折起，压成饼状。③油锅烧热，入备好的材料煎熟，取出切成块即可。

适合人群 一般人都可食用，尤其适合女性食用。

专家点评 补血养颜。

六合贴饼子

材料 玉米粉、面粉、奶粉、大米粉、绿豆粉、黄豆粉、鸡蛋液各50克

调料 白糖10克

做法 ①玉米粉、面粉、奶粉、大米粉、绿豆粉、黄豆粉混合均匀，再放入鸡蛋液、白糖、水和匀成面糊。②将面糊放入模型中，做成圆饼状再取出。③将做好的饼放入烙饼机中烙至两面金黄色即可。

适合人群 一般人都可食用，尤其适合老年人食用。

萝卜丝酥饼

材料 面粉、萝卜、黄油各适量

调料 盐3克

做法 ①面粉、黄油加入清水和匀成面团；萝卜去皮洗净后切碎，加盐炒熟成馅料。②将面团揉匀，擀成薄面皮，折叠成多层后切成方块，包入馅料，捏成形。③油锅烧热，放入备好的材料烤至酥脆即可。

适合人群 一般人都可食用，尤其适合男性食用。

专家点评 开胃消食。

奶香瓜子饼

材料 葵花子仁30克，面粉80克，奶油20克

调料 樱桃、白糖各适量

做法 ①面粉加水调匀，再加白糖、奶油搅至糖全部熔化，制成面团。②将面团分成大小均匀的等份，搓成圆形，再裹上一层葵花子仁。③将制好的饼坯放入模子中，入烤箱烤熟，取出码盘，加樱桃点缀即可。

适合人群 一般人都可食用，尤其适合儿童食用。

专家点评 提神健脑。

萝卜丝芝麻酥饼

材料 面粉、黄油、萝卜各适量

调料 白芝麻、盐各适量

做法 ①萝卜去皮切丝，入盐水腌渍，捞起沥干。②一半面粉加黄油、水和成水油皮后静置，剩余面粉加黄油和成油酥。用水油皮包裹油酥，收口朝下擀开，翻折再擀，重复几次。③面团分成6等份，中间包入萝卜丝，搓成长条形状，一面蘸上芝麻，入油锅中炸至表面金黄即可。

缠丝牛肉焦饼

材料 牛肉50克，面粉300克

调料 盐3克，酱油10克，葱末5克

做法 ①牛肉洗净切碎，与盐、酱油、葱末一起拌匀做馅备用。②面粉加适量清水拌成絮状，再揉匀成面团，搓成条，分成小剂，再切成丝状。③再将丝状面团擀扁，包入牛肉，并将饼面旋成丝状，放入油锅煎熟即可。

适合人群 一般人都可食用，尤其适合男性食用。

大红灯笼肉饼

材料 面粉300克，瘦肉100克

调料 盐3克，葱10克，姜12克

做法 ①瘦肉洗净切末，葱、姜洗净切末，再将瘦肉、盐、葱、姜拌匀做馅。②面粉加适量清水揉匀，用擀面杖擀成面皮，再包入肉馅后卷起。③油锅烧热，放入肉卷，煎至两面金黄，起锅切成若干份即可。

适合人群 一般人都可食用，尤其适合老年人食用。

吉士香南瓜饼

材料 面粉300克，南瓜60克，吉士80克，椰糠、朱古力屑各少许

调料 香油适量

做法 ①南瓜洗净，煮熟后捣成泥；面粉加适量清水拌匀，再加入香油、南瓜泥揉匀成面团。②将面团搓成条，切成6个剂子，再擀扁，包入吉士后做成饼。③油锅烧热，放入南瓜饼，炸至金黄色，起锅装盘，撒上椰糠、朱古力屑即可。

香酥饼

材料 精面粉200克，红豆沙100克

调料 白糖20克，猪油20毫升，清油10毫升，白芝麻10克

做法 1 将清油和白糖同适量水混合，倒入150克面粉后和成面团；在10毫升猪油中加入50克面粉加水和匀。2 将两团面分别搓成长条，下成面剂，猪油面团擀片，包入清油面团中，再包入豆沙。3 蘸上芝麻，擀成椭圆形，放入烧热的油锅中煎至两面金黄即可。

芹菜馅饼

材料 面粉350克，芹菜90克，猪肉80克，酵母适量

调料 盐、味精各4克

做法 1 将猪肉和芹菜洗净，切碎，加入调味料，做成馅料。2 面粉加入酵母后擀成面团，分成两个饼，中间包入馅，将两个饼的两边压紧，做成大饼。3 放入锅中煎至两面金黄即可。

重点提示 芹菜的叶、茎含有挥发性物质，别具芳香，能增强人的食欲。

烙葱花饼

材料 面粉150克

调料 葱花15克，花椒粉5克，牛油50克，盐3克

做法 1 在面粉中加水、牛油、盐，揉成面团。2 下成大小均匀的剂子，将面团按扁。3 用模具压成形，再在饼上刻花。4 放入烙机中稍烙至一面微黄，取出。5 撒上花椒粉，然后再放入烙机中烙成两面呈金黄色。6 取出，撒上葱花即可。

重点提示 花椒粉不要放太多。

东北春饼

材料 白面500克，黄瓜200克，肉末50克，东北大酱100克

调料 大葱50克

做法 1 黄瓜洗净切细条，大葱择洗净切丝，肉末过油后和东北大酱调匀成炸酱备用。2 将白面加入些许清水，和成面团，搁置5分钟，分成小块，擀成薄皮。3 平锅上火，放入面皮烙熟，取出包住黄瓜、大葱、炸酱即可。

锅巴藕饼

材料 嫩藕、锅巴、五花肉、鸡蛋黄各适量

调料 盐、味精、糖、料酒、淀粉、麻油、葱花、姜末、酱油各适量

做法 ①藕切略厚的片；五花肉剁成馅，并调入盐、味精、糖、料酒、酱油拌匀，待用；锅巴压碎。②藕片两面抹上肉馅，拍干淀粉，拖蛋黄，蘸上炸好的锅巴碎，做成藕饼。③锅中入油烧至四成热，下入藕饼，炸至熟，捞出待用；锅用香油滑热，煸香葱、姜，下入藕饼，轻翻几下出锅即可。

葱油大饼

材料 面粉500克，葱50克

调料 盐5克，泡打粉、酵母、香油各10克，白糖50克

做法 ①面粉加入酵母、泡打粉、白糖、水和成面团，下剂，按扁，擀成长条形，刷上香油，做成面粉。②将葱洗净，切碎，撒在面皮上，加适量盐，将面皮卷起来。③取一张面皮将之包起来。④擀成大饼形，醒发30~50分钟。⑤蒸10分钟左右，取出。锅加油烧至200℃时，下入大饼炸至两面金黄色。

金牌南瓜饼

材料 南瓜300克，糯米粉适量，面包糠200克，奶酪粉、三花淡奶各30克，油适量

调料 白糖150克

做法 ①将南瓜去皮，煮熟成泥，去水。②将南瓜加糯米粉、白糖、奶酪粉、三花淡奶拌匀，做成饼的形状。③裹上面包糠，将油烧至四成热，把饼下锅炸熟即可。

专家点评 开胃消食。

黄金油饭饼

材料 米饭、面粉各250克，鸡蛋2个

调料 盐、味精各2克，胡椒粉1克，葱花少许

做法 ①锅中加油，烧热，打入1个鸡蛋煎熟，再下入米饭和所有调味料一起炒香，盛出。②面粉内加入另一个鸡蛋，用开水烫匀后揉成面团，再搓成长条，下成20克1个的面剂。用擀面杖擀成薄片，取一张面皮，内放炒好的米饭，将面皮对折包好，入煎锅中煎至金黄色即可。

火腿玉米饼

材料 火腿80克，玉米粉50克，面粉150克

调料 盐2克，白糖10克，黄油25克

做法 1 将火腿洗净切成粒。2 面粉内加入玉米粉，加入黄油、盐、白糖，加入适量水。3 拌匀成面糊，用模具压成形。4 倒入煎锅内煎至半熟。5 撒上火腿粒，稍压紧。6 煎至两面金黄，取出。

适合人群 一般人群都可食用，尤其适合女性食用。

专家点评 开胃消食。

羊肉馅饼

材料 羊肉馅、白面各300克

调料 盐3克，味精、花椒粉各3克，干辣椒粉5克，葱花少许

做法 1 白面加水和好,做成面皮。2 羊肉馅加调味料拌成馅，用面皮把馅包好。3 在锅中用小火煎成金黄色即可。

适合人群 一般人群都可食用，尤其适合孕产妇食用。

专家点评 增强免疫力。

河套蒸饼

材料 白面500克

调料 酵母粉2克

做法 1 白面加酵母粉、适量的水揉成面团。2 将面团做成饼，醒发一会儿。3 将面饼入笼蒸熟即可。

适合人群 一般人都可食用，尤其适合男性食用。

重点提示 面粉富含蛋白质、碳水化合物、维生素和钙、铁、磷、钾、镁等矿物质，有养心益肾、健脾厚肠、除热止渴的功效。

莲蓉酥饼

材料 莲蓉60克，酥饼皮3张

调料 蛋液适量

做法 1 莲蓉分成3等份；取一张酥饼皮，放入1份莲蓉。2 将饼皮放在虎口处逐渐收拢，将剂口捏紧。3 用手掌按扁。4 均匀扫上一层蛋液。5 放入烤盘中，送入烤箱。6 用上150℃、下100℃的炉温烤12分钟至熟即可。

适合人群 一般人都可食用，尤其适合老年人食用。

香葱煎饼

材料 面粉300克，五花肉350克，大葱末30克

调料 盐3克，味精2克，香油8毫升，泡打粉7克

做法 ①将面粉、泡打粉、水、盐揉成面团发酵，下剂备用。②五花肉去皮斩蓉，调味，加入大葱末，制成肉馅。③将面团擀薄，包入馅心，成煎饼状，将生坯置煎锅摊平，煎至两面金黄即可。

适合人群 一般人群都可食用，尤其适合男性食用。

专家点评 保肝护肾。

紫薇煎饼

材料 糯米粉500克，红薯200克

调料 白糖适量

做法 ①将红薯去皮，切成粒。②在糯米粉内加入切好的红薯粒。③加入白糖。④加适量水，将所有材料拌匀成面糊。⑤煎锅放一模具，加入热油，取适量面糊倒入模具内。⑥煎成两面金黄色即可。

适合人群 一般人群都可食用，尤其适合儿童食用。

专家点评 开胃消食。

牛肉飞饼

材料 牛肉末20克，面团100克

调料 盐2克，咖喱粉3克，椰浆8克，炼奶10克，葱末少许，蛋液半个

做法 ①牛肉末放入碗中，调入调味料，拌匀腌5分钟。②在面团上抹上一层油，按压成圆形。铺上腌好的牛肉末，将面皮对折压紧。锅中油烧热，放入饼坯，煎至金黄色，切块即可。

适合人群 一般人群都可食用，尤其适合女性食用。

西北煎饼卷菜

材料 精面粉200克，土豆100克，青、红椒各50克，卤猪肉100克，葱20克

调料 盐5克，油30毫升

做法 ①土豆与青、红椒切丝，和盐炒匀。卤猪肉切末，葱切花。面粉加水和好，下锅煎成薄饼，加入葱花辣椒丝、土豆丝和盐炒匀。②将炒好的土豆丝和肉末拌匀，放在饼上卷起即可。

适合人群 一般人群都可食用，尤其适合儿童食用。

红薯豆沙煎饼

材料 红豆300克，砂糖100克，红薯400克

调料 淀粉2克，奶油10克

做法 ①红豆浸泡，沥水后放入锅中，加水煮软，取出加白糖，凉后即为红豆沙。②红薯放入烤箱中，用180℃的炉温烤30分钟，取出压成泥，加淀粉、奶油揉成团。包入豆沙馅，捏紧成扁圆形，放入锅中煎至酥黄即可。

适合人群 一般人都可食用，尤其适合儿童食用。

黄金牛肉夹饼

材料 面粉500克，牛肉100克，白糖50克，酵母10克

调料 芝麻50克，香菜10克

做法 ①面粉加酵母、白糖和水，揉成面团，按扁，蘸上芝麻，醒发半小时后，蒸5分钟。将面饼平切至2/3处，煎至金黄色。②将牛肉卤好，切片，和香菜拌匀，做成馅料，放入切口内；面饼上外蘸上芝麻。

适合人群 一般人都可食用，尤其适合男性食用。

专家点评 增强免疫力。

鸡肉大葱窝饼

材料 鸡肉50克，糯米粉150克，面粉20克

调料 盐3克，白糖8克，蚝油少许，大葱15克

做法 ①鸡肉切丝，葱切丝。将切好的材料放入锅中炒熟，再加入盐、白糖、蚝油一起炒匀。②糯米粉、面粉加水，擀成皮。将面皮切齐，入锅煎至金黄色。饼皮平铺，放馅料再对折卷起，切去头尾，从中间切开即可。

适合人群 一般人都可食用，尤其适合儿童食用。

燕麦蔬菜饼

材料 鸡蛋70克，面粉150克，燕麦片80克，芝麻（烤熟）、胡萝卜各20克

调料 砂糖100克，青葱末20克

做法 ①鸡蛋打散，胡萝卜切碎。②面粉加入蛋液、燕麦片和胡萝卜、芝麻、葱末拌匀，装入袋中，挤成圆球状，入烤烤箱烤20分钟即可。

适合人群 一人群都可食用，尤其适合女性食用。

专家点评 防癌抗癌。

土豆可乐饼

材料 土豆200克，西红柿1个，玉米粒25克，洋葱1个

调料 盐3克，面包屑适量

做法 ①西红柿入滚水中焯烫，切丁；洋葱切末，与土豆入锅中炒软，压成泥状，加玉米粒、西红柿丁，与盐拌匀，②捏成扁椭圆状，裹一层面包屑，放入油锅中炸至呈金黄色，捞起沥干油分即可。

适合人群 一般人都可食用，尤其适合老年人食用。

专家点评 降低血糖。

萝卜干煎蛋饼

材料 萝卜干50克，鸡蛋4个

调料 盐2克，味精1克，淀粉8克

做法 ①萝卜干切碎，加入鸡蛋、味精、淀粉打散，调味。②用油滑锅，将蛋液在锅中摊成饼。③煎至两面金黄即可。

适合人群 一般人都可食用，尤其适合男性食用。

专家点评 开胃消食。

红豆酥饼

材料 煮熟的红豆50克，水油皮60克，油酥30克

调料 白糖10克，蛋液5克

做法 ①红豆放入碗中，调入白糖，用勺子压成泥。将水油皮、油酥做成饼皮后，放入红豆馅料。②将饼皮捏起，按扁。扫上一层蛋液，放入烤盘中，入烤箱，用150℃炉温烤12分钟即可。

适合人群 一般人都可食用，尤其适合女性食用。

专家点评 补血养颜。

火腿萝卜丝酥饼

材料 油皮、油酥各300克，白萝卜750克，火腿末20克

调料 盐3克，葱末、姜末各2克

做法 ①萝卜刨丝，盐腌5分钟，冲洗后挤干水；萝卜丝、火腿末、葱末、姜末加盐拌匀成馅料。②取油皮，包入油酥，擀成条，卷成圆柱状，取做好的油酥皮，擀成圆片，包好馅料，入烤箱用220℃炉温烤20分钟即成。

螺旋香芋酥

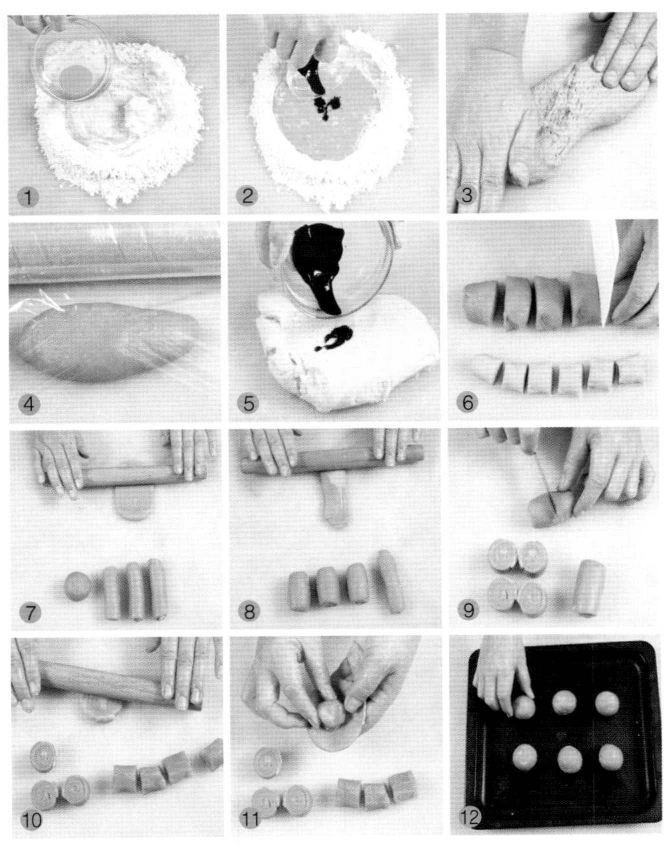

材料 面粉800克，鸡蛋、猪油、牛油、猪油、莲蓉各适量糖20克，水200克，香芋色香油适量

做法 ①面粉开窝，中间加入糖、猪油、鸡蛋和清水。②拌至糖溶化，加入香芋色香油。③然后将面粉拌入，搓至面团纯滑。④用保鲜膜包好，稍作松弛备用。⑤油心部分拌匀加入香芋色香油搓至纯滑。⑥将面团与油心按3:2的比例分成小件，包入油心。⑦压薄，卷起成长条状。⑧将长条状酥皮再擀成薄皮卷起。⑨在中间分切成两半。⑩切口向上擀压成薄酥皮。⑪将莲蓉包入，捏紧收口。⑫排入烤盘稍作松弛，烤熟后出炉即可。

适合人群 一般人都可食用，尤其适合儿童食用。

蛋黄莲蓉酥

材料 油酥皮80克，咸蛋黄4个，莲蓉40克

调料 蛋液15克

做法 ①莲蓉搓成条状，切成10克/个的小剂子。②将莲蓉按扁，包入咸蛋黄。③取一张油酥皮，放入莲蓉馅。④包起，捏紧剂口。⑤刷上一层蛋液。⑥放入烤箱中。⑦上炉烤25分钟左右。⑧取出摆盘即可。

适合人群 一般人都可食用，尤其适合儿童食用。

专家点评 提神健脑。

重点提示 蛋液一定要刷均匀。

豆沙扭酥

材料 豆沙250克，面团、酥面各125克

调料 鸡蛋黄1个

做法 ①将面团擀薄，酥面擀成面片一半的大小。②将酥面片放在面片上，对折起来后擀薄。③再次对折起来擀薄。④将豆沙擀成面片一半大小，放在面片上对折轻压一下。⑤切成条形。拉住两头旋转，扭成麻花形。⑥均匀扫上一层蛋黄液。⑦放入烤箱中烤10分钟，取出即可。

适合人群 一般人都可食用，尤其适合女性食用。

专家点评 补血养颜。

重点提示 蛋液不可扫太厚，且不可扫在豆沙上。

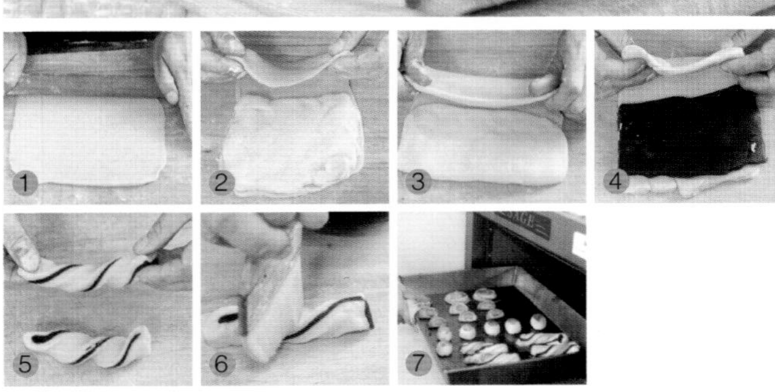

鸳鸯芝麻酥

材料 面粉500克，鸡蛋1个，猪肉200克，香菜30克，马蹄20克

调料 糖、猪油、水、盐、鸡精、芝麻、胡椒粉、淀粉、麻油各适量

做法 ①皮部面粉过筛开窝，加糖、猪油、鸡蛋、清水拌至糖溶化。②将面粉拌入搓匀，搓至面团纯滑。③用保鲜膜包好，松弛约30分钟。④将面团分切成约30克/个，将面皮擀薄备用。⑤馅料部分的材料切细混合拌匀。⑥将馅料包入面皮，然后将收口捏紧。⑦粘上芝麻，稍作松弛。⑧以150℃油温下锅炸至浅金黄色即可。

适合人群 一般人都可食用，尤其适合老年人食用。

专家点评 防癌抗癌。

重点提示 饼坯沾点水后再粘芝麻，易粘牢。

笑口酥

材料 糖粉、全蛋各150克，高筋面粉75克，低筋面粉340克

调料 酥油38克，泡打粉11克，淡奶38克，芝麻适量

做法 ①酥油与过筛的糖粉混合搓匀。②分次加入全蛋、淡奶搓匀。③慢慢加入过筛的泡打粉、高筋面粉、低筋面粉搓匀。④搓揉至面团纯滑。⑤再搓成条状。⑥分割成小等份。⑦搓圆后放入装满芝麻的碗中。⑧面团粘满芝麻，取出静置，炸成金黄色熟透即可。

适合人群 一般人都可食用，尤其适合男性食用。

专家点评 增强免疫力。

重点提示 面团揉好后要尽快粘上芝麻。

莲花酥

材料 中筋面粉、低筋面粉、猪油各适量，全蛋50克

调料 细糖40克，清水100克

做法 ①中筋面粉过筛开窝，加入糖、猪油、蛋、清水。②拌至糖溶化，将面粉拌入，搓成面团纯滑。③用保鲜膜包起，松弛备用。④油心部分的材料混合拌匀备用。⑤将水皮油心按3:2的比例切成小面团。⑥用水皮包入油酥，擀开后卷起成条状。⑦折成三折。⑧包入莲蓉馅，扫蛋黄液，切十字形，入炉烤成金黄色即可。

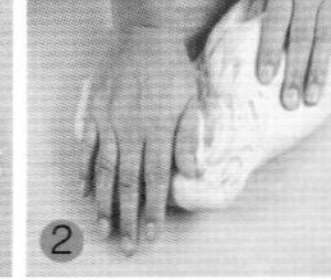

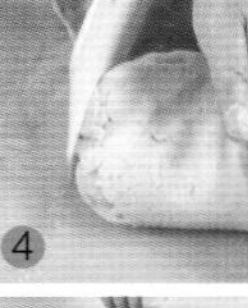
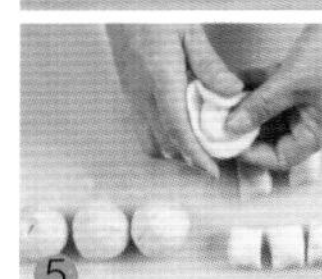
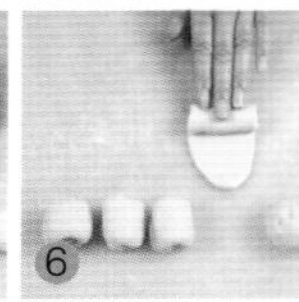
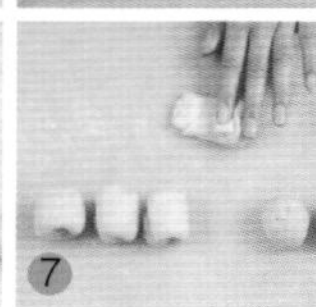
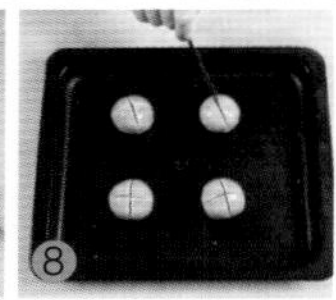

适合人群 一般人都可食用，尤其适合女性食用。

专家点评 开胃消食。

重点提示 油皮要用保鲜膜盖好，避免表面干燥。

豆沙蛋黄酥

材料 中筋面粉、低筋面粉、猪油各适量，全蛋50克，芝麻适量

调料 细糖40克，豆沙适量，蛋黄5个

做法 ①中筋面粉过筛开窝，加细糖、猪油、全蛋、清水。②将中筋面粉拌入，搓至面团纯滑。用保鲜膜包起，稍作松弛备用。③油心部分的材料混合搓匀备用。④将水皮、油心按3:2的比例分切成小面团。⑤水皮包入油心，擀成薄皮。卷成条状，折成三折。⑥再擀薄成圆薄酥皮。⑦包入豆沙咸蛋，将包口收捏紧，排入烤盘。⑧扫上蛋液，撒上芝麻，入炉烘烤成金黄即可。

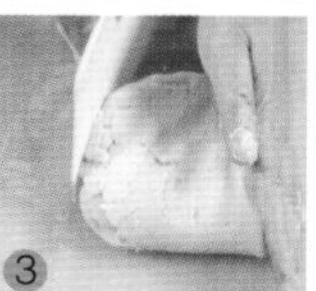
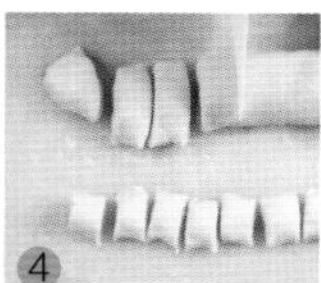
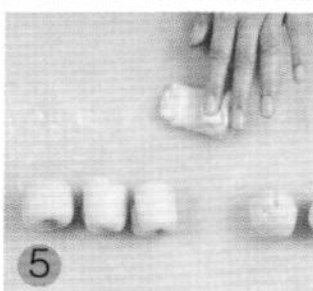
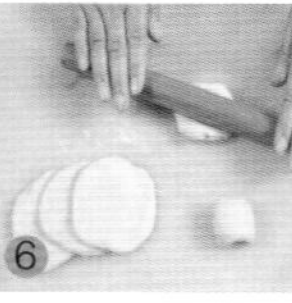
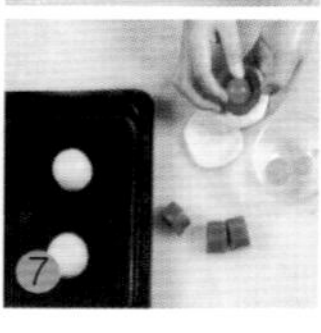
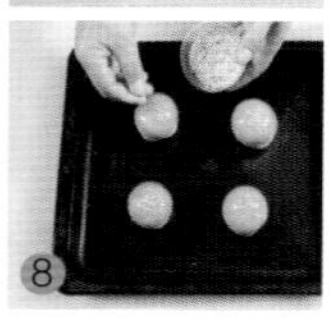

适合人群 一般人都可食用，尤其适合女性食用。

专家点评 补血养颜。

雪梨酥

材料 面粉1000克，猪油400克，水250克，胡萝卜适量，雪梨1个

调料 白糖15克

做法 ①油心部分混合拌匀搓透备用。②水皮部分面粉开窝，加入其余材料拌匀后与面粉拌匀。③用保鲜膜包好松弛30分钟左右。④水皮擀开包入油酥。擀成长圆形，折三折，松弛后擀开再折叠。⑤酥皮两头对折成四折，将其切开分割。⑥静置好后用擀面杖将皮擀薄。⑦雪梨切成小颗粒状，放在其表面作造型。⑧放上胡萝卜丁装饰，入炉烘烤至金黄色即可。

适合人群 一般人都可食用，尤其适合儿童食用。

专家点评 提神健脑。

三角酥

材料 面粉、白牛油、鸡蛋、水、莲蓉、猪油各适量

调料 糖适量

做法 ①油心部分混合拌均匀，搓透备用。②水皮部分面粉开窝，加入其余材料，拌匀后与面粉一起揉搓至面团纯滑。③用保鲜膜将搓好的面团包起，松弛30分钟左右。④将水皮擀开，包入油酥。⑤擀成长圆形，折三折，松弛后反复折叠。⑥静置1小时后，用擀面杖将皮擀薄。⑦用切模压出酥坯。⑧包入馅料后将其折成三角形，扫上蛋液，烤金黄即可。

适合人群 一般人都可食用，尤其适合老年人食用。

专家点评 增强免疫力。

天天向上酥

材料 面粉1000克，猪油400克，鲜虾适量，鸡蛋1个，清水250克

调料 白糖15克

做法 ①油心部分混合。②拌匀搓至面团纯滑备用。③水皮部分面粉开窝，拌入其余材料。④将面粉拌入再搓至面团纯滑。⑤用保鲜膜包好面团，松弛30分钟。⑥将水皮面团擀开，包入擀开的油心面团。⑦擀成长圆形，折三折，松弛后继续擀开折叠。⑧静置1小时后用擀面杖将皮擀薄。⑨用切膜压出酥坯。⑩用稍小的切膜压出酥坯，去掉实心的部分。⑪酥坯扫上蛋液后将空心的酥坯放在表面对齐。⑫入炉烘烤至金黄，待凉后放上烫过的白灼虾装饰即可。

适合人群 一般人都可食用，尤其适合儿童食用。

专家点评 提神健脑。

重点提示 使用擀面杖时力量要一致。

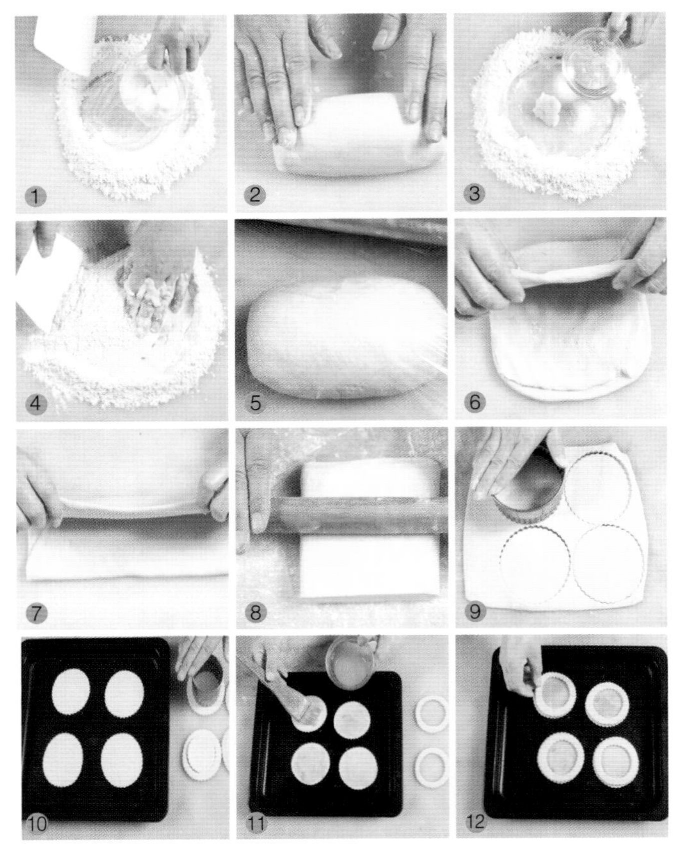

菊花酥

材料 面粉340克，水150克，莲蓉适量

调料 白糖15克，猪油140克

做法 ①面粉开窝，加入糖等各材料，搓至面团纯滑。②用保鲜膜将搓好的面团包好，松弛静置半小时。③面粉和猪油混合拌匀，用刮板堆叠搓。④搓至面团纯滑后用保鲜膜包好松弛。⑤将松弛好的水皮、油心分割成3:2的比例。⑥将水皮擀开包入油心。⑦再对角擀开，擀成圆薄形松弛。⑧将莲蓉馅分割。⑨用酥皮包馅，收口捏紧，再用擀棍擀薄。⑩对折后用力斜切离中心1/3处。⑪将分切的部分转过来，成正面，扫上蛋液。⑫入炉烤至金黄色熟透后，出炉即可。

适合人群 一般人都可食用，尤其适合老年人食用。

麻花酥

材料 面粉350克，巧克力屑、椰糠各适量

调料 糖适量

做法 ①面粉、糖加水、油搅匀，制成水油面团；面粉、白糖加熟猪油搅匀，制成干油酥。②水油面团包入干油酥后起酥，擀成长方形薄皮，薄皮对折再擀平，切成小段长方形。③在小段中间切出小口子，从切口处向外翻出，即成生坯，将生坯炸至酥层散开，撒上巧克力屑、椰糠即可。

玫瑰酥

材料 面粉350克，玫瑰15克

调料 冰糖、白糖、红糖各15克

做法 ①将面粉、白糖、油、水揉成水油面团；面粉、白糖、油搓成干油酥面团；玫瑰切碎，冰糖砸碎，与白糖拌成水晶馅。②水油面、干油酥面摘成剂子，干油酥包入水油面中，擀长后叠拢，反复两次制成酥皮。③水晶馅包入酥皮内捏成圆形，划细条形，炸至花瓣绽开后捞出，刷上红糖即成。

贝壳酥

材料 面粉350克，可可粉15克，蛋液50克

调料 白糖50克

做法 ①面粉加油、白糖搓成面团；取面粉加油、白糖、水和成水油酥面团，醒透揉匀。剩余面粉加入油、水、可可粉和成可可水油面团。②面团醒透，用水油面包入干油酥、可可水油面团，收口朝上，擀薄皮。③在薄片中间刷上一层蛋液，叠制成贝壳形生坯，入烤箱烤至金黄色后取出即可。

叉烧酥

材料 猪肉150克，面粉300克，起酥油200克，芝麻15克

调料 糖、生抽各10克，味精3克

做法 ①猪肉用糖、味精、生抽腌渍，入烤箱烤熟，稍冷却，用绞肉机搅碎制成叉烧馅。②面粉、起酥油制成酥皮，切成大小均匀的长方形大块，上面放上叉烧馅。③折叠两次成正方形，撒上芝麻，对切成四小块，入烤箱烤熟即可。

适合人群 一般人都可食用，尤其适合男性食用。

甘露酥

材料 瓜子仁、核桃、黄油各50克，红豆沙200克，面粉300克

调料 发酵粉3克，白糖20克

做法 ①面粉加水、白糖、发酵粉、黄油和好，揉成光滑的面团，放置半小时后分成两份面团，再将两份面团分别擀成圆形面团。②在两片圆形面团中间夹上红豆沙，用铲子推平，在面团上放上瓜子仁、核桃。③放入烤箱，烤好后取出，晾凉，切块即可。

大拉酥

材料 面粉300克，黄油50克，芝麻80克

调料 白糖30克

做法 ①面粉、白糖、黄油加水和匀，揉成光滑面团，放置半小时。②将面团分成小剂子，再擀成椭圆形，然后在两端分别均匀粘上芝麻。③放入烤箱，以180℃的温度烤15分钟，取出即可。

适合人群 一般人都可食用，尤其适合老年人食用。

专家点评 防癌抗癌。

蛋黄酥

材料 中筋面粉150克，低筋面粉100克，鸡蛋1个，咸蛋2个

调料 白糖15克

做法 ①中筋面粉、白糖、油、水搅匀，揉成面团，半小时后分成油皮；低筋面粉与猪油拌压成团，分成油酥；咸蛋黄去壳，取蛋黄；鸡蛋打匀。②将油皮包入油酥，擀成皮，包入咸蛋黄后按平整，再在表面刷两次蛋液。③放入烤箱，烤熟后取出对切即可。

榴莲酥

材料 面粉300克，鸡蛋1个，榴莲肉100克，黄油150克，熟芝麻40克

调料 白糖15克，蜜糖适量

做法 ①面粉加水、白糖、鸡蛋、油揉成水皮，黄油、猪油、面粉揉成酥心，然后将水皮和酥心一起揉成酥皮。②将酥皮擀开，放入榴莲肉包好，放入预热过的烤箱，烤香后取出，扫上蜜糖，撒上熟芝麻即可。

适合人群 一般人都可食用，尤其适合女性食用。

龙眼酥

材料 面粉250克

调料 熟面粉、芝麻酱各20克，芝麻60克，白糖15克

做法 ①面粉、白糖、油、水搅匀，揉成油皮；面粉与猪油拌匀为油酥；将油皮包入油酥，擀成牛舌形，对折后再擀成薄面皮，由外向内卷成圆筒，切成面剂。②芝麻炒熟，磨成末，与白糖、芝麻酱、熟面粉、油揉匀成馅。③面剂竖立按成酥纹在上圆皮，包入馅，封口朝下，入油锅炸熟。

顶花酥

材料 面粉200克

调料 熟芝麻10克，白糖15克

做法 ①一部分面粉加入猪油、白糖搓揉成干油酥面团，剩余面粉加入油、白糖温水和成水油酥面团，醒透揉匀。②把干油酥包入水油酥内，稍按，摘成小剂子，揉成椭圆形饼状。③将面饼上撒上黑芝麻，再放入烤箱中，以150℃烤至熟即可。

适合人群 一般人都可食用，尤其适合男性食用。

苹果酥

材料 苹果1个，面粉200克

调料 白芝麻适量，白糖15克，杏子酱20克

做法 ①苹果去皮洗净，入锅中煮软，打成泥，再与面粉、糖兑适量清水揉匀。②将揉匀的面团用擀面杖擀成一张饼状，将杏子酱涂抹在饼上，再撒上白芝麻，放入烤箱中烤30分钟。③取出，切成合适的块状，排于盘中即可。

适合人群 一般人都可食用，尤其适合儿童食用。

荷花酥

材料 油心面团、油皮面团各150克，豆沙馅150克

做法 ①取一份油皮小面团，压扁后放上一份油心小面团，用油皮将油心包好，擀成椭圆形，由下至上卷起，静置10分钟后再擀开，卷起后按扁擀成圆形，放适量豆沙馅包好，收口朝下。②在包好的面坯上用小刀划出5个花瓣，深度以能看见馅心为宜，全部处理好后放入铺好锡纸的烤盘中，烤熟即可。

蝴蝶酥

材料 面粉100克，奶油20克，蜂蜜25克，豆沙馅50克，蛋黄液30克

调料 白糖15克

做法 1 用水将糖化开，再加入奶油和面粉进行揉搅。2 将面团摘剂擀成皮，包上豆沙馅，捏紧封口。将包好的半成品擀成薄圆饼，然后用刀切成四条，摆成蝴蝶状，把四条面相互粘牢，呈皮馅分明的蝴蝶状。3 在面团上淋上蜂蜜，刷上蛋黄液，烤熟即可。

奶黄酥

材料 面粉150克，奶油、奶黄各40克，鸡蛋液50克，蜂蜜10克

调料 白糖15克

做法 1 面粉加水、奶油、鸡蛋液及糖和好。2 将面团分成大小均匀的若干等份，每份擀成薄片后对折，再擀再折，重复几次。3 将各擀好的小面团拍成薄饼，表面滴几滴蜂蜜，包入奶黄后对折，捏好封口。最后放入热油中炸至金黄色，起锅沥油即可。

肉松酥

材料 面皮料（面粉80克，清水适量），酥心料（面粉60克），烤紫菜1张，肉松、蛋黄液、白芝麻各60克

做法 1 将面皮料与酥心料分别和成面皮、酥心，用面皮包酥心制成酥皮；烤紫菜切条。2 酥皮用擀面杖擀开，对折再擀，重复几次。在擀好的面团中包入肉松，然后再分成4等份，搓成长卷，表面刷一层蛋黄液，蘸上芝麻。3 肉松酥入烤箱烤至酥脆，盛盘，铺烤紫菜条即可。

蛋黄甘露酥

材料 低筋面粉200克，鸡蛋2个，莲子120克，咸蛋黄1个

调料 白糖、黄油、发酵粉、冰糖各15克

做法 1 白糖、黄油先搓透，加入一个鸡蛋、低筋面粉、发酵粉和匀，再擀成坯皮；另一个鸡蛋搅成蛋液。2 莲子加水、冰糖入高压锅煮熟，捞出用勺压烂，趁热放入咸蛋黄拌匀，揉成馅，做成球形。3 用坯皮将馅包住，再在其上抹一层蛋液，放入烤炉里烤熟即可。

月亮酥

材料 面粉、熟咸蛋黄、豆沙馅各适量

调料 白糖适量

做法 ①咸蛋黄用豆沙包好。②面粉加水、白糖调匀成面糊，再下成小剂子，用擀面杖擀薄，包入豆沙馅，做成球形生坯。③将生坯刷上一层蛋液，入烤箱烤熟，取出切开即可。

适合人群 一般人都可食用，尤其适合儿童食用。

专家点评 开胃消食。

莲藕酥

材料 中筋面粉、低筋面粉、莲蓉馅各200克，鸡蛋液适量，烤紫菜1张

做法 ①低筋面粉加入油搓成干油酥面团；中筋面粉加入油及温水和成水油酥面团，醒透揉匀。②干油酥包入水油酥，擀长方形，叠三层，擀长方形，分小份，刷蛋液摞起来，切成剂子。③包入莲蓉馅，卷成圆筒形，再捏成长方形。将烤紫菜切成细长条，系在长方面团的两端，制成莲藕状，炸熟即可。

一品酥

材料 黑糯米150克

调料 红糖10克，脆浆适量

做法 ①黑糯米淘净，打成米浆，用布袋吊着沥水。②红糖加水拌好，再加入沥好水的浆中，然后充分揉匀，静置半小时。③分别取适量米浆拍扁，裹上脆浆，入油锅中浸炸，至表面变脆，捞起待凉，切成整齐的长方形条状，码好即可。

适合人群 一般人都可食用，尤其适合女性食用。

富贵蛋酥

材料 鸡蛋3个，面粉150克，枣泥80克

调料 白糖15克

做法 ①鸡蛋打入碗中，搅拌均匀，入锅中炒熟。②面粉、枣泥、鸡蛋、白糖和水一起搅匀，倒入方形模具中，放入冰箱中冻硬。③再将蛋酥放入烤箱中，用180℃烤15分钟，取出，切块即可。

适合人群 一般人都可食用，尤其适合老年人食用。

专家点评 增强免疫力。

核桃酥

材料 黄油50克，中筋面粉100克，鸡蛋黄1个，核桃仁30克

调料 砂糖15克

做法 ①将黄油软化，放入砂糖打发，再将面粉加入黄油里。②将弄碎的核桃仁放入面粉中，搅拌均匀，用保鲜膜盖好，醒发5分钟。将鸡蛋黄打成蛋液备用。③将面团分成大小均匀的小份，每小份揉成圆球，在中间轻轻按压，做成核桃形。刷上蛋液，烤熟即可。

飘香橄榄酥

材料 橄榄、酥皮、鸡蛋液、三花淡奶各适量

调料 白糖适量

做法 ①橄榄洗净，取肉切末；酥皮擀薄切开，捏在菊花模型上成挞皮待用。②白糖加开水融化，入三花淡奶、橄榄末搅匀，加入鸡蛋液，做成蛋挞水。③将蛋挞水倒入挞皮中，入烤箱中烤10分钟即可。

适合人群 一般人都可食用，尤其适合老年人食用。

专家点评 防癌抗癌。

豆沙千层酥

材料 面粉、黄油各200克，豆沙60克，芝麻10克，蛋液少量

调料 白糖15克

做法 ①黄油软化，加面粉、白糖、水揉成面团，放半小时，擀成面片。②将黄油切片，包上保鲜膜，擀成薄片，放冰箱冷藏半小时后取出，放面片中包好，擀成长方形，再重复两次折叠，擀成圆形酥皮。③豆沙夹在酥皮中，刷蛋液，撒芝麻，入烤箱烤熟。

徽式一口酥

材料 豆皮14张，花生200克，芝麻150克

调料 白糖15克

做法 ①将花生、芝麻入锅炒香，磨成粉，放白糖、温水调和均匀成馅。②用豆皮将馅包好，放入油锅炸至金黄酥脆即可。

适合人群 一般人都可食用，尤其适合男性食用。

专家点评 开胃消食。

重点提示 可以直接用花生粉，省去磨的时间。

菠菜干贝酥

材料 菠菜、干贝、低筋面粉、高筋面粉、黄油、各适量

调料 盐适量

做法 ①菠菜洗净，搅打取汁；干贝洗净，加盐入锅蒸好。②将高筋面粉、菠菜汁、白糖、黄油揉成油皮，低筋面粉、剩余黄油揉成油酥，然后将油酥包入水油面中，经几次折叠后卷起，擀成长方形后再折叠，最后擀成长方形制成酥皮。③用酥皮将干贝对折包好，炸至酥脆即可。

美味莲蓉酥

材料 莲蓉50克，面粉200克，鸡蛋3个

调料 白糖、黄油各15克

做法 ①取2个鸡蛋打散装入碗中，再取一个取出蛋黄待用。②面粉加适量清水搅拌均匀，再加入莲蓉、打散的鸡蛋、白糖、黄油揉匀，并静置15分钟。③取面团捏成球状，再在上面涂上蛋黄液，装入油纸中，再放入烤箱烤20分钟，取出即可食用。

适合人群 一般人都可食用，尤其适合老年人食用。

飘香果王酥

材料 榴莲肉30克，面粉50克，葱少许

调料 白糖、黄油各15克

做法 ①将面粉、黄油、糖加水擀成面皮后，对折继续擀匀，重复数次擀成层次状后，将皮切条。②榴莲肉切块做馅。③馅包入面皮中，捏成形，用葱将两端绑起，于锅中炸熟，捞起装盘即可。

适合人群 一般人都可食用，尤其适合儿童食用。

专家点评 开胃消食。

松仁奶花酥

材料 松仁30克，面粉50克

调料 白糖、黄油各15克

做法 ①将面粉、猪油、黄油、糖加水擀成面皮后，对折继续擀匀，重复数次擀成层次状后，将皮切条。②松仁泡发洗净，放入锅中炒热做馅。③将松仁包入面皮中，捏成形，于锅中炸至金黄色即可食用。

适合人群 一般人都可食用，尤其适合儿童食用。

专家点评 提神健脑。

金香菠萝酥

材料 面粉100克，菠萝50克

调料 鸡蛋液、白糖各15克

做法 ①菠萝去皮切丁；面粉加水、鸡蛋液、糖和好，静置一会儿。②将面团擀成饼状，把菠萝丁包入面饼内搓成长条形。③放入烤箱中，以220℃的炉温烤约20分钟，至表面金黄即可。

适合人群 一般人都可食用，尤其适合老年人食用。

专家点评 开胃消食。

京日红豆酥

材料 油皮（低粉150克，炼奶10克，糖25克，鸡蛋1个），油酥（低粉200克），红豆馅60克，蛋黄液20克，芝麻10克，猪油少许

做法 ①油皮擀成圆形，放上油酥，搓成长条后擀成长圆片后卷起来，重复几次。②用手压平卷好的面皮，擀成椭圆形。将红豆馅放在面皮中间后捏紧，收口朝下。刷蛋黄液，撒芝麻，依次摆在烤盘中。③烤箱预热至200℃后，放在烤箱中烤10分钟即可。

奶香月牙酥

材料 面粉80克，鸡蛋2个，奶油25克，芝麻适量

调料 白糖15克

做法 ①取一容器将鸡蛋打入搅散，再筛入面粉一起拌匀。②将奶油、猪油、糖加入步骤1中，加少许水拌至糖全部溶化，静置20分钟。③取面团，分成4等份，每等份用擀面杖擀成薄片后对折，再擀再折，重复几次。④加小面团制成月牙形状，撒芝麻，烤熟即可。

桃仁喇叭酥

材料 面粉、核桃粉各50克，蛋清液、核桃仁、牛奶各30克

调料 红糖15克

做法 ①将面粉、核桃粉混合均匀，再加入蛋清液、红糖和牛奶一起搅拌均匀。②将核桃仁加入步骤1中，搅拌均匀，静置待用。③最后取上述面团，切成方片状，入油锅浸炸至表面脆黄，起锅码盘即成。

适合人群 一般人都可食用，尤其适合儿童食用。

三色水晶球

材 料 澄面100克，淀粉、豆沙馅、莲蓉馅、奶黄馅各适量，清水550克

调 料 糖少许

做 法 ①将清水、糖倒入盘中加热至煮开，加入澄面、淀粉拌匀。②将面团倒在案板上。③搓至面团纯滑。④分切成30克/个的面团。⑤将面团压薄。⑥用薄皮包入馅料。⑦将口收紧成球状。⑧排于蒸笼内，用猛火蒸约8分钟即可。

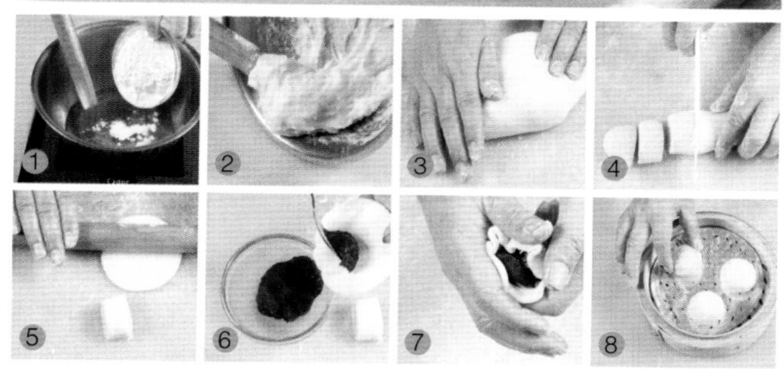

适合人群 一般人都可食用，尤其适合老年人食用。

专家点评 增强免疫力。

重点提示 澄面一定要烫熟，面皮厚薄要均匀。

豆沙麻枣

材 料 糯米粉500克，豆沙馅250克，澄面150克，猪油150克，清水250克

调 料 糖150克

做 法 ①将清水、糖放在一起煮开，再加入糯米粉、澄面。②澄面、糯米粉烫熟后扣倒在案板上搓匀。③加入猪油搓至面团纯滑。④然后将面团搓成长条形。⑤分切30克/个的小面团。⑥将小面团压薄，包入豆沙馅成形。⑦然后蘸上芝麻。⑧以150℃油温炸至浅金黄色即可。

适合人群 一般人都可食用，尤其适合女性食用。

专家点评 补血养颜。

重点提示 要控制好油温，应保持在五成热即可。

八宝袋

材料 澄面、淀粉、猪肉、胡萝卜、韭菜、马蹄肉各适量，蟹子、蛋黄粒适量

调料 盐5克，糖9克，鸡精8克

做法 ①清水煮开后加入淀粉、澄面。②面烫熟后取出放在案板上，趁热搓匀。③搓至面团纯滑。④然后将面团分切成30克/个的小面团，压薄备用。⑤将原材料切碎，与盐、糖、鸡精拌匀成馅料。⑥用薄皮包入馅料，将口捏紧成形。⑦排入蒸笼内，用韭菜条缠紧腰口。⑧表面用蟹子或蛋黄粒装饰，旺火蒸约7分钟即可。

适合人群 一般人都可食用，尤其适合女性食用。

专家点评 增强免疫力。

重点提示 清水一定要煮开后再倒入淀粉和澄面。

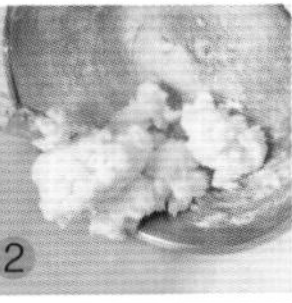
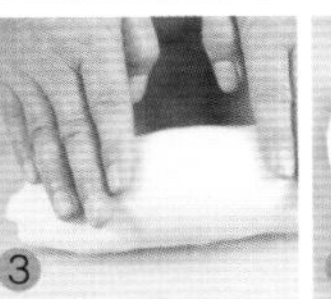
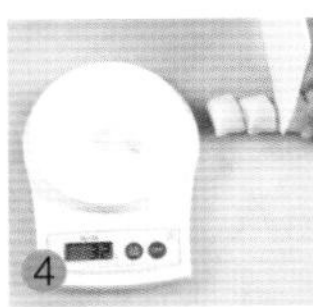

黑糯米盏

材料 黑糯米250克，油20克，水200克，红樱桃适量

调料 白糖100克

做法 ①黑糯米洗净，与清水用碗盛起，放入蒸笼蒸透。②黑糯米取出后加入砂糖拌匀。③然后再将油加入。④拌至完全混合有黏性。⑤然后搓成米团状。⑥放入圆盏内。⑦摆放于碟中。⑧然后用红樱桃装饰即可。

适合人群 一般人都可食用，尤其适合男性食用。

专家点评 提神健脑。

重点提示 熟糯米会粘手，可以在手上沾点凉开水。

潮州粉果

材料 澄面350克，淀粉、花生、猪肉、韭菜各150克，白萝卜20克，清水550克

调料 盐4克，鸡精适量，麻油少许

做法 ①将清水煮开后加入淀粉、澄面。②澄面烫熟后倒在案板上，然后搓匀。③搓至面团纯滑。④将面团分切成30克/1个的小面团，压薄备用。⑤馅料部分切碎后与调料拌匀成馅料。⑥用薄皮将馅料包入。⑦将收口捏紧成形。⑧排入蒸笼内，然后用猛火蒸约6分钟即可。

适合人群 一般人都可食用，尤其适合老年人食用。

专家点评 防癌抗癌。

重点提示 烫熟的面粉要趁热搓匀，这样会更细滑。

脆皮三丝春卷

材料 春卷皮适量，芋头1个，猪肉100克，韭黄20克

调料 盐5克，鸡精、糖各8克

做法 ①将猪肉、芋头切粒，加入糖、鸡精、盐拌匀。②然后加入切成小段的韭黄。③拌至完全均匀备用。④将春卷皮裁切成长日形。⑤将馅料加入。⑥将两头对折。⑦然后再将另外两边折起。⑧将馅包紧后成方块形，煎熟透即可。

适合人群 一般人都可食用，尤其适合儿童食用。

专家点评 开胃消食。

重点提示 在春卷拌馅的过程中适量加些面粉。

西芹牛肉球

材料 牛肉500克，肥猪肉100克，西芹适量

调料 盐13克，食粉、鸡精、糖、淀粉、油各适量

做法 ①牛肉与糖先混合拌透。②加入盐、食粉、鸡精拌匀。③边拌边加入清水。④拌匀后加入肥猪肉粒。⑤然后倒入淀粉，最后加入生油拌透。⑥西芹洗净，晾干水后铺于碟上。⑦将牛肉滑挤成球状。⑧排于西芹上，入蒸笼用猛火蒸约8分钟即可。

适合人群 一般人都可食用，尤其适合男性食用。

专家点评 保肝护肾。

重点提示 牛肉滑制成肉球时，手上沾点清水。

凤凰叉烧扎

材料 南瓜、叉烧各100克，鸡蛋1个，粉肠50克

调料 盐2.5克，鸡精5克，糖7克，淀粉少许，蚝油3克

做法 ①将蛋打散加入少许盐拌匀。②鸡蛋用不粘锅煎成蛋饼。③将蛋饼取出放在案板上。④分切成长日形备用。⑤南瓜切块状蒸约8分钟，粉肠用热水灼八成熟。⑥用蛋皮将南瓜条、粉肠、叉烧块包起。⑦然后排入蒸笼内。⑧以猛火蒸约4分钟即可。

适合人群 一般人都可食用，尤其适合女性食用。

专家点评 增强免疫力。

重点提示 煎蛋饼时可在蛋液中加一点醋或者粟粉。

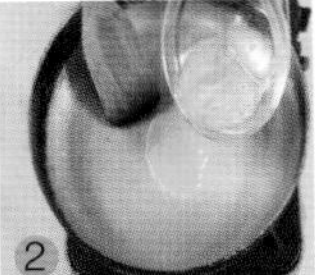
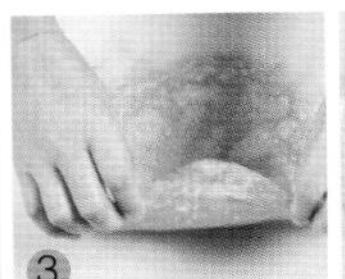
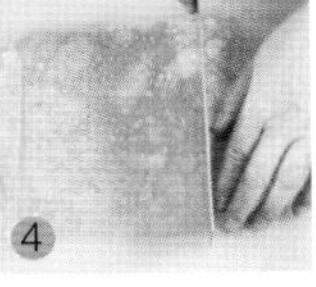
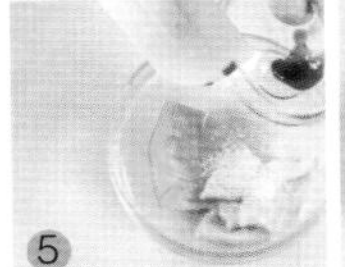
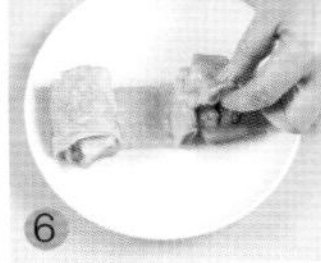

核桃果

材料 澄面250克，淀粉75克，麻蓉馅100克，清水250克，可可粉10克

调料 糖75克，猪油50克

做法 ①清水、糖加热煮开，加入可可粉、淀粉、澄面。②然后倒在案板上，搓匀后加入猪油。③再搓至面团纯滑。④将面团分切成30克/个，馅料分切成15克/个。⑤将皮压薄，包入馅料，将包口捏紧。⑥用刮板在中间轻压。⑦再用车轮钳捏成核桃形状。⑧均匀排入蒸笼，用猛火蒸约10分钟即可。

适合人群 一般人都可食用，尤其适合儿童食用。

专家点评 提神健脑。

重点提示 分切好的面团压成圆薄片时要边压边包陷料。

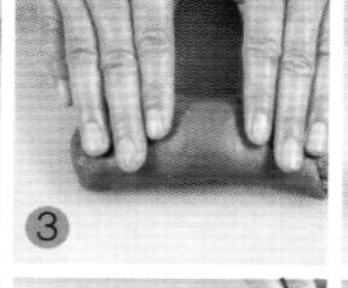

凤凰丝烧卖

材料 烧卖皮、鸡蛋丝、蟹子、上肉、肥肉、虾仁、盐、糖、猪油、麻油、鸡精粉、胡椒粉、生粉各适量

做法 ①猪上肉、肥肉切成碎蓉，鲜虾仁加入盐、糖、鸡精拌匀。②然后加入猪肉拌匀。③将麻油、胡椒粉加入拌均匀。④用烧卖皮将馅包入。⑤将烧卖收捏起成细腰形。⑥排入蒸笼内。⑦以鸡蛋切丝作装饰。⑧然后用蟹子作装饰，用猛火蒸约8分钟即可。

适合人群 一般人都可食用，尤其适合男性食用。

专家点评 增强免疫力。

重点提示 托皮子的五指并拢捏紧，可以捏一个瓶颈。

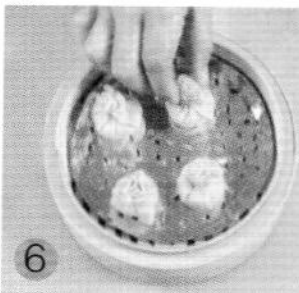
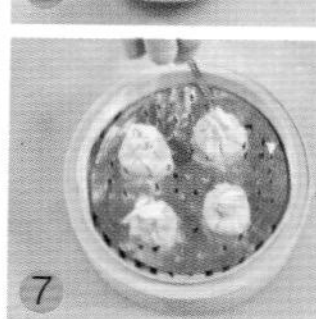

七彩银针粉

材料 澄面300克，淀粉200克，清水550克，胡萝卜、韭菜、火腿、纯猪肉各适量

调料 盐、鸡精、糖各少许

做法 ①清水加热煮开，加入澄面、淀粉。②澄面烫熟后倒在案板上搓匀。③搓至面团纯滑。④然后稍作静置。⑤分切成7克/个的小面团。⑥将小面团搓成两头尖的针形状。⑦然后排入碟内。⑧放入蒸笼以旺火蒸约6分钟熟透。凉冻后用胡萝卜丝、韭菜段、火腿粒、纯猪肉与各调料炒匀即可。

适合人群 一般人群都可食用，尤其适合男性。

专家点评 保肝护肾。

重点提示 拧下的粉团不宜过大，否则搓出“银针粉”太粗，既不好看也不易熟。

七彩水晶盏

材料 澄面100克，淀粉400克，清水550克，西芹50克，胡萝卜20克，虾仁50克，冬菇30克，云耳30克，猪肉50克

调料 盐3克，糖10克，鸡精7克，麻油少许

做法 ①清水加热煮开，加入淀粉、澄面。②烫熟后倒出放在案板上。③搓至面团纯滑。④将面团分切成30克/个的小面团，压薄备用。⑤馅料部分切碎，将各材料拌匀即可。⑥用薄片包入馅料。⑦将包口收捏紧成形。⑧用旺火蒸约8分钟即可。

适合人群 一般人群都可食用，尤其适合老年人食用。

专家点评 开胃消食。

重点提示 烫熟澄面拌好后要注意保湿，不然变干了之后包馅料就会很难捏紧包口。

枕头酥

材料 **水皮：**面粉500克，鸡蛋1个，糖50克，猪油50克，清水150克 **油酥：**牛油400克，猪油200克，面粉500克 **馅：**熟木瓜1个，鲜奶油10克

做法 ①油酥部材料混合。②拌至均匀后备用。③水皮部面粉开窝，中间加入猪油、鸡蛋、糖、清水搓至糖溶化。④拌入面粉，搓至面团纯滑。⑤用保鲜膜包好松弛30分钟。⑥将水皮压薄，包入油心。⑦然后擀成日字形。⑧再对折成三折，稍作松弛后重复压薄折叠，共三折三次。完成后再折叠成方块状静置约1小时。⑨将酥皮切成片状。⑩用擀面杖压薄备用。⑪木瓜削皮切粒与鲜奶油拌匀成馅料。⑫将馅加入酥皮中包起成形。⑬在两头用刮板压紧，入炉烘烤。⑭以上火180℃、下火140℃烤约30分钟，熟透后出炉凉冻即可。

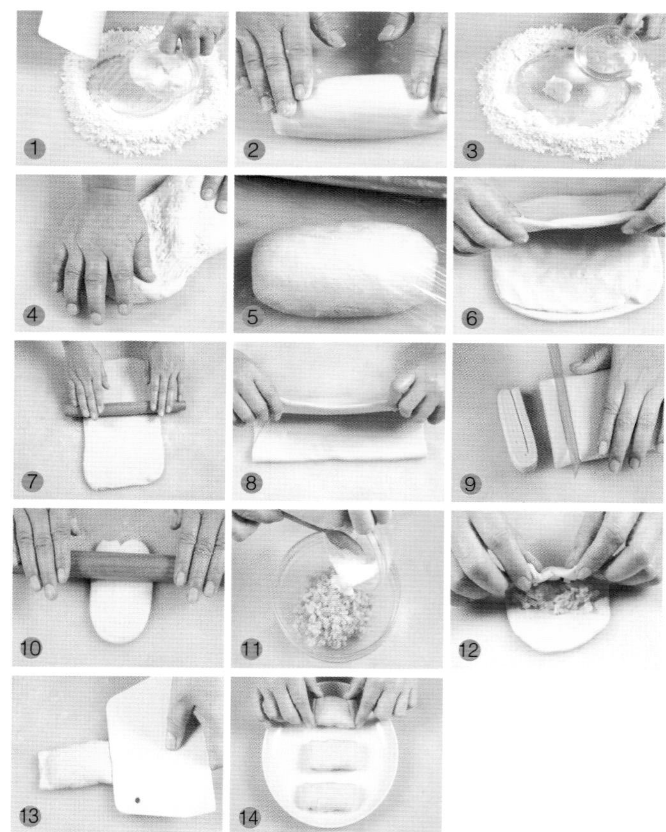

蚬壳酥

材料 **水皮：**面粉500克，鸡蛋1个，糖25克，水250克，牛油30克 **油心：**面粉500克，白牛油、黄牛油各150克 **馅：**椰蓉125克，砂糖100克，低筋面粉38克，吉士粉7克，奶油25克，全蛋25克，清水适量，盐5克，鸡精10克，糖15克，麻油少许

做法 ①面粉、奶油混合，拌均匀，备用。②面粉开窝，加入糖、牛油、蛋、水，拌至糖溶化。③面粉拌入，搓至透彻纯滑。④用保鲜膜包起松弛20分钟。⑤将水皮擀开，包入油酥。⑥擀薄成长日形。⑦两头向中间折叠成三折，松弛后继续，共三次。⑧把开好的酥皮卷起静置1小时后切成薄片状。⑨然后用擀面杖再擀薄备用。⑩把馅部材料混合。⑪拌均匀即成。⑫将馅放入其中的一块酥皮，扫上蛋液。⑬用另一酥皮盖上成形。⑭放入烤盘，入炉烤熟透至金黄色，出炉即可。

炸苹果酥

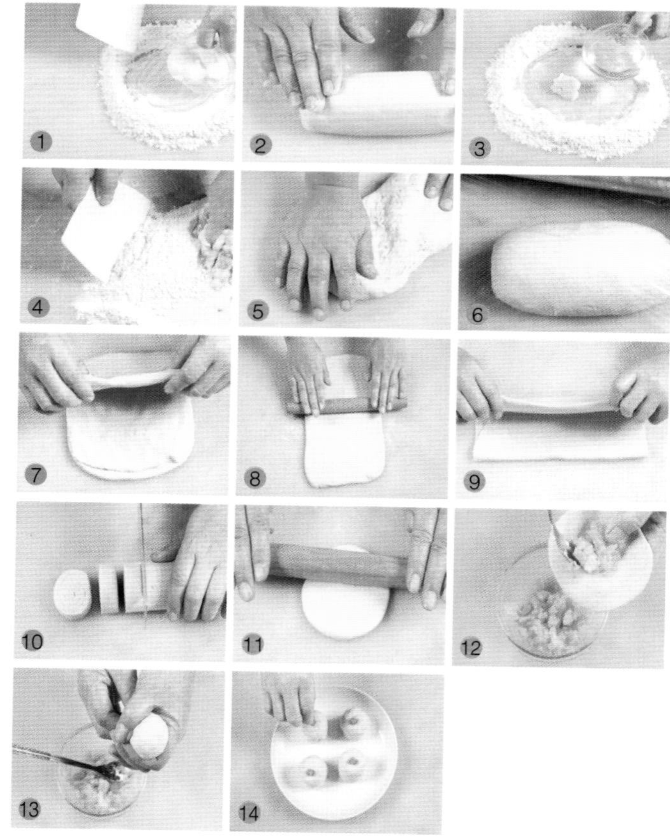

材料 **水皮：**面粉400克，猪油40克，糖20克，鸡蛋1个，水200克 **油心：**牛油100克，猪油100克，面粉400克 **苹果馅：**苹果丁150克，砂糖25克，玉米淀粉30克，清水20克

做法 ①油心部混合拌匀。②用保鲜膜包好备用。③水皮部面粉开窝，中间加入猪油、砂糖、鸡蛋、清水混合搓至糖溶化。④将面粉拌入。⑤搓透至面团纯滑。⑥用保鲜膜包起松弛30分钟。⑦将水皮压薄包入油心。⑧擀薄成长日形，两头对折三叠，稍作松弛，重复三次。⑨最后擀薄卷起成长条形状，放入冰箱雪实成酥条。⑩将酥条切成薄片。⑪然后压成薄圆片备用。⑫馅料部分加热煮熟，用清水与玉米淀粉勾芡即成馅料。⑬用酥皮包入馅料。⑭口收紧成形，以上火180℃、下火140℃烘烤熟透后出炉凉透即可。

千层莲蓉酥

材料 **水皮：**面粉500克，鸡蛋1个，糖50克，猪油25克，水150克 **油心：**牛油300克，猪油500克，面粉400克 **馅：**莲蓉适量

做法 ①油心部混合。②拌匀搓透备用。③水皮部面粉开窝。④加入其余各料。⑤拌匀后与面粉搓至纯滑。⑥用保鲜膜包好，松弛半小时。⑦将水皮擀开，包入油酥。⑧擀成长日形。⑨两头向中间折起成三叠，松弛，继续擀开折叠，反复三次。⑩静置1小时后，用擀面杖将皮擀薄。⑪用切模压出酥坯。⑫放入莲蓉馅。⑬包起成形。⑭将酥饼坯排放入烤盘，扫蛋液。入炉以上火180℃、下火140℃烘烤至金黄色熟透后，出炉即可。

适合人群 一般人都可食用，尤其适合儿童食用。

专家点评 开胃消食。

重点提示 肉用擀面杖擀皮时擀得要稍厚些，便于包裹馅料。

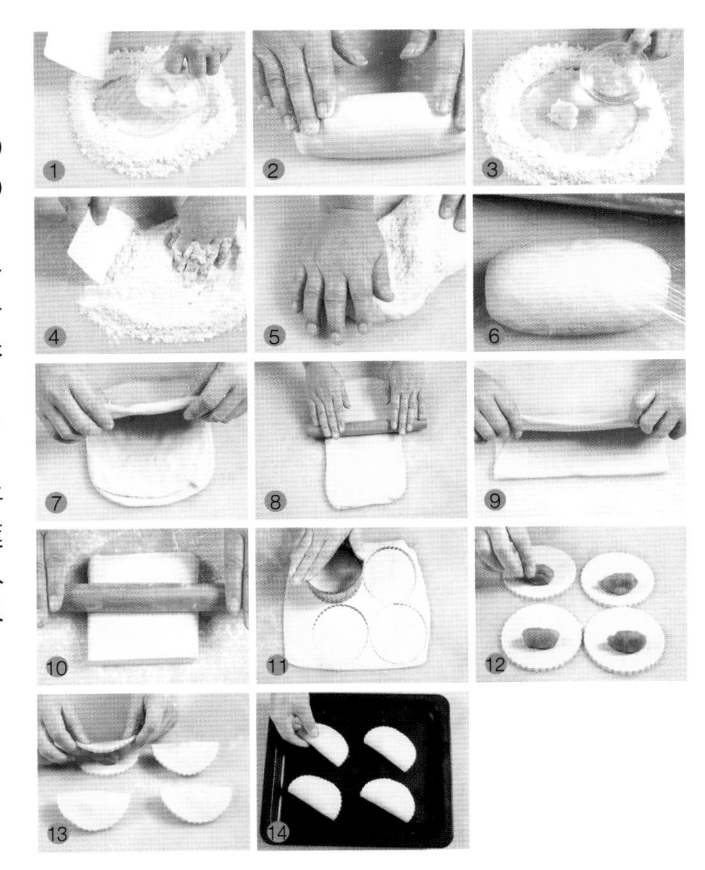

皮蛋酥

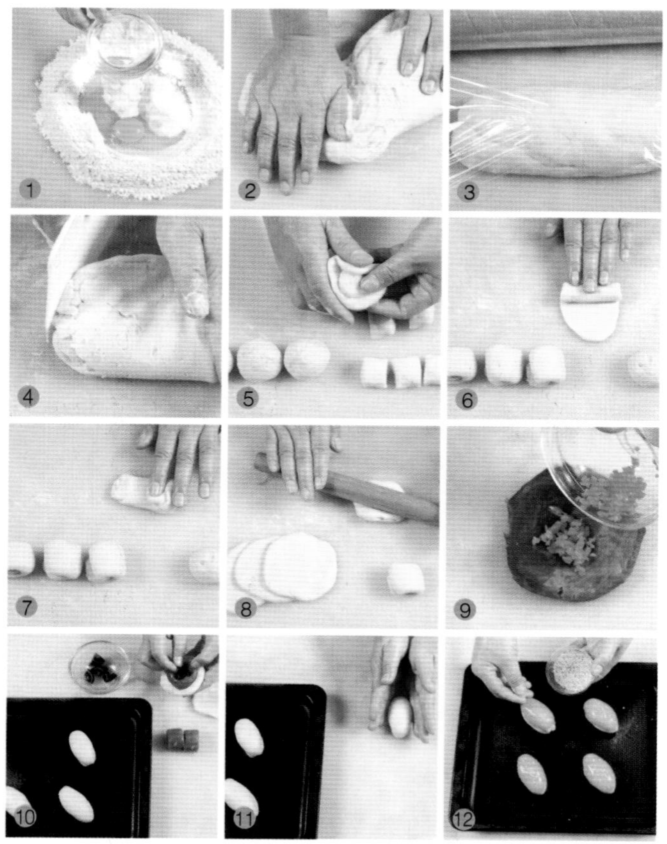

材料 **皮：**中筋面粉250克，猪油70克，细糖40克，全蛋50克，清水100克 **油酥：**猪油65克，低筋面粉130克 **馅：**莲蓉适量、苏姜各适量，皮蛋1个

做法 ①中筋面粉过筛开窝，中间加入细糖、猪油、全蛋、清水。②拌至糖溶化后，将粉拌入搓成纯滑面团。③保鲜膜包起松弛备用。④油心部材料混合拌匀备用。⑤将水皮油心按3:2比例切成小面团。⑥用水皮包入油酥，擀开后卷起成条状。⑦折起成三折。⑧然后再擀成圆薄酥皮备用。⑨莲蓉加入少量苏姜碎拌匀，分切小件。⑩用圆薄酥皮将莲蓉、苏姜包入，再在中间加入皮蛋粒。⑪将口包起收捏紧，压成鹅蛋形。⑫扫蛋黄，撒上芝麻装饰，入炉以上火180℃、下火150℃烘成金黄色熟透即可。

八爪角酥

材料 **水皮：**面粉250克，猪油25克，水75克，糖25克 **油心：**面粉250克，猪油100克，牛油200克 **馅：**莲蓉适量

做法 ①油心部分混合拌匀。②搓至纯滑后备用。③水皮部分面粉在案板开窝，将猪油、砂糖、清水加入搓至糖溶化。④然后将面粉拌入。⑤搓至面团纯滑。⑥用保鲜膜包起松弛30分钟。⑦面团松弛后擀薄包入油心。然后擀成长日形酥皮。⑧卷起成长圆条状，松弛约30分钟。⑨用刀切成薄片状酥皮。⑩将酥皮擀薄。⑪然后包入莲蓉馅成形。⑫用剪刀剪成章鱼须，稍松弛。⑬以150℃油温炸至金黄色即可。

重点提示 在用植物油炸时要先熬过再用来炸制，否则会有生油味而影响其口感。

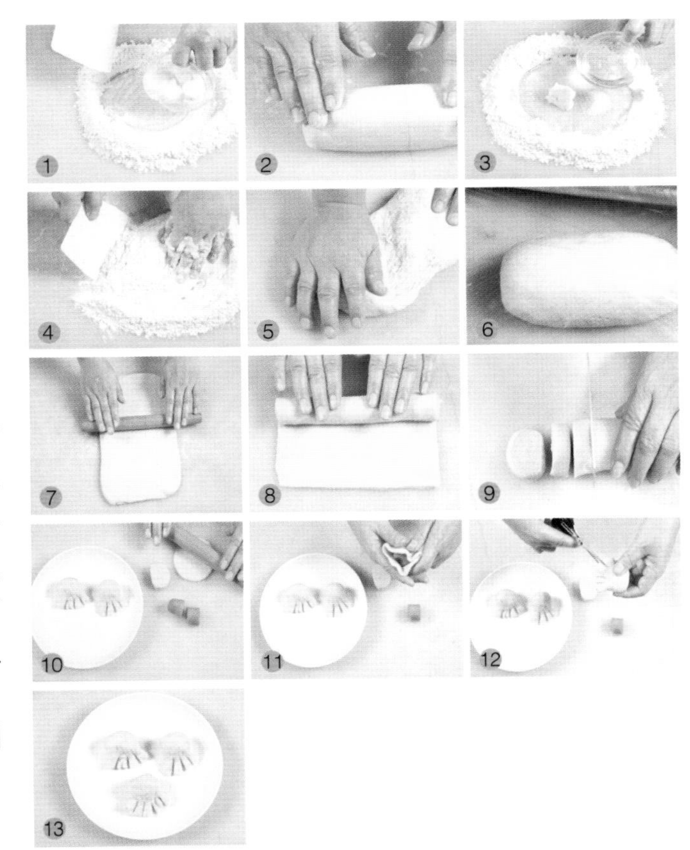

油炸糕

材料 面粉200克，苏打粉10克

调料 白糖、香油各适量

做法 ①面粉加适量水调匀，再加入苏打粉、糖、香油拌匀成面团，并放置30分钟。②将面团捏成丸子大小，锅中注油，用大火煮滚，放入面团炸至发泡。③再炸至金黄色，捞起沥干，装入盘中即可。

适合人群 一般人都可食用，尤其适合男性食用。

专家点评 增强免疫力。

红豆糕

材料 红豆、面粉各50克，葡萄干20克，薏米、糙米各30克，面粉50克

调料 红糖10克

做法 ①将红豆、葡萄干、薏米、糙米泡洗干净后，加面粉和少许水在盆中拌匀。②将所有拌匀的材料放入沸水锅中蒸约20分钟，再焖几分钟。③将蒸好的食物装入模具内，待冷后倒出切成块即成。

适合人群 一般人都可食用，尤其适合女性食用。

马拉糕

材料 鸡蛋2个，面粉100克

调料 泡打粉4克，小苏打6克，奶水、白醋、白糖各适量

做法 ①将鸡蛋打入容器中，加少许奶水、白醋混合均匀，静置待用。②面粉中加泡打粉搅拌，再加入白糖、蛋液、小苏打及适量的水搅匀，随后加油继续搅拌成面糊。③将面糊倒入底部铺好纸的椭圆形模型中，放入烤箱烤至表面金黄即可。

玉米黄糕

材料 玉米粉150克

调料 吉士粉、泡打粉、白糖各适量

做法 ①玉米粉加水、吉士粉、泡打粉、白糖调匀成面团，发酵5分钟。②将面团入笼蒸熟后取出，切菱形块即可。

适合人群 一般人都可食用，尤其适合儿童食用。

专家点评 开胃消食。

重点提示 白糖最好先用开水化开，这样味道更均匀。

蜜制蜂糕

材料 粘米粉250克，牛奶50克，蜂蜜20克，圣女果片10克，鸡蛋2个

调料 白糖20克

做法 ①取大碗，放粘米粉、白糖、牛奶、蜂蜜，加水搅均匀；取小碗，打入鸡蛋，加油搅匀。②将小碗的蛋油混合物缓缓加入大碗中，并搅拌均匀，倒入菱形模具中。③静置发酵1个小时，然后放入蒸笼中，用旺火蒸熟，出笼，取出模具，放上圣女果片装饰即可即可。

大枣发糕

材料 玉米粉、面粉各150克，红枣80克

调料 发酵粉10克，泡打粉15克，白糖20克

做法 ①将玉米粉、面粉、发酵粉、泡打粉、白糖和水一起搅匀成面团，放置醒发；红枣洗净，去核备用。②待面团发到原来的两倍大后，在上面撒上红枣。③上锅蒸40分钟取出，放凉后，切成块即可。

适合人群 一般人都可食用，尤其适合老年人食用。

黑糯米糕

材料 黑糯米300克，芝麻50克，莲子30克

调料 白糖20克

做法 ①黑糯米淘好，用清水泡3小时左右；莲子泡好，去莲心。②黑糯米加芝麻、糖拌匀后装入模具中的锡纸杯，放上莲子，蒸30分钟，取出即可食用。

适合人群 一般人都可食用，尤其适合男性食用。

专家点评 增强免疫力。

重点提示 可以将糯米蒸熟后再撒芝麻加莲子点缀。

双色发糕

材料 糯米300克

调料 白糖、红糖各20克

做法 ①糯米泡发洗净，磨出米浆，过滤去除颗粒，分为两份，分别加入白糖、红糖后发酵。②发酵后，倒入碗中，再将碗放入蒸笼中蒸30分钟。③取出，分成若干份，排于盘中即可。

适合人群 一般人都可食用，尤其适合老年人食用。

专家点评 开胃消食。

玉米金糕

材料 嫩玉米粒、面粉、米粉、玉米粉各50克，吉士粉、泡打粉各10克

调料 白糖20克

做法 ①嫩玉米粒洗净。②将玉米粒、面粉、米粉、玉米粉、吉士粉、泡打粉、白糖和匀成面团，发酵片刻。③将面团分装入菊花模型中，上笼用旺火蒸熟即可。

适合人群 一般人都可食用，尤其适合儿童食用。

川式芋头糕

材料 芋头200克，糯米粉250克

调料 白糖20克

做法 ①芋头洗净，放入锅中蒸熟，去皮后捣成蓉，加入糯米粉、白糖、水，和成面团。②将面团擀成大片，再切成大小一致的方块形。③油锅烧热，放入芋头糕，煎至表皮呈金黄色后铲出，沥干油分。

适合人群 一般人都可食用，尤其适合老年人食用。

专家点评 防癌抗癌。

脆皮萝卜糕

材料 萝卜糕150克，鸡蛋1个，春卷皮6张

做法 ①萝卜糕洗净，切成长条；鸡蛋打入碗中调匀。②将萝卜糕包入春卷皮中，用蛋液封上接口。③锅置火上，烧至七成热，下入脆皮萝卜糕，炸至金黄色后捞出，沥干油分。

适合人群 一般人都可食用，尤其适合儿童食用。

重点提示 可以在做好的糕上扫上一层蛋液后再煎，味道更好。

脆皮马蹄糕

材料 马蹄、椰汁、三花淡奶、马蹄粉各适量

调料 芝麻适量，白糖15克

做法 ①马蹄洗净去皮后拍碎。将马蹄粉和适量水调匀成粉浆，平均分为两份备用。②将白糖倒入锅中，加水烧开，入椰汁及三花淡奶，改小火，倒入粉浆，搅拌成稀糊状，加马蹄搅匀，再注入余下的粉浆搅匀，倒入糕盆内，隔沸水用猛火蒸40分钟，取出粘上芝麻，再下入油锅中炸熟即可。

莲子糯米糕

材料 血糯米350克，莲子50克

调料 碱适量，白糖、麦芽糖各20克

做法 ①血糯米淘净煮熟；莲子加碱，用开水浇烫，用竹刷搅刷，把水倒掉，接着按以上方法重复两次，直到把皮全都刷掉，莲子呈白色时用水洗净，去掉莲心，蒸好即可。②另取一只锅，加糖、水与麦芽糖煮至浓稠状，将煮好的糯米饭倒入搅匀，铺在抹过油的平盘之中，将糯米揉成团状，把莲子放其上即可。

果脯煎软糕

材料 糯米粉300克，豌豆、红枣、葡萄干各适量

调料 白糖20克

做法 ①糯米粉加水、白糖调和均匀，下入洗净的豌豆、红枣、葡萄干拌匀。②放入蒸锅蒸好取出，晾凉后切块，入油锅稍煎至两面微黄即可。

适合人群 一般人都可食用，尤其适合老年人食用。

专家点评 增强免疫。

重点提示 豌豆最好先焯一下水，这样更易熟透。

五彩椰蓉糕

材料 糯米粉150克，橙粉50克，椰蓉15克，五色果酱适量

调料 白糖20克

做法 ①将糯米粉、橙粉、白糖及油放入盛器中加水调成粉浆。②将粉浆倒入垫有保鲜膜且刷过油的盘中，上蒸笼蒸10分钟左右，待凉后取出。③把取出的粘糕放在案板上，分成小块，挤上五色果酱，表面蘸上椰蓉即成。

椰蓉南瓜糕

材料 南瓜150克，糯米粉40克，椰蓉30克

调料 糖8克

做法 ①南瓜去皮、去瓤，切成片，入蒸笼中蒸熟后趁热捣碎成泥。②在捣碎的南瓜泥中加糯米粉、糖拌匀，再加适量的水煮一下，然后熄火，待凝固，切成方形的片。③分别将南瓜片入平底锅中煎，待表面脆黄，盛盘，裹上椰蓉即可。

适合人群 一般人都可食用，尤其适合儿童食用。

芒果凉糕

材料 糯米粉350克，芒果100克

调料 白糖30克，红豆沙适量

做法 ①将糯米粉加水、白糖揉好，上锅蒸熟后取出，晾凉切块；芒果去皮，取肉切粒。②在糯米粉块的中间夹一层红豆沙，放入蒸锅蒸5分钟即可。③取出糯米糕待凉后，放上芒果粒食用即可。

适合人群 一般人都可食用，尤其适合女性食用。

专家点评 提神健脑。

翅粉黄金糕

材料 黄油、翅骨粉、椰汁、木薯粉、鸡蛋各适量

调料 盐3克，糖10克

做法 ①干酵母加温水拌匀成酵母水；翅骨粉、椰汁、盐调匀，置火上煮5分钟，放黄油，熄火放凉后加木薯粉搅匀成椰汁粉浆。鸡蛋、糖搅匀成蛋浆。②椰汁粉浆和酵母水倒入蛋浆内，用打蛋器续打5分钟，再发酵成糊浆。盘抹上黄油，倒入糊浆，至金黄，取出放凉切片即可。

鸡油马来糕

材料 鸡蛋2个，白砂糖20克，干酵母粉2克，面粉60克，蛋黄粉、鸡油各10克，小苏打粉3克

做法 ①鸡蛋打散，加糖、水拌匀，再加入干酵母粉及面粉、蛋黄粉拌匀，略盖放置1小时发酵。②调入糖、小苏打粉及鸡油调匀，倒在铺有防粘纸的模盘上。③再入蒸锅，旺火蒸约10分钟，放凉即可。

适合人群 一般人都可食用，尤其适合男性食用。

专家点评 增强免疫力。

串烧培根年糕

材料 培根80克，年糕120克

调料 蒜末、盐、辣椒酱、芝麻油各适量

做法 ①培根洗净，切成薄片；年糕洗净，切成长条；将蒜末、盐、辣椒酱、芝麻油调成味汁备用。②用培根片卷上年糕条，用竹签串好。③将年糕串放入微波炉中，先以低火预热，再转高火烤几分钟，装盘，淋上味汁即可。

专家点评 保肝护肾。

夹心糯米糕

材料 糯米粉100克，豆沙馅50克，椰蓉20克

调料 糖5克

做法 ①将糯米粉放入容器，加水和好，平铺至盆中入锅蒸约10分钟。②取适量的上述面团，放在手中拍扁，中间放豆沙馅，裹好成长方形，其他面团依此做好。③将裹好的面团入油锅中炸至表面金黄后捞起，裹椰蓉、撒糖即可。

适合人群 一般人都可食用，尤其适合女性食用。

黄金南瓜糕

材料 南瓜100克，糯米粉150克

调料 白糖5克，猪油适量

做法 ①南瓜削皮切片，蒸熟后压成泥。②待南瓜泥冷后加入糯米粉、白糖、猪油一起搅拌均匀。③用中火蒸约10分钟，熄火，冷却后切块、摆盘即可。

适合人群 一般人都可食用，尤其适合儿童食用。

专家点评 增强免疫力。

重点提示 猪油不要加太多，适量即可。

香煎黄金糕

材料 面粉150克，白砂糖20克，鸡蛋100克

做法 ①鸡蛋打散，将蛋清打成泡糊；将蛋黄、白砂糖混合，搅拌均匀。②将面粉加入蛋黄液中搅匀，再加入至泡糊中。③蒸锅加热，将上述材料入蒸锅蒸制10分钟，取出切成片状，再入锅中煎至两面金黄即可。

适合人群 一般人都可食用，尤其适合男性食用。

专家点评 开胃消食。

品品香糯米糕

材料 黑糯米100克，莲子20克

调料 白砂糖30克

做法 ①将黑糯米用温水泡发（约2小时）。②在泡好的糯米中加入白砂糖，一起搅拌均匀。③把拌好的糯米分成若干等份，依次装入锡纸杯中，放上莲子，再蒸约30分钟至熟即可。

适合人群 一般人都可食用，尤其适合老年人食用。

专家点评 增强免疫力。

家乡萝卜糕

材料 黏米粉500克，白萝卜150克，虾米10克，腊肠15克

调料 盐3克，味精2克，白糖20克，油适量

做法 ①萝卜切丝，虾米、腊肠均切碎；黏米粉内加入所有切好的材料，再加水和调味料，一起倒入锅中。②蒸20分钟至熟，再放入锅中煎至两面呈金黄色即可。

适合人群 一般人都可食用，尤其适合儿童食用。

叉烧萝卜糕

材料 黏米粉300克，叉烧肉150克，虾米100克，白萝卜丝350克

调料 盐3克

做法 ①叉烧肉切丁；虾米泡软切末；锅中倒入油，爆虾米末、叉烧肉丁、白萝卜丝，加入盐拌炒均匀成馅料。②黏米粉加水调匀，用火煮至浓稠糊状，拌入馅料，入蒸笼蒸30分钟即可。

适合人群 一般人都可食用，尤其适合男性食用。

蜂蜜桂花糕

材料 桂花蜂蜜20克，蜜糖适量，琼脂30克

调料 砂糖适量

做法 ①将琼脂放到水中，用慢火将琼脂煮烂，加糖煮至糖完全溶解。②琼脂未完全冷却之时，加入桂花蜂蜜搅拌均匀，然后冷却。③再加入少许蜜糖即可。

适合人群 一般人都可食用，尤其适合老年人食用。

重点提示 此糕做好后入冰箱冰冻，清凉可口，是夏季最佳消暑甜品。

香煎芋头糕

材料 黏米粉20克，芋头10克

调料 味精、白糖、盐、鸡精、香油、五香粉、淀粉、粟粉各少许

做法 ①先将黏米粉、淀粉、粟粉加水调成浆。②将芋头切粒后倒入浆中，与剩余用料一起搅拌，上笼蒸熟。③再于油锅中煎至金黄色。

重点提示 挑选芋头，以质轻者为佳，因质轻者淀粉含量大，不易出现“生水”现象。

芝麻糯米糕

材料 糯米150克，糯米粉、芝麻各20克

调料 白糖25克

做法 ①将糯米淘洗净，放入锅中蒸熟，取出打散，再加入白糖拌匀，做成糯米饭。②取糯米粉加水开浆，倒入拌匀的糯米饭中，拌好，放入方形盒中压紧成形，再放入锅中蒸熟。③取出，均匀撒上炒好的芝麻，再放入煎锅中煎成两面金黄色即可。

适合人群 一般人都可食用，尤其适合女性食用。

芋头西米糕

材料 西米150克，芋头油20毫升

调料 鱼胶粉20克，白糖10克

做法 ①将鱼胶粉和白糖倒入碗内，再加入芋头油。②用打蛋器搅拌均匀，做成香芋水。③取一模具，内加入少许泡好的西米，再把拌好的香芋水倒入其中，然后放入冰箱中，凝固即可。

重点提示 在芋头所含的营养成分中，氟的含量较高，对洁齿防龋、保护牙齿有一定作用。

清香绿茶糕

材料 绿茶粉20克

调料 白糖30克，鱼胶粉20克

做法 ①将所有材料放入碗中，再加入适量开水，用打蛋器搅拌均匀，倒入模具中。②将拌好的绿茶水倒入模具中，再放入冰箱，冻至凝固即可。

适合人群 一般人都可食用，尤其适合男性食用。

重点提示 绿茶对醒脑提神、振奋精神、增强免疫、消除疲劳有一定的作用。

蜂巢糕

材料 面粉30克，泡打粉、可可粉、黄糖粉、蜂花糖浆各5克

做法 ①将所有材料放入碗中，加入适量清水，一起拌匀。②将拌好的材料倒入模具内。③再上笼蒸6分钟，至熟即可。

适合人群 一般人都可食用，尤其适合女性食用。

重点提示 蜂花糖浆中含有多种矿物质，能促进肝糖原分解，促进代谢，有一定的美容功效。

芸豆卷

材料 白芸豆300克，豆沙50克

做法 ①芸豆去皮，用开水泡一夜后取出，放在开水锅里煮，加少许碱，煮熟后捞出，用布包好，蒸20分钟，取出，将瓣搅成泥。②取湿白布平铺在案板边上，将芸豆泥搓成条，放湿布上，用刀面抹成长方形薄片。③抹上豆沙，顺着长的边缘两面卷起，切成六七分长的段即成。

适合人群 一般人都可食用，尤其适合女性食用。

银丝卷

材料 油酥皮150克，鸡蛋30克，芝麻20克，萝卜、黄瓜各50克

调料 白砂糖适量

做法 ①鸡蛋取蛋黄打散；萝卜、黄瓜分别洗净切丝，用白砂糖拌一下。②取一张油酥皮，包入萝卜丝后卷好，表面刷上一层蛋黄液，撒上芝麻。余下材料照做。③烤箱预热，将卷好的卷放入，烘烤至两面均成金黄色，盛盘即可。

营养紫菜卷

材料 蛋皮50克，面粉100克，紫菜适量，牛奶20克

调料 盐5克，葱花10克，辣椒末适量

做法 ①面粉加水揉匀，再拌入牛奶调好后静置。②面团中再加盐、葱花、辣椒末揉匀。③分别取适量的面团，压扁，一面铺上紫菜，一面放蛋皮，然后卷起来，入蒸笼蒸熟，取出切块即可。

适合人群 一般人都可食用，尤其适合老年人食用。

专家点评 防癌抗癌。

脆皮卷

材料 芝麻、花生、杏仁各80克，糯米150克

调料 白糖15克

做法 ①油锅烧热，下入芝麻、花生、杏仁炒香，再放入白糖炒匀，即成馅心。②糯米粉、白糖加水搓匀，摘成大剂子，擀成薄片，包入馅心。③锅中放油，烧至七成热，下入脆皮卷，炸至表面呈金黄色后盛出，沥干油分，切成小块即可。

适合人群 一般人都可食用，尤其适合儿童食用。

香酥菜芋卷

材料 发酵面团200克，芋头100克，椰糠10克

做法 ①芋头去皮，洗净切丝。②面团放在案板上，搓成长条，再下成剂子。③剂子擀成薄片，分别包入芋头丝，制成方块形然后蘸裹些椰糠，入热油锅中炸至两面金黄，盛盘即可。

适合人群 一般人都可食用，尤其适合男性食用。

专家点评 开胃消食。

重点提示 炸熟后先捞起沥一下油再盛盘。

酥脆蛋黄卷

材料 咸蛋5个，面粉50克，泡打粉10克，蛋黄液20克

做法 ①面粉加适量的水拌匀，再拌入蛋黄液搅散，最后将泡打粉加入，静置待用。②咸蛋煮熟取蛋黄，捣碎成泥。③将蛋黄泥包入醒好的面团中，搓成长卷，再切成大小一致的等份，最后入油锅中浸炸3分钟即可。

专家点评 增强免疫力。

蛋煎糯米卷

材料 糯米粉150克，鸡蛋2个，蜂蜜适量

做法 ①糯米粉加糖及适量水和匀，揉成糯米面团；鸡蛋打入碗中，搅拌均匀。②将糯米面团放入蒸笼中蒸熟后取出，晾凉后制成长饼状。③将糯米团放入鸡蛋液里，入油锅煎熟，蘸以蜂蜜食用即可。

适合人群 一般人都可食用，尤其适合男性食用。

专家点评 提神健脑。

脆皮芋头卷

材料 芋头150克，蛋液50克，春卷皮6张，芝麻30克

调料 白糖15克

做法 ①芋头洗净，入开水锅中煮熟，去皮捣成泥，加白糖拌匀。②将芋头泥包入春卷皮中，将春卷皮外部拖上一层蛋液，再裹上白芝麻。③锅置火上，烧至七成热，下入芋头卷，炸至金黄色后捞出，沥干油分即可。

专家点评 开胃消食。

蛋皮什锦卷

材料 鸡蛋3个，胡萝卜、粉丝各50克，心里美萝卜80克，黄瓜、生菜各适量

调料 盐4克

做法 ①胡萝卜、黄瓜、生菜洗净切丝；心里美萝卜洗净，去皮切丝；粉丝用温水稍泡；鸡蛋打入碗中，加盐搅拌均匀。②油锅烧热，用小火将鸡蛋液摊成蛋皮；然后将处理好的原材料放一起，滴上香油，用蛋皮包成卷。③将卷放入蒸锅蒸好，取出晾凉，切成段即可。

金穗芋泥卷

材料 芋头400克，面粉300克，芝麻15克

调料 黄油、白糖各适量

做法 ①芋头洗净，去皮切块，上锅蒸熟，用勺压碎，加糖搅拌好，成芋泥段。②面粉加盐、黄油、水和匀揉捏，放半小时，在平底锅上涂薄薄的一层油，用小火加热，放入平锅中，摊烙成圆形的春卷皮。③在芋泥段的两端蘸上芝麻，然后下入油锅炸至金黄即可。

秘制香酥卷

材料 面粉200克，鸡蛋1个

调料 白芝麻、糖、麻油各20克

做法 ①将鸡蛋打入面粉中，加入适量水搅拌成絮状，再加入糖、麻油揉成面团。②将面团分成三份，用擀面杖擀扁，然后卷起，两端蘸上白芝麻，再放入烤箱烤30分钟。③取出排于盘中即可。

适合人群 一般人都可食用，尤其适合儿童食用。

专家点评 提神健脑。

香酥芋泥卷

材料 芋头50克，面粉、熟猪油、酵母粉各适量

调料 白砂糖适量

做法 ①芋头去皮，切圆片，上笼蒸熟，取出捣碎成泥。②面粉中加白砂糖拌匀，用温水将酵母粉溶解，倒入面粉中和成面团，再加入熟猪油，继续揉至面团表面均匀光滑，静置20分钟。③将面团摘成小剂子，将每等份面剂用擀面杖擀成薄皮，再包入芋头泥，拍扁成长方形状。④炸至金黄起酥即可。

江南富贵卷

材料 春卷皮100克，肉馅50克，面包糠10克

调料 盐、味精、香菜、蒜末、酱油各适量

做法 ①肉馅入油锅，加各调料炒香后盛起。②将春卷皮摊平，放上适量肉馅后包好，蘸裹上面包糠。③入油锅炸至表面金黄后捞起，沥油后切成小段即可。

适合人群 一般人都可食用，尤其适合儿童食用。

重点提示 肉馅用滚烫的油过一遍，不需炒太久，捞起后要沥干油。

凉糍粑

材料 糯米100克，芝麻粉、蜜桂花、黄豆各20克

调料 白糖、食用桃红色素适量

做法 ①把糯米淘洗干净，用温水泡两三个小时，控干水后装入饭甑内，用旺火蒸熟，然后将熟米饭放入容器内，舂茸成糍粑，用热的帕子搭盖。②把芝麻粉、蜜桂花、白糖、食用桃红色素拌匀，制成芝麻糖；把黄豆炒熟，磨成粉待用。③糍粑晾凉后压平，把芝麻糖撒在面上，蘸裹上黄豆粉，炸熟即可。

叶儿粑

材料 糯米粉50克，豆沙馅30克，粽叶适量

做法 ①糯米粉加水揉成团；粽叶洗净。②取适量面团在手里捏成碗状，放进适量豆沙馅，将周边往里收拢，用双手搓成长条圆球状后放在粽叶上包住。③上沸水蒸锅中用中火蒸6分钟，至熟起锅装盘即可食用。

适合人群 一般人都可食用，尤其适合儿童食用。

专家点评 增强免疫力。

枕头粑

材料 糯米100克，黏米50克

调料 红糖水适量

做法 ①糯米和黏米一起加水磨成米浆，然后装进布口袋里滴干，待干成团后取出揉好。②取适量米浆，用几片大粑叶包扎起来，放进蒸笼里蒸熟。③将粑切成厚片，然后用少量植物油将之煎熟至起壳，浇红糖水再煎，待水分挥发，糖水成胶状附着于粑身即可。

专家点评 一般人都可食用，尤其适合男性食用。

竹叶粑

材料 糯米100克，新鲜竹叶50克，酱肉30克，甘蔗水适量

做法 ①糯米泡发好，打成浆，用布袋吊着滴干水分；将酱肉剁成细末；竹叶洗净。②在滴干水的面团中加入剁好的酱肉及甘蔗水后揉匀。③取一片洗好的竹叶，包适量的上述面团，包成方形后用细绳捆扎好，入蒸锅蒸约20分钟，至有香味散发即可。

专家点评 一般人都可食用，尤其适合女性食用。

脆皮糍粑

材料 面粉150克，糍粑50克，面包糠15克

调料 白糖15克

做法 ①面粉、白糖加水调匀成面糊；糍粑切成小块。②将糍粑裹上面糊，拍上面包糠。③油锅烧热，下入糍粑条，炸至金黄色即可。

适合人群 一般人都可食用，尤其适合儿童食用。

重点提示 拍面包糠的时间可加长一些，以保证粘稳而油炸的时候不易掉落。

麦香糍粑

材料 麦片35克，糯米粉150克

调料 白糖25克

做法 ①糯米粉加白糖、温水一起揉匀，分别做成圆状备用。②锅置火上，烧开水，将糯米团蒸熟成糍粑。③取出，在盘里撒上麦片，使糍粑均匀粘上。

适合人群 一般人都可食用，尤其适合女性食用。

重点提示 揉糯米团的时候一定要充分揉匀，以保证味道的均匀。

蛋煎糍粑

材料 糯米150克，鸡蛋2个

调料 盐3克，细砂糖15克

做法 ①糯米用水淘一遍，再在清水里泡发2小时，上笼蒸熟。②将蒸熟的糯米舂成泥，做成块状；鸡蛋打入碗中，加盐拌匀。③将糍粑放入鸡蛋液中上浆，入油锅煎至色黄酥脆，装盘后撒上细砂糖即可。

适合人群 一般人都可食用，尤其适合儿童食用。

专家点评 增强免疫力。

瓜子糍粑

材料 糯米粉200克，面粉50克，瓜子仁100克

调料 白糖20克

做法 ①糯米粉、面粉、白糖、水调和均匀，揉搓成光滑面团，加入瓜子仁，揉和均匀。②锅置火上，水烧开，将面团蒸熟后取出，晾凉切块。③油锅烧热，下入瓜子糍粑炸至金黄色即可。

适合人群 一般人都可食用，尤其适合儿童食用。

专家点评 增强免疫力。

宜乡黄粑

材料 糯米250克，黄豆粉50克，面包屑适量

调料 糖12克

做法 ①糯米泡发洗净，入蒸锅中蒸熟，取出放凉。②将放凉的糯米与黄豆粉、糖揉匀后切块，再放入油锅中炸至变色。③将炸好的糯米块滚上面包屑，装入盘中即可。

适合人群 一般人都可食用，尤其适合女性食用。

专家点评 提神健脑。

松仁糍粑

材料 松仁30克，糯米100克

调料 盐3克

做法 ①糯米淘净泡好，入锅煮熟。②在干净的器皿上撒些糯米，舂烂，将松仁和盐加入后和匀。③分别取约30克的糯米揉搓成小团，再一一拍扁，入油锅中炸熟即可。

适合人群 一般人都可食用，尤其适合儿童食用。

专家点评 养心润肺。

农家溪水粑

材料 糯米1000克

做法 ①糯米淘好，浸泡一晚，沥干水分，上锅蒸熟。②放到石臼里用木柄石锤舂击，直到看不到饭粒，然后捏成一小团一小团的，再压成圆饼状后晾干。③将糍粑放入火上烤至两面焦黄，即可蘸糖或盐食用。

适合人群 一般人都可食用，尤其适合男性食用。

专家点评 增强免疫力。

虾仁黄瓜烙

材料 黄瓜100克，虾仁30克，面粉50克

做法 ①面粉加水和好，静置待用；黄瓜去皮，切成细丝。②在和好的面粉中加入黄瓜丝拌匀，虾仁入油锅炸至表面金黄。③将拌好的黄瓜丝舀适当的量入勺中，入油锅中炸约3分钟，捞出沥油，切成三角形，铺上炸好的虾仁，摆盘即可。

适合人群 一般人都可食用，尤其适合儿童食用。

专家点评 提神健脑。

香煎玉米烙

材料 玉米粒80克，淀粉40克

调料 白糖10克

做法 ①将玉米粒洗净，沥干水分。②将淀粉和少量的水加入玉米粒中拌匀。③油锅烧热，倒出热油，舀适量拌好的玉米粒于锅中铺平，再倒入热油，手转动锅，使玉米饼凝固不粘锅，约6分钟后捞出，盛入盘中，撒白糖即可。

适合人群 一般人都可食用，尤其适合老年人食用。

香辣麻花芋条

材料 面粉100克，芋头60克，芝麻适量

调料 干辣椒10克

做法 ①芝麻入锅中炒熟；干辣椒洗净切圈；芋头去皮，切成长度均匀的条；面粉加水和好，静置待用。②取适量醒好的面团搓成长条，再拧成麻花状，其余面团依次做好。③油锅烧热，入麻花，炸至微黄，入芋头条一起炸至两者表面金黄炒香辣椒圈、芝麻，再倒入麻花和芋头条即可。

安虾咸水角

材料 瘦肉100克，糯米粉250克，虾米、冬菇各35克

调料 葱35克，酱油10克，盐、味精各3克

做法 ①虾米、瘦肉、冬菇、葱洗净剁碎，放入酱油、味精、盐调味，下入油锅中爆香成馅料，盛出待用。②将水煮滚，放入盐搅匀，冲入糯米粉中，拌匀后趁热把糯米粉搓成粉团，再切成剂子，捏成团后包入馅料，捏成角状。③入水角炸至表面呈金黄色时捞出即可。

巴山麻团

材料 糯米粉200克，豆沙100克，芝麻50克，巧克力屑15克

调料 白糖25克

做法 ①糯米粉加水、白糖揉匀，摘成小剂子；将豆沙、白糖加水搅匀。②将剂子搓圆，包入少许豆沙馅料，揉成圆形，再在芝麻中滚一下，成生麻团。③油锅烧至六成热，放入生麻团，大火炸至呈金黄色后捞出，沥干油分，撒上巧克力屑即可。

驴打滚

材料 糯米粉300克，豆沙150克，熟豆粉50克

调料 白糖15克

做法 ①把糯米粉用温水和成面团，然后放入刷了油的盘中，再放入锅中，大火蒸10分钟，再改小火蒸5分钟。②炒锅置火上，倒入熟豆粉，翻炒至金黄色时盛出；豆沙、白糖加水搅匀待用。③在案板上撒上熟豆粉，放糯米面团，擀成大片，将豆沙抹在上面，卷成卷后切成小段即可。

拔丝鲜奶

材料 面粉250克，牛奶、淀粉、巧克力屑各适量

调料 发酵粉适量，白糖100克

做法 ①面粉加油、水、发酵粉拌匀，调成糊状即成脆浆。把牛奶、白糖、淀粉加水混匀，倒入锅中，慢慢翻动，使其呈糊状后铲起，制成团状，冷却后放入冰箱，待其变冷，然后蘸上脆浆。②油锅烧热，下入鲜奶炸至金黄色后捞出。③将油加水和糖熬成金黄色，放炸好的鲜奶块，搅匀后撒巧克力屑即可。

财源滚滚

材料 糯米粉150克，豆沙馅80克

调料 泡打粉10克，芝麻、白糖各20克

做法 ①将糯米粉加白糖、泡打粉一起下入盆中，加清水搓揉成面团。②再将面团分成若干等份，搓揉成圆形，中间做一窝状，包入豆沙馅，搓揉成圆形，再滚上芝麻。③油锅烧热，下入丸子，大火炸至表皮呈金黄色时捞出，沥干油分即可。

适合人群 一般人都可食用，尤其适合男性食用。

半亩地口口香

材料 花生仁、芝麻仁、核桃仁、杏仁、瓜子仁各50克，面粉200克，芝麻25克

调料 白糖15克

做法 ①花生仁、芝麻仁、核桃仁、杏仁、瓜子仁炒熟，去皮后擀碎，加入白糖调成馅料。②将面粉、白糖、猪油和水搓揉成面团，醒30分钟，分成小份，擀成正方形，包入馅料，搓成长条，粘滚上芝麻。③油锅烧热，下入口口香炸至表面金黄，盛盘即可。

潮式炸油果

材料 花生50克，芝麻15克，红薯120克，糯米粉200克

调料 红糖20克

做法 ①把花生、芝麻、红糖混合均匀，即成馅料。②红薯洗净，去皮切末，入笼蒸熟后，拌入糯米粉，搓匀成粉团，再均匀地切成小块，即成油果皮。③在油果皮中包入馅料，揉成三角形，捏紧剂口，放入油锅中炸熟即可。

适合人群 一般人都可食用，尤其适合男性食用。

炒米鲜奶酪

材料 鲜奶酪80克，水淀粉150克，小米40克

调料 白糖15克

做法 ①鲜奶酪切成小块，再均匀裹上水淀粉，下入油锅中，用大火炸一下后捞出。②炒锅烧热，不用放油，将小米入锅炒至香后，倒出放凉。③油锅烧热，下入鲜奶酪炒一下，然后放入小米翻炒几下，再用水淀粉勾芡，放白糖调味即可。

适合人群 一般人都可食用，尤其适合儿童食用。

传统炸三角

材料 花生、芝麻、杏仁各80克，糯米粉250克

调料 白糖35克

做法 ①花生、芝麻、部分白糖、杏仁放入锅中炒香制成馅心；糯米粉、剩余白糖加温水和成面团。②将面团搓成条，摘成小剂子，用手压扁，放入馅心，用两手将边缘折起呈三角形，捏紧剂口。③锅置火上，放油烧至七成热，下入三角，炸至两面呈金黄色后捞出，沥干油分。

脆皮一口香

材料 面粉、猪肉、笋、火腿、香菇、辣椒、豆皮各适量

调料 盐、味精、酱油各适量

做法 ①面粉、盐加温水和匀；猪肉、笋、火腿、香菇、辣椒洗净切末。②油锅烧热，将猪肉、笋、火腿、香菇、辣椒放入锅中炒香，放盐、味精、酱油调味后炒匀，即成馅心。③豆皮洗净，切成正方形，包入馅心，剂口用面粉糊好，再裹上面粉，放入油锅中，炸至金黄色即可。

脆皮奶黄

材料 鸡蛋、黄油、牛奶、吉士粉、面粉各适量

调料 白糖15克

做法 ①将黄油软化，加入白糖、鸡蛋、牛奶、吉士粉拌匀，隔水蒸好，做成奶黄馅。②面粉、白糖加水调匀成面团，摘成小剂子，再将剂子揉匀，包入奶黄馅，捏紧剂口。③锅置火上，烧至七成热，下入奶黄团，炸至金黄色后捞出，沥干油分即可。

脆皮土豆泥

材料 土豆150克，面粉100克

调料 白糖25克

做法 ①土豆洗净，放入锅中煮熟后去皮，捣成土豆泥，用手捏成扁圆形。②面粉、白糖加水调匀成面糊，均匀裹在土豆泥上。③锅置火上，烧至七成热，下入土豆泥，炸至金黄色后捞出，沥干油分即可。

适合人群 一般人都可食用，尤其适合老年人食用。

专家点评 增强免疫力。

脆炸苹果环

材料 苹果3个，面粉150克

调料 白糖15克

做法 ①苹果洗净，切成厚片，再以圆形模具刻成圆环形。②面粉、白糖加水调匀成面糊，均匀裹在苹果环上。③锅置火上，烧至七成热，下入苹果环，炸至金黄色后边捞出，沥干油分即可。

适合人群 一般人都可食用，尤其适合老年人食用。

专家点评 开胃消食。

大肉火烧

材料 五花肉300克，蛋清30克，面粉350克

调料 盐4克，鸡精2克，花椒粉、芝麻酱各适量

做法 ①面粉加水，揉成光滑的面团，将面剂拉得长如腰带，宽约寸许，再卷成陀螺状，旋磨成形后压平。②五花肉洗净，剁成肉蓉，加盐、鸡精、蛋清、花椒粉、芝麻酱拌匀成馅。③在面团中放入馅料，再包好压平，入炉，猛火炙烤，中间的面自然膨胀伸开，烤熟即可。

金沙奶皮

材料 鲜牛奶600克，红豆沙200克，鸡蛋1个，炒米50克

做法 ①鲜牛奶煮熟后，微火烘煮，使水分蒸发，奶汁浓缩，在锅底凝结成一个黄色奶饼，放凉处阴干做成奶皮，切成两块。鸡蛋打入碗中搅匀。②将红豆沙放在奶皮上，用小铲子把它推平，再盖上另外一块奶皮夹住豆沙。③将奶皮切长方形块，蘸上蛋液，裹上炒米，炸成黄色即可。

绵花杯

材料 糯米粉250克，面粉100克，芒果80克

调料 糖25克，发酵粉3克

做法 ①糯米粉、面粉、发酵粉、白糖加温水调成糊；芒果去皮切成丁。②用纸杯模装好糊，将芒果丁撒在糊上，上锅用大火蒸10分钟即可。

适合人群 一般人都可食用，尤其适合女性食用。

专家点评 开胃消食。

重点提示 选用的芒果以新鲜的为好。

豆沙松仁果

材料 红豆200克，松仁60克

调料 白糖30克

做法 ①红豆加水入锅煮软，用纱网过滤后压碎，再放入锅中，加少许水、白糖、沙拉油一起煮，并不断搅拌，冷却后即成红豆沙。②将豆沙揉成圆团，在表面蘸上松仁，放入油锅炸至金黄即可。

适合人群 一般人都可食用，尤其适合儿童食用。

专家点评 提神健脑。

奶黄西米球

材料 糯米粉200克，猪油50克，黄油120克，鸡蛋1个，牛奶、西米各50克，白糖40克，吉士粉15克

做法 ①糯米粉加猪油、白糖、开水揉成表面光滑的面团；黄油软化，加白糖、鸡蛋、牛奶、吉士粉拌匀，隔水蒸好，做成奶黄馅；西米用温水泡发至透明状。②将面团搓条，摘成小剂子，按扁后，包入奶黄馅，搓成球形，均匀蘸上西米，放入刷了油的蒸笼里蒸熟即可。

馓子

材料 面粉350克，猪油50克

调料 花椒水30克

做法 ①面粉加猪油、花椒水和成面团，切10小块。②油锅烧热，取一块面团压成圆饼，从中用手指捅一个洞，先拉长，再搓成圆长条，将长筷子挂好撑开，一端入油稍炸，起小泡后提起。③将中段入油，稍炸后再全部入油，将筷子错开合并，抽出，用筷子拢住使之不分开，炸至金黄色时捞出即可。

锅盔辣子

材料 面粉500克，发酵粉3克，青、红辣椒各60克

调料 蒜末、葱末各10克，盐3克，味精1克

做法 ①发酵粉用温水化开，放入面粉中，加水和成面团，放置半小时。在案板上撒少许干面粉，将发酵好的面团放在案板上反复揉搓，分成两份，擀成圆饼，放入电饼铛中烙6分钟即可。②青、红辣椒洗净切碎。油锅烧热，放入蒜末、葱末爆香，放入辣椒，加盐、味精拌匀，搭配烙好的锅盔食用即可。

驰名桂花扎

材料 瘦肉250克，肥肉250克，咸蛋黄4个

调料 料酒、砂糖、老抽、姜汁、蒜片、盐各适量

做法 ①瘦肉、肥肉洗净切成薄片。肥肉用料酒、砂糖腌渍，瘦肉用老抽、姜汁、蒜片、盐、砂糖、料酒腌渍，都放入冰箱中静置一晚。②咸蛋黄弄碎，放在一片瘦肉和一片肥肉之间，用绳子捆紧。③放入烤箱，预热，调至180℃，每5分钟涂一次腌瘦肉的汁，烤半小时取出，切片即可。

椰香糯米丝

材料 新鲜椰子汁50克，糯米粉150克，椰糠30克

调料 白糖15克

做法 ①糯米粉与椰子汁拌匀，再加入白糖揉匀。②将揉匀的粉团分成6等份，做成球状，放入蒸锅中蒸20分钟。③取出后滚上椰糠，排于盘中即可。

适合人群 一般人都可食用，尤其适合儿童食用。

专家点评 提神健脑。

重点提示 糯米粉、椰子汁和糖要充分揉匀。

金线油塔

材料 面粉200克，盐3克，熟芝麻少许

调料 葱适量，酱油15克，甜面酱20克，五香粉5克

做法 ①面粉与水搅成絮状，搓成团后，静置几分钟；葱洗净切花。②将面团擀成片卷起，切成长条，再切成细面丝，用手扯开，拉成细丝。③放入蒸笼中蒸30分钟，取出即可，将所有调味料拌匀，供蘸食。

适合人群 一般人都可食用，尤其适合女性食用。

专家点评 增强免疫力。

糖熘卷果

材料 面粉200克，花生米30克，红枣30克，白芝麻少许

调料 红糖20克

做法 ①红枣洗净去核后切碎；花生米洗净；白芝麻入热锅中炒香，再放红糖和清水一起炒匀成糖浆备用。②面粉加适量清水调匀，再加入花生米、红枣揉匀成团，擀平切成块。③将面团放入烤箱中烤20分钟，取出浇上炒匀的白芝麻与红糖糖浆即可。

干焙土豆丝

材料 土豆50克，面粉80克

调料 盐2克，香油10克，味精2克

做法 ①土豆去皮洗净切丝；面粉用清水调匀，再放入土豆丝、调味料拌匀。②锅内注油烧热，用大勺将拌好的土豆丝轻轻地放入油锅中，煎成饼状。③待煎至金黄色完全熟时，起锅，切成三角形，装入盘中即可。

适合人群 一般人都可食用，尤其适合儿童食用。

香酥芝麻枣

材料 面粉150克，白芝麻30克，蜜枣50克

调料 白糖12克

做法 ①白芝麻入热锅中炒香；蜜枣去核，打成泥。②面粉加水和成面团，擀成圆片，包入枣泥、白糖，再捏成椭圆状，在外表裹层白芝麻。③将做好的面团放入烤箱中烤20分钟，取出装入盘中即可。

适合人群 一般人都可食用，尤其适合男性食用。

专家点评 保肝护肾。

椰香糯米糍

材料 糯米粉200克，椰汁50克，椰糠30克

调料 白糖20克，花瓣少许

做法 ①糯米粉加椰汁搅拌成面团，再加入白糖揉匀。②将糯米粉团搓成圆状，放入蒸锅中蒸20分钟。③取出滚上椰糠后装盘，用花瓣点缀即可。

适合人群 一般人都可食用，尤其适合儿童食用。

专家点评 增强免疫力。

重点提示 糖少许，不宜过甜。

香辣薯条

材料 土豆100克，白芝麻、青椒少许

调料 盐3克，味精1克，干辣椒20克

做法 ①土豆去皮洗净后切条，下入油锅中炸至金黄色后取出；干辣椒洗净，切段；青椒洗净切丝。②锅中入油烧热，放入干辣椒炒香，再放入土豆条、青椒丝、白芝麻炒匀。③炒至熟后，放入盐、味精调味，即可装盘即可。

适合人群 一般人都可食用，尤其适合儿童食用。

鸭梨一口香

材料 鸭梨1个，面粉200克

调料 盐2克，糖10克

做法 ①鸭梨去皮洗净后切丁。②面粉加清水搅拌成絮状，加入盐、糖揉成面团。③将面团分成若干份，擀成薄皮，放入鸭梨丁后卷起，放入油锅中炸至金黄色，捞起排于盘中即可。

适合人群 一般人都可食用，尤其适合老年人食用。

专家点评 开胃消食。

雪花核桃泥

材料 面粉120克，鸡蛋2个，核桃仁40克，冰激凌适量

调料 糖15克

做法 ①核桃仁洗净切碎；鸡蛋打散。②将面粉加适量清水拌成絮状，再加入鸡蛋、核桃仁、糖拌匀成面浆。③再将拌匀的面浆放入油锅中煎成饼，起锅装盘，再将冰激凌置于上面即可。

适合人群 一般人都可食用，尤其适合老年人食用。

专家点评 提神健脑。

糯米糍

材料 糯米粉200克，椰糠30克，豆沙40克

调料 白糖15克

做法 ①糯米粉加适量清水揉匀成粉团，并分成三等份；豆沙与白糖拌匀。②将三个粉团压扁，放入豆沙做为馅，包裹成圆形，再放入蒸锅中蒸30分钟。③取出后滚上椰糠，排于盘中即可。

适合人群 一般人都可食用，尤其适合男性食用。

专家点评 增强免疫力。

盘中彩玉

材料 面粉100克，鸡蛋1个，枸杞、龙眼肉各15克

调料 盐3克，味精2克

做法 ①面粉加清水入碗中调匀，再加入打散的鸡蛋、枸杞、龙眼肉、盐、味精一起拌匀成面浆。②锅中入油烧热，倒入调匀的面浆，煎至发泡蓬松，完全成熟时，起锅装盘即可。

适合人群 一般人都可食用，尤其适合女性食用。

专家点评 补血养颜。

金丝蛋黄饺

材料 面粉150克，鸡蛋液80克

调料 糖浆100克

做法 ①面粉、鸡蛋液、糖浆和匀成面糊。②油锅烧热，加入适量面糊炸至金黄色时，用筷子挑起成丝，起锅装盘，待凝固即可。

适合人群 一般人都可食用，尤其适合老年人食用。

专家点评 增强免疫力。

重点提示 加入少许盐，味道更好。

火腿蛋卷

材料 火腿50克，鸡蛋2个，面粉150克

调料 盐少许

做法 ①火腿切粒，同鸡蛋、面粉、盐搅拌均匀。②平底煎锅加油，将已拌匀的鸡蛋液摊成薄饼。③卷成卷，切段装盘即可。

重点提示 鸡蛋中的铁含量尤其丰富，利用率很高，是人体铁的良好来源，是儿童、老年人补血的上佳之选。

金银丝卷

材料 面粉500克

调料 奶酪粉2克，白糖50克

做法 ①面粉加奶酪粉和水，揉拌成发面团；取出2/3的面团，擀成薄皮，切成丝，把丝揉成条状，待用。②将1/3的面团擀成约2厘米厚的皮，和入丝条，做成长条形面包状，醒发。③醒发后放在笼内，上旺火，沸水蒸8分钟，即成。

适合人群 一般人都可食用，尤其适合女性食用。

糯米卷

材料 糯米100克，香芋半个，花生碎50克

调料 盐、味精各3克，糖6克，生抽少许

做法 ①将糯米洗净，入锅中蒸熟。②将蒸熟的糯米盛入碗中，加入花生碎。③再加入盐拌匀；继续拌匀。④然后捏成方形块状；将芋头洗净，切成片状。⑤用芋头片将方形糯米块包住，卷好，直至包好糯米。⑥将糯米卷上笼蒸熟即可。

适合人群 一般人都可食用，尤其适合男性食用。

如意蛋黄卷

材料 熟蛋黄8个，肥膘肉150克，鸡蛋2个，面包屑200克

调料 白糖50克，淀粉少许

做法 ①蛋黄切片待用。②肥肉切片，撒上一层白糖，放入蛋黄卷成圆形。③再拌上淀粉，挂鸡蛋糊，滚上面包屑，下油锅炸至金黄色即可。

适合人群 一般人都可食用，尤其适合儿童食用。

重点提示 切片厚度需一致，注意火候。

腊味薄撑

材料 糯米粉、腊肉、虾米、叉烧、鸡蛋各适量

调料 盐、味精各3克，白糖10克，淀粉适量

做法 ①将虾米等原材料一起洗净，均切成粒；锅上火，加油烧热，下入所有切成粒的原材料一起炒匀作为馅料。②糯米粉、淀粉、水、鸡蛋一起和匀，作薄撑浆；煎锅上火，烧热，下入薄撑浆，煎至两面金黄色；馅料放于薄撑皮上，将薄撑皮卷起来，慢慢卷成筒状，用刀切成6块，装盘即可。

雪衣豆沙

材料 豆沙200克，蛋清2个

调料 淀粉适量，白糖20克，油适量

做法 ①将豆沙制成小球状，蛋清搅打均匀成糊状。②将豆沙球放入蛋清中，加入淀粉拌匀后放入油锅中炸至金黄色捞出。③沥油后摆入盘，撒上白糖即成。

适合人群 一般人群都可食用，尤其适合女性食用。

专家点评 增强免疫。

烧肉粽

材料 糯米、香菇、干贝、虾仁、鱿鱼丝、猪肉、海蛎干、板栗、粽叶各适量

调料 酱油、盐、白糖、油各适量

做法 ①猪肉切方块，锅烧热，放猪肉爆炒，调入酱油、盐、白糖等，炒上色即可；糯米用水泡30分钟，捞出沥干。②锅放油，倒入海蛎干，糯米，调入调味料炒透，用粽叶包裹糯米，放入蒸熟的香菇、虾仁、干贝、板栗、鱿鱼丝、猪肉，扎结成角后，放入开水中，煮2小时即可。

鸳鸯玉米粑粑

材料 新鲜青玉米400克，玉米面粉、糯米粉各50克

调料 白糖50克

做法 ①将青玉米叶剥下留用，玉米粒绞成糊状，下玉米面、糯米粉、白糖后搅拌均匀，做成玉米糊。②用玉米叶包住调好的玉米糊，上火蒸熟后即称玉米粑粑。③取一半玉米粑粑，下锅煎至两面金黄，此称煎玉米粑粑。将两种粑粑摆入盘中即可。

适合人群 一般人都可食用，尤其适合女性食用。

荷花羊肉盏

材料 面粉、羊肉、青椒、红椒、洋葱各适量，松仁4克

调料 盐3克，油5毫升，胡椒3克

做法 ①羊肉切丁，青、红椒切粒，洋葱切粒；切好的材料均下油锅炒香，加胡椒、盐炒入味备用。②面粉加水做成灯盏形，烤熟。③将炒熟的菜放在盏内，再撒上松仁即可。

重点提示 面粉做灯盏，要形状美观。

空心煎堆仔

材料 糯米粉50克，白芝麻5克

调料 泡打粉1克，白糖2克

做法 ①将糯米粉、白糖、白芝麻、泡打粉一起下入盆中，加适量清水，揿匀成面团。②取适量面团，用手捏成大小均匀的圆团。③将圆团于油锅中炸至金黄色即可。

适合人群 一般人群都可食用，尤其适合儿童食用。

重点提示 注意炸时要不断压球，成形才好看。

炸茨球

材料 茨粉150克，面粉10克，鸡蛋2个，面包粉20克，淡奶5克，黄油少许

调料 盐、胡椒粉各适量

做法 ①清水煲开后，加入盐、胡椒粉、黄油及淡奶，煲滚；鸡蛋去壳，打散成蛋汁。②煲滚的水中加入茨粉，搅匀至泥状，将茨泥做成肉丸状，扑上面粉、蛋汁后再加面包粉。③烧热半锅油，放入茨球，炸至金黄色，捞起沥干即可。

三丝炸春卷

材料 春卷皮4张，胡萝卜丝、肉丝、木耳丝各20克

调料 猪油适量，盐3克，味精2克

做法 ①将盐、味精与胡萝卜丝、肉丝、木耳丝放在一起拌匀。②在春卷皮内加入拌好味的三丝，再从两端将春卷皮包起来。③然后卷成筒状，在封口处的面皮上涂上猪油，封好口，再下入油锅中，炸至金黄色即可。

适合人群 一般人都可食用，尤其适合女性食用。

锅贴火腿

材料 馒头2个，火腿200克

调料 盐3克，味精1克

做法 ①馒头切片，火腿切成比馒头稍小一点的片；取半碗冷开水调入盐、味精拌匀。②将馒头放入调好的盐水中稍浸，每两片中间夹一片火腿，入油锅中煎至金黄色。③翻面，继续煎至两面均为金黄色，火腿熟时即可盛出。

适合人群 一般人都可食用，尤其适合儿童食用。

大油馕

材料 发酵面团200克，芝麻少许

调料 油20毫升，盐5克

做法 ①发酵面团揉匀，下成面剂，用手搓匀，搓至成光滑的圆形面团，用手掌将其按扁，继续按成中间薄边缘厚的面饼。②再用两手握住饼边缘旋转制成规则的圆形饼，用刀在饼中央刻花纹，再用油、盐抹匀，压花。③在边缘和中央各蘸上一层白芝麻，再抹上一层用油和盐调匀的水，放入炉中烤成金黄色至熟即可。

核桃枸杞蒸糕

材料 核桃50克，枸杞5克，糯米粉200克

调料 糖20克

做法 ①核桃切小片。②糯米粉加适量水拌匀，加糖调味。③煮锅加水煮开，将调好味的糯米粉移入蒸约10分钟，将核桃、枸杞撒在糕面上；继续蒸10分钟即可。

重点提示 核桃、枸杞有益肾气，适合肾虚喘咳、腰膝酸软、头晕目眩、耳鸣耳背之体弱者作为滋补之用。

韭菜合子

材料 面粉300克，韭菜、瘦肉各100克，蛋清1个

调料 盐3克，鸡精1克

做法 ①将面粉加适量清水和成面团，用湿布盖住，搁置几分钟，备用。②韭菜择洗净，和瘦肉一起剁成泥，加入盐、鸡精、蛋清拌匀成馅。③将面团分成小块，擀成面皮，每块面皮包住适量馅，放入平底锅中，烙至两面皆呈金黄色即可。

适合人群 一般人都可食用，尤其适合男性食用。

灌汤藕丝丸

材料 藕150克，皮冻100克，肉馅150克，面包糠200克

调料 葱，姜丝少许，黄酒10毫升，盐3克，味精3克，白糖5克

做法 ①将藕切丝。②藕丝、肉馅、葱、姜丝放入盘中，加黄酒、盐、味精、白糖搅拌均匀。③包入皮冻，搓成小圆球状，蘸上面包屑，放入热油中炸至金黄色，装盘即可。

花生酥

材料 花生米50克，水油皮60克

调料 油酥30克，白糖10克，花生酱10克

做法 ①花生米炒熟，去皮压碎，放入碗中，调入白糖、花生酱。②拌匀；取一张酥皮放入制好的花生馅料。③将放好馅料的饼皮转于虎口处，用右手拇指和食指将饼皮边缘收紧；将收紧的剂口向下压，按扁，成饼形；锅中注油，用中火烧至70℃，放入做好的饼坯。④不停翻动，至两面金黄色，捞出沥油即可。

羊肉夹馍

材料 精面粉、白糖、羊肉、青椒、红椒各适量

调料 油少许，盐3克，酵母1克，鸡精1克，胡椒粉5克，生抽10毫升，孜然5克，辣椒粉3克，泡打粉2克

做法 ①将面粉、酵母、泡打粉拌匀，加入白糖、水和成面团，分小剂，擀薄，盘成螺旋状，发酵。②再擀成圆形做成馍，入煎锅烧熟；油烧热，放入羊肉翻炒变色后，放入青、红椒及所有调料炒匀。③将烤熟的馍切开，放入炒熟的羊肉即可。

花生豆花

材料 黄豆300克，豆花粉80克，去皮花生米300克

调料 白糖适量

做法 ①花生米入电锅，加水煮至软；泡过胡放入黄豆入果汁机内，加水搅打后用细纱布袋滤出豆汁；豆汁入锅，加水煮沸后转小火续煮10分钟，捞除浮沫即为热豆浆。②豆花粉倒入另一个有盖的深锅，加水调匀，倒入热豆浆，盖上锅盖约10分钟，凝结即成豆花，放入适量花生米，再加入白糖即可。

芝麻汤圆

材料 糯米粉250克，芝麻80克

做法 ①糯米粉加水和成团，下剂制成小面团，分别将小面团中间按出凹陷状，放入芝麻，用手对折压紧，揉成圆状，即成汤圆生坯，逐个包好。②锅烧开水，下入汤圆煮，待汤圆浮起后，反复加冷水煮开，待汤圆再次浮起时即熟。

适合人群 一般人都可食用，尤其适合孕产妇食用。

重点提示 汤圆包馅时要注意，收严剂口并搓圆。

莲蓉汤圆

材料 糯米面团250克，莲蓉100克

做法 ①莲蓉取出，搓成条，用刀分切成小段；糯米面团下剂制成小面团。②分别将小面团中间按出凹陷状，放入莲蓉，用手对折压紧，揉成圆状，即成汤圆生坯，逐个包好。③锅烧开水，下入汤圆煮，待汤圆浮起后，反复加冷水煮开，待汤圆再次浮起时即熟。

适合人群 一般人都可食用，尤其适合老年人食用。

专家点评 养心润肺。

红糖汤圆

材料 糯米面团250克，红糖100克

做法 ①糯米面团下剂成小面团，将小面团中间按出凹陷状。②放入红糖，用手对折压紧，揉成圆形，即成汤圆生坯，逐个包好。③锅烧开水，下入汤圆，待汤圆浮起后，反复加水煮开，待汤圆再次浮起后即熟。

适合人群 一般人都可食用，尤其适合女性食用。

重点提示 包捏汤圆时要收紧剂口，以免糖流出来。

酥炸芝麻汤圆

材料 芝麻汤圆200克，鸡蛋2个，面包屑适量

调料 盐3克，鸡精1克，油适量

做法 ①鸡蛋取蛋黄装入碗中搅散，加入盐、鸡精拌匀，再放入汤圆拌匀。②将裹上蛋液的汤圆均匀蘸上面包屑。③锅上火，倒入油烧热，放进汤圆，炸至香酥，捞出沥干油分，装盘即可。

重点提示 炸汤圆时，油温要低，慢火炸才能炸透、炸熟。

第五部分

西式小点

西式小点就是西式烘焙食物，可以当作主食，也可以当作点心。很多人认为制作西式小点很麻烦，其实不然，只要肯花点时间和心思，学会正确的制作方法，那么没有什么是做不到的！本章选取了十几种经典的西式点心，每种点心都有详细的制作过程。相信聪明的您看了之后，一定可以做出美味可口的西式小点哦！

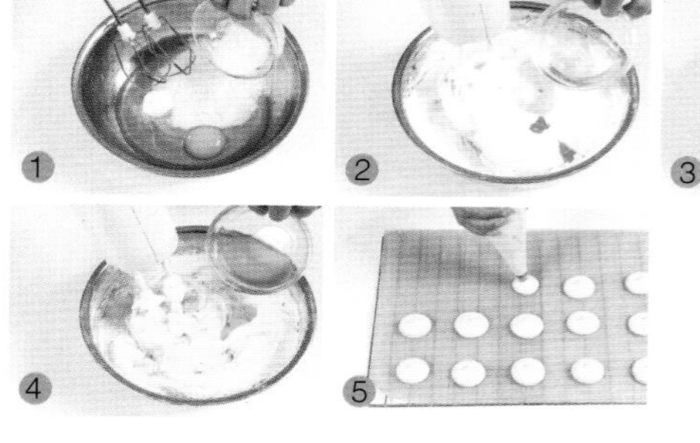

蛋黄饼

材料 全蛋75克，低筋面粉150克，粟粉75克，蛋糕油10克，清水45克

调料 食盐1克，砂糖110克，香油、液态酥油各适量

做法 ①全蛋、食盐、砂糖、蛋糕油混合，先慢后快搅拌。②拌至蛋糊硬性起发泡后，转慢速加入香油和清水。③然后将低筋面粉、粟粉加入拌至完全混合。④最后加入液态酥油，拌匀成蛋面糊。⑤将面糊装入裱花袋，然后在耐高温纸上成形。入炉烘烤约30分钟，烤至金黄色熟透后，出炉即可。

适合人群 一般人都可食用，尤其适合女性食用。

重点提示 蛋糊要尽量打起发，入面粉和液态酥油时需边入边搅打，才可保持蛋糊的硬度。

腰果巧克力饼

材料 奶油125克，全蛋67克，低筋面粉100克，糖粉67克，可可粉8克，腰果仁适量

做法 ①把奶油、糖粉混合，拌匀至奶白色。②分次加入全蛋后拌透。③加入低筋面粉、可可粉，完全拌匀至无粉粒状。④装入套有牙嘴的裱花袋内，在烤盘内挤出大小均匀的形状。⑤表面放上腰果仁装饰。⑥入炉，以160℃的炉温烘烤至完全熟透后出炉，冷却即可。

适合人群 一般人都可食用，尤其适合儿童食用。

专家点评 增强免疫力。

重点提示 把巧克力融化后拌匀，味道会更浓郁。

紫菜饼

材料 奶油、糖粉、鲜奶、低筋面粉、奶粉、紫菜各适量

调料 食盐2克，鸡精2克

做法 ①把奶油、糖粉、食盐混合拌匀。②分数次加入鲜奶，完全拌匀至无液体状。③加入低筋面粉、奶粉、紫菜碎、鸡精，拌匀拌透。④取出，搓成面团。⑤擀成厚薄均匀的面片，分切成长方形饼坯。⑥排入垫有高温布的钢丝网上。⑦入炉，以160℃的炉温烘烤。⑧烤约20分钟，完全熟透后出炉，冷却即可。

适合人群 一般人都可食用，尤其适合女性食用。

专家点评 补血养颜。

重点提示 紫菜在制作饼时最好切细小些。

1

2

3

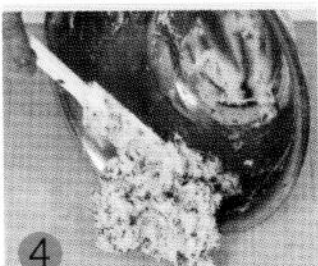
4

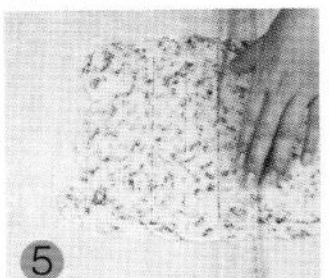
5

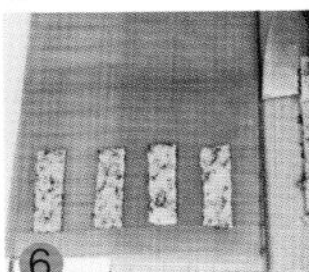
6

7

8

蔬菜饼

材料 白奶油、鲜奶、低筋面粉、粟粉、蔬菜叶各适量

调料 糖粉50克，食盐2克

做法 ①把白奶油、糖粉、食盐倒在一起，混合拌匀。②分次加入鲜奶拌匀。③加入低筋面粉、粟粉、蔬菜丝完全拌匀。④在案台上搓匀成面团。⑤擀成厚薄均匀的面片。⑥用模具压出形状。⑦利用铲刀将饼坯移到铺有高温布的钢丝网上。⑧入炉烘烤至完全熟透，冷却即可。

适合人群 一般人都可食用，尤其适合女性食用。

专家点评 开胃消食。

重点提示 可把菜叶切碎一些，更好压形状。

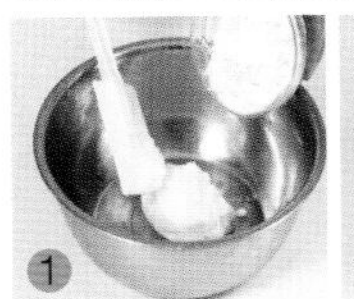
1

2

3

4

5

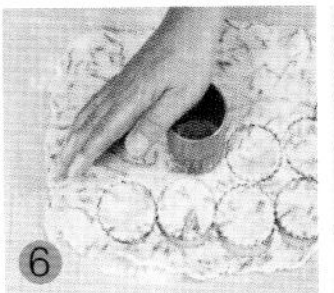
6

7

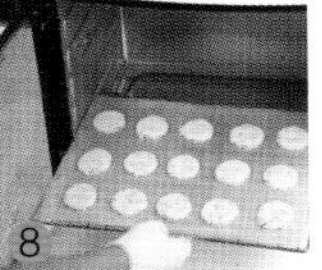
8

乡村乳酪饼

材料 低筋面粉、泡打粉、肉桂粉各适量，蛋黄1个，奶油、奶油乳酪、牛奶各适量

调料 盐1.5克

做法 ①先将奶油乳酪和奶油拌匀。②再将牛奶加入，拌匀。③最后将低筋面粉、泡打粉、盐和肉桂粉加入其中拌匀成团。④用保鲜膜包住面团，冷藏后拿出，擀成厚1厘米左右的面片。⑤将面片用梅花形状模具印出。⑥将蛋黄拌匀，加少许牛奶打匀，扫在饼皮表面。⑦将饼坯放入烤炉，烤至金黄色。⑧出炉冷却即可。

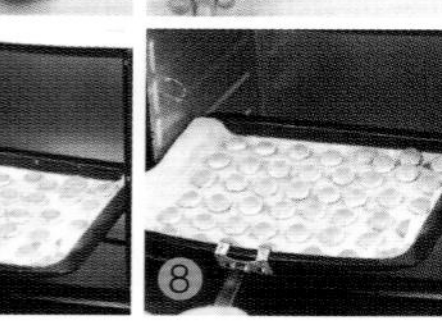

适合人群 一般人都可食用，尤其适合儿童食用。

专家点评 开胃消食。

绿茶薄饼

材料 奶油、蛋清、低筋面粉、奶粉、绿茶粉、松子仁各适量

调料 糖粉70克，食盐1克

做法 ①把奶油、糖粉、食盐混合，先慢后快打至奶白色。②分次加入蛋清，拌至无液体状。③加入低筋面粉、奶粉、绿茶粉完全拌匀至无粉粒。④倒在铺有胶模的高温布上。⑤用抹刀均匀地填入模孔内。⑥取走胶模，在表面撒上松子仁装饰。⑦入炉，以130℃的炉温烘烤。⑧烤约20分钟左右，完全熟透后出炉，冷却即可。

适合人群 一般人都可食用，尤其适合女性食用。

专家点评 开胃消食。

重点提示 烤时要掌握好炉温，不要着色。

樱桃曲奇

材料 奶油138克，蛋2个，低筋面粉，高筋面粉各125克，吉士粉13克，奶香粉、红樱桃适量，糖粉100克

调料 食盐2克

做法 ①把奶油、糖粉、食盐倒在一起，先慢后快打至奶白色。②分次加入全蛋，完全拌匀。③加入吉士粉、奶香粉、低筋面粉、高筋面粉完全拌匀至无粉粒状。④装入带有花嘴的裱花袋内，挤入烤盘内，大小均匀。⑤放上切成粒状的红樱桃。⑥入炉，以160℃烘烤，约烤25分钟，完全熟透后出炉，冷却即可。

适合人群 一般人都可食用，尤其适合女性食用。

专家点评 增强免疫力。

香葱曲奇

材料 低筋面粉、奶油、糖粉、液态酥油各适量，清水45克

调料 食盐3克，鸡精2.5克，葱花3克

做法 ①把奶油、糖粉、食盐倒在一起，先慢后快，打至奶白色。②分次加入液态酥油、清水，搅拌均匀至无液体状。③加入鸡精、葱花拌匀。④加入低筋面粉拌至无粉粒。⑤装入已放了牙嘴的裱花袋内，挤入烤盘，大小均匀。⑥入炉，以160℃的炉温烘烤约25分钟，完全熟透后出炉，冷却即可。

适合人群 一般人都可食用，尤其适合老年人食用。

专家点评 开胃消食。

乳香曲奇饼

材料 奶油、糖粉、液态酥油、南乳、中筋面粉各适量，清水40克

调料 食盐2.5克，鸡精2.5克，五香粉2克

做法 ①把奶油、糖粉混合，先慢后快，打至奶白色。②分次加入液态酥油、清水搅拌均匀。③加入食盐、鸡精、五香粉、南乳后拌透。④加入中筋面粉拌至无粉粒。⑤装入有大牙嘴的裱花袋，挤入烤盘内，大小均匀。⑥入炉，以150℃的炉温烘烤，约烤25分钟，完全熟透后出炉，冷却即可。

适合人群 一般人都可食用，尤其适合男性食用。

专家点评 开胃消食。

重点提示 南乳与调味料的用量可依个人喜好增减。

芝士奶酥

材料 奶油63克，低筋面粉175克，奶粉10克，芝士粉8克，清水45克

调料 糖粉45克，食盐2克，液态酥油45克

做法 ①把奶油、糖粉、食盐混合在一起，先慢后快，打至奶白色。②分次加入液态酥油、清水搅拌均匀，至无液体状。③加入低筋面粉、奶粉、芝士粉，拌至无粉粒，拌透。④装入带有松一点齿的小牙嘴的裱花袋，在烤盘内挤出水滴的形状。⑤入炉，以150℃的炉温烘烤。⑥约烤25分钟，完全熟透后出炉，冷却即可。

适合人群 一般人都可食用，尤其适合儿童食用。

专家点评 开胃消食。

重点提示 芝士粉的用量可依据个人喜好来调节。

燕麦核桃饼

材料 全蛋75克，奶油、鲜奶、低筋面粉、核桃碎、燕麦片各适量

调料 红糖150克，小苏打、泡打粉各3克

做法 ①把奶油、红糖、小苏打、泡打粉混合拌匀。②分次加入全蛋、鲜奶拌至无液体状。③加入低筋面粉、核桃碎、燕麦片，完全拌匀。④取出放在案台上，折叠搓成长条。⑤切成小份，摆入烤盘。⑥用手轻压扁。⑦入炉，以150℃的炉温烘烤。⑧烤约25分钟，完全熟透后出炉，冷却即可。

适合人群 一般人都可食用，尤其适合男性食用。

专家点评 提神健脑。

重点提示 用白糖还是红糖可自由选择。

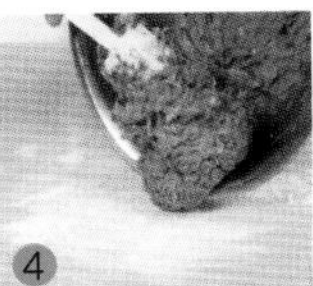
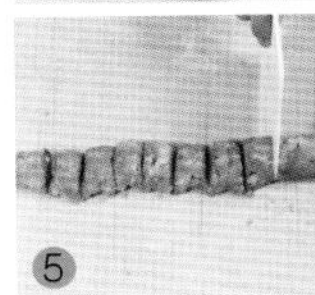
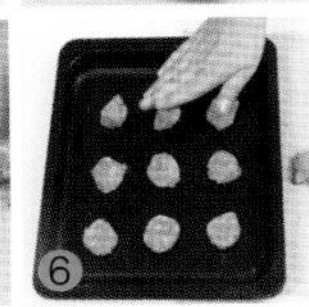

绿茶蜜豆小点

材料 奶油、全蛋、低筋面粉、绿茶粉、绿豆粉各适量

调料 糖粉60克

做法 ①把奶油、糖粉倒在一起，先慢后快，打至奶白色。②分次加入全蛋完全拌匀至无液体。③加入低筋面粉、绿茶粉、绿豆粉，拌至无粉粒。④取出搓成长条状。⑤放入托盘，入冰箱冷冻至硬。⑥取出托盘，置于案台上，把长条坯切成均匀的饼坯。⑦排入烤盘，入炉，以160℃的炉温烘烤。⑧烤约25分钟左右，完全熟透后出炉，冷却即可。

适合人群 一般人都可食用，尤其适合女性食用。

专家点评 排毒瘦身。

手指饼干

材料 蛋2个，低筋面粉80克，香草粉5克

调料 细砂糖65克，盐适量

做法 ①低筋面粉和香草粉混合，过筛两次备用。②蛋白与蛋黄分开，取20克细砂糖与蛋黄搅拌至糖溶解备用。③取细砂糖与蛋白打匀，加蛋黄液，再加入过筛的粉类轻轻拌匀成面糊，装入挤花袋中，在烤盘上挤成条状，放入烤箱以180℃的炉温烤约20分钟至表面呈金黄色即可。

墨西哥煎饼

材料 面粉150克，鸡蛋3个，火腿30克

调料 青椒、盐各少许，洋葱20克

做法 ①鸡蛋打散入碗中；火腿洗净切片，青椒洗净切片；洋葱洗净切成角。②将面粉加水、鸡蛋、火腿片、洋葱、青椒片、盐一起调匀。③锅中注油烧热，放入搅拌均匀的面粉和蛋液，煎成饼后起锅装盘即可。

专家点评 开胃消食。

火腿青蔬披萨

材料 中筋面粉600克，干酵母5克，奶油、番茄酱、乳酪丝、罐装玉米粒、罐装鲔鱼、罐装菠萝片、火腿片

调料 红甜椒、盐、砂糖各适量

做法 ①干酵母加水拌匀，与面粉、盐、细砂糖揉成团，再加奶油，揉至面团光滑。盖上保鲜膜，20分钟后，取出分成5个小面团，分别揉圆，再松弛8分钟。②将面团擀成圆片放派盘内，刷番茄酱，撒乳酪丝，再放馅料，再撒一层乳酪丝，烤至表面焦黄即可。

薄脆蔬菜披萨

材料 墨西哥饼皮1片，三色甜椒丝30克，蘑菇3朵

调料 西红柿酱、乳酪丝各适量

做法 ①蘑菇切小片备用。将墨西哥饼皮放入烤箱，以150℃的炉温烘烤2分钟后取出，涂上一层西红柿酱，均匀铺上三色甜椒丝、蘑菇片，撒上乳酪丝。②将铺好蔬菜的饼皮放入烤箱，以180℃的炉温烤约10分钟，至乳酪丝熔化且饼皮表面呈金黄色即可切片食用。

巧克力曲奇

材料 面粉160克，鸡蛋1个，巧克力60克，酥油150克，牛油5克

调料 白糖200克

做法 ①牛油、酥油放入盆中，用打蛋器打化，加入蛋清打匀，并打至起泡。②加入面粉打匀，再加入巧克力，搅拌均匀。③倒入裱花袋中，挤成三个圆形拼在一起，制成梅花形，放入烤箱中烤15分钟即可。

适合人群 一般人都可食用，尤其适合女性食用。

杏仁曲奇

材料 面粉160克，鸡蛋1个，杏仁60克，酥油150克，牛油5克

调料 白糖200克

做法 ①牛油、酥油放入盆中，用打蛋器打化，加蛋清打匀。②打至起泡，加入面粉打匀，倒入标花袋中。③在油纸上挤成8字形，放上杏仁。④放入烤箱中，用上170℃、下150℃的炉温烤13分钟左右即可。

适合人群 一般人都可食用，尤其适合男性食用。

绿茶布丁

材料 绿茶粉100克，鲜奶450克，布丁粉75克，清水500克

调料 糖400克

做法 ①先在锅中放入清水和糖煮热。②将布丁粉加入，慢慢搅匀。③再加入鲜奶、绿茶粉，搅拌均匀后倒入模具中整成形即可。

适合人群 一般人都可食用，尤其适合女性食用。

重点提示 清水不要加入太多，否则做出来的绿茶布丁味道会很淡。

红糖布丁

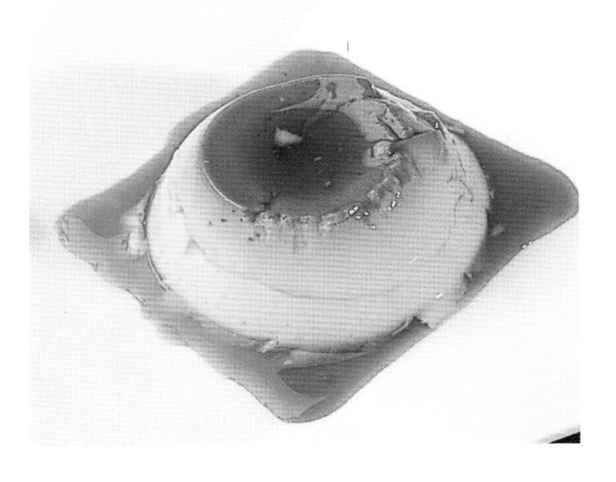

材料 鸡蛋2个，红糖20克，牛奶、吉士粉、蜂蜜各适量

做法 ①将鸡蛋、牛奶、吉士粉混合，搅匀成蛋浆；红糖加蜂蜜搅匀备用。②将蛋浆装入模具内，做成布丁生坯。③烤盘内倒入适量凉水，放入生坯，入烤箱烤熟，取出摆盘，再淋上红糖即可。

适合人群 一般人都可食用，尤其适合儿童食用。

专家点评 开胃消食。